机器学习入门

入门

基于数学原理的Python实战

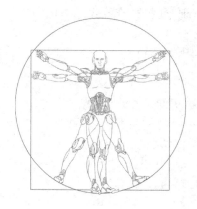

戴璞微 潘斌◎著

U0201381

北京大学出版社

PEKING UNIVERSITY PRESS

内 容 提 要

机器学习是一门涉及高等数学、线性代数、概率论、统计学和运筹学等领域的交叉学科。机器学习的基础就是数学，这也就要求学习者要有良好的数学基础。为了降低机器学习的学习门槛，本书深入浅出地对机器学习算法的数学原理进行了严谨的推导；并利用Python 3对各种机器学习算法进行复现，还利用介绍的算法在相应数据集上进行实战。本书主要内容包括机器学习及其数学基础；线性回归、局部加权线性回归两种回归算法；Logistic回归、Softmax回归和BP神经网络3种分类算法；模型评估与优化；K-Means聚类算法、高斯混合模型两种聚类算法和一种降维算法——主成分分析。

本书理论性与实用性兼备，既可作为初学者的入门书籍，也可作为求职者的面试宝典，更可作为职场人士转岗的实用手册。本书适合需要全面学习机器学习算法的初学者、希望掌握机器学习算法数学理论的程序员、想转行从事机器学习算法的专业人员、对机器学习算法兴趣浓厚的人员、专业培训机构学员和希望提高Python编程水平的程序员。

图书在版编目(CIP)数据

机器学习入门：基于数学原理的Python实战 / 戴璞微，潘斌著. — 北京 ：北京大学出版社，2019.12
ISBN 978-7-301-30897-4

Ⅰ. ①机… Ⅱ. ①戴… ②潘… Ⅲ. ①机器学习 Ⅳ. ①TP181

中国版本图书馆CIP数据核字(2019)第245743号

书　　　　名	**机器学习入门：基于数学原理的Python实战**
	JIQI XUEXI RUMEN：JIYU SHUXUE YUANLI DE PYTHON SHIZHAN
著作责任者	戴璞微　潘　斌　著
责 任 编 辑	吴晓月　　王继伟
标 准 书 号	ISBN 978-7-301-30897-4
出 版 发 行	北京大学出版社
地　　　址	北京市海淀区成府路205 号　100871
网　　　址	http://www. pup. cn　　　　新浪微博：@ 北京大学出版社
电 子 信 箱	pup7@ pup. cn
电　　　话	邮购部 010-62752015　发行部 010-62750672　编辑部 010-62570390
印 刷 者	北京圣夫亚美印刷有限公司
经 销 者	新华书店
	787毫米×1092毫米　16开本　18.5印张　430千字
	2019年12月第1版　2020年11月第2次印刷
印　　　数	4001-6000册
定　　　价	69.00 元

序 言
PREFACE

自杰弗里·辛顿 (G. Hinton) 在 2006 年提出深度学习的概念之后，这一方法迅速应用到如图像识别、目标检测、语音处理等诸多方面。一时间，深度学习蔚然成风，人工智能街知巷闻。不仅是相关专业学者、科研人员，甚至是一些其他行业的从业者也因为应用的需要转而对深度学习感兴趣。

Python 作为一种科学计算语言，其简洁性、易读性和可扩展性的特点似乎天生就是为了深度学习而准备的。尽管 Python 的诞生要比深度学习早 17 年，尽管深度学习模型也可以通过其他语言实现，但在广泛的应用中已经验证了 Python 是深度学习最好的"伴侣"。

深度学习应用的另一个助推器就是图形处理器 (GPU)，深度学习模型可以看作一个复杂的多层神经网络。早在 1988 年，塞彬珂 (Cybenko) 就给出了有关多层神经网络学习能力的论断。然而受限于当时的计算能力，多层神经网络需要耗费大量的训练时间，因此并没有得到广泛的应用。随着技术的发展，GPU 的并行运算性能在逐年提升，并且也因各种任务的不同而诞生了基于不同基础架构的各种型号的 GPU。不仅原本令人望洋兴叹的计算成本与开销在 NVIDIA GPU 环境下已经逐渐变得可以接受，而且还可以根据任务需求选择不同型号的 NVIDIA GPU。正是因为有了 NVIDIA GPU 背后计算能力的加持，才有了这几年深度学习在各行各业的高速发展与应用。

在这样的一个时代背景下，尤其是 2012 年卷积神经网络 AlexNet 在 ImageNet 图像分类竞赛上以高出第二名 10.9% 的准确率夺冠和 2016 年由谷歌开发的人工智能机器人 AlphaGo 以 4:1 大胜全球顶级的韩国九段棋手李世石之后，深度学习逐渐从实验室走向了商业应用，特别是在计算机视觉、自然语言处理和语音识别三大领域。不得不说，正是因为近几年深度学习的火爆，人脸识别、行人重识别、目标检测、目标追踪、机器翻译等应用才能如雨后春笋般在各行各业中流行起来，这也改变了当前社会的生产与生活方式。

深度学习属于机器学习的子领域，深度学习的理论基础是机器学习中的 BP 神经网络。因此，要想深入掌握深度学习就必须从机器学习理论学习开始。

本书采用了理论与实践相结合的思路介绍了机器学习的典型技术，主要包括线性回归、局部加权线性回归、Logistic 回归、Softmax 回归、BP 神经网络、K-Means 聚类算法、高斯混合模型 (GMM) 和主成分分析 (PCA)。

为了照顾初学者，本书首先在第 1 章详细讲述了人工智能的发展简史及人工智能、机器学习和深度学习三者之间的关系；然后补充了全书涉及的高等数学、线性代数、概率论与数理统计、Jessen 不等式等数学基础知识；最后在后续 8 章依次详细介绍了上述提及的机器学习算法，并对算法的数学原理给出了严谨的推导。

同时本书也注重代码实践，在每章算法理论介绍结束之后也给出了各个算法的 Python 实现，并在实际数据集中给出了相关的调用方案。本书是学生戴璞微研究生入学近一年来的心血，其中算法数学原理的推导、数学公式的编辑与排版、代码的编写与调试，他都付出了巨大的精力。总之，对于深度 (机器) 学习的初学者而言，这是一本理论与实践兼备，非常实用的入门手册。

吕宗磊

为什么要写这本书?

随着大数据、云计算和人工智能的飞速发展,机器学习算法的应用变得越来越流行。无论是学生还是已参加工作的程序员,如果想要进入人工智能行业,除要有扎实的 Python 语言编程基础外,还需要有扎实的数学功底。机器学习算法最大的特点就是数学理论强,不易理解,尤其是相关数学公式的推导。因此要想掌握机器学习算法,就必须从数学理论入手,并且利用基础 Python 函数库使算法浮现出来。唯有这样才能在严峻的就业市场中保持较强的竞争力和职业前景。

目前图书市场上关于机器学习算法的图书不少,例如,周志华老师的《机器学习》一书就介绍了各种经典机器学习算法的研究现状,但对算法的数学原理未给出详细严谨的推导;李锐老师翻译的《机器学习实战》一书,利用 Python 实现各种机器学习的面向过程代码,但是未能利用面向对象思想将算法模块化,并且书中代码只能在 Python 2 环境下运行。所以说,注重机器学习的数学理论推导及利用 Python 3 实现机器学习算法的面向对象代码的图书少之又少。本书的主要目标是介绍常见机器学习算法的数学理论推导与机器学习算法的面向对象的 Python 3 实现。本书从最底层的数学理论出发,让读者全面、深入、透彻地理解机器学习算法的运行机理,并利用 Python 3 结合面向对象思想进行算法的自主实现,从而提高对算法的理论理解能力与实战能力。

本书由戴璞微负责编写第 1 ~ 6 章和第 8 ~ 9 章,潘斌负责编写第 7 章。由于作者水平有限,书中难免会有疏漏,还望读者不吝提出宝贵意见与建议。读者可以通过邮箱 *daipuwei@qq.com* 与作者沟通,或者在微信公众号"AI 那点小事"、知乎专栏"AI 那点小事"下留言与作者进行沟通。

本书有何特色?

1. 附带 GitHub 资源下载网址,提高学习效率

为了便于读者阅读本书,提高学习效率,作者会将本书所有源代码公开放在 GitHub 上供读者下载。该书源代码的 GitHub 链接为 https://github.com/Daipuwei/Introduction-to-Machine-Learning-Based-on-Mathematical-Principles-with-Python。另外,读者也可以关注封底"博雅读书社"微信公众

号，找到"资源下载"栏目，根据提示获取。

2. 涵盖机器学习常见领域，让读者对机器学习有大致了解

本书涵盖了机器学习的回归任务、分类任务、聚类任务和降维任务等模块的知识。回归任务中介绍了线性回归和局部加权线性回归；分类任务中介绍了 Logistic 回归、Softmax 回归和 BP 神经网络；聚类任务中介绍了 K-Means 聚类算法和高斯混合模型；降维任务中介绍了主成分分析。

3. 对机器学习算法的数学原理做了严谨的推导

在本书中，作者对每个机器学习算法的数学原理都进行了严谨的推导，旨在通过严谨的数学推导对每个机器学习算法进行最细致的解读，进而降低初学者的入门门槛。

4. 注重理论与实践相结合

在每章中，不仅利用大量篇幅介绍算法的数学原理的推导过程，而且也注重理论实践。在每章理论介绍之后，都会准备一个案例来巩固介绍的算法。本书强调在不依赖机器学习库的基础上结合面向对象思想来实现每个算法，并对每个算法的类代码进行分解，对每个函数的功能与函数之间的依赖关系进行深入的剖析。不仅如此，案例实战部分，也根据流程进行相应分解并给出相关解释。特别提醒的是，只有自己手动实现了每个机器学习算法，才能证明完全掌握了这个算法。

5. 模块驱动，章节独立性强

本书共 9 章，主要分成 5 个模块，模块之间独立性较强。第 1 个模块即第 1 章，属于机器学习现状描述和相关数学基础巩固。第 2 个模块即第 2～3 章，主要介绍了回归预测任务的相关算法。第 3 个模块即第 4～6 章，主要介绍了分类任务的算法，其中第 5 章包含部分回归算法的改进，但不影响整个模块。第 4 个模块即第 7～8 章，介绍了聚类任务中的相关算法。第 5 个模块即第 9 章，介绍了降维任务中的算法。全书致力于将理论讲解得足够细致，并且将代码分解并给出相应解释，降低读者的入门门槛。全书各章之间联系较少，读者可以根据自身需要选择感兴趣的章节进行阅读。

6. 提供完善的技术支持和售后服务

本书提供了官方技术支持邮箱 daipuwei@qq.com、官方技术微信公众号"AI 那点小事"、官方知乎专栏"AI 那点小事"，以及官方 CSDN 博客 https://daipuweiai.blog.csdn.net/。读者在阅读本书的过程中有任何疑问可以给官方邮箱发邮件，或者在官方微信公众号、知乎专栏与 CSDN 博客下留言获得帮助。

本书内容及知识体系

第 1 个模块　数学基础（第 1 章）

本模块介绍了人工智能的发展简史、机器学习的基本概念，并着重介绍了机器学习中涉及的数学知识，例如，高等数学、线性代数、概率论与数理统计及 Jensen 不等式。在本模块中，对各种数学基础进行了大量叙述及少量推导。

第 2 个模块　回归算法（第 2 ~ 3 章）

本模块的核心内容为两种回归算法：线性回归和局部加权线性回归。在理论部分，主要介绍了线性回归中优化参数的 3 种梯度下降算法，然后结合概率论理论给出了线性回归的概率解释，最后利用线性代数知识介绍了求解线性回归参数的正则方程；对于局部加权线性回归，主要介绍了求解局部加权线性回归参数的正则方程，同时也给出了欠拟合和过拟合的概念。在实战部分，首先利用 Python 结合面向对象思想实现了线性回归与局部加权线性回归，然后主要讲解了利用线性回归预测波士顿房价和利用局部加权线性回归预测鲍鱼年龄。

第 3 个模块　分类算法（第 4 ~ 6 章）

本模块的核心内容为 3 种分类算法及其改进和模型选择与性能评估。这 3 种分类算法分别为 Logistic 回归、Softmax 回归和 BP 神经网络。在理论部分，主要介绍了 Logistic 回归和 Softmax 回归的基础理论与正则化改进、BP 神经网络的 3 层架构、BP 算法与神经网络算法的各种改进、各种模型性能度量、偏差 - 方差不平衡、正则化与交叉验证。在实战部分，首先利用 Python 结合面向对象思想实现了 Logistic 回归、Softmax 回归和 BP 神经网络，然后主要讲解了利用 Logistic 回归对乳腺癌数据集进行分类，以及利用 Softmax 回归和 BP 神经网络对语音信号数据集进行分类，并比较了两者之间的性能。

第 4 个模块　聚类算法（第 7 ~ 8 章）

本模块的核心内容为两种聚类算法：K-Means 聚类算法和高斯混合模型。在理论部分，主要讲解了 K-Means 聚类算法的理论推导、EM 算法和高斯混合模型的理论推导，并介绍了聚类算法的几种性能指标。在实战部分，首先利用 Python 结合面向对象思想实现了 K-Means 聚类算法和高斯混合模型，然后主要讲解了利用 K-Means 算法对 Iris 数据集进行聚类和利用 GMM 对葡萄酒数据集进行聚类。

第 5 个模块　降维算法（第 9 章）

本模块的核心内容为一种降维算法：主成分分析。在理论部分，主要介绍了降维算法的现状、主成分分析的理论推导、核函数和核主成分分析的理论推导。在实战部分，首先利用 Python 结合面向对象思想实现了主成分分析，然后主要讲解了利用 PCA 对葡萄酒质量数据集进行降维。

适合阅读本书的读者

- 需要全面学习机器学习算法的初学者。
- 希望掌握机器学习算法数学理论的程序员。
- 想转行从事机器学习算法的专业人员。
- 对机器学习算法兴趣浓厚的人员。
- 专业培训机构学员。
- 希望提高 Python 编程水平的程序员。

不适合阅读本书的读者

- 希望学习常用机器学习框架的程序员。
- 希望学习机器学习算法相关并行编程技巧的程序员。
- 希望学习深度学习算法的程序员。
- 希望学习企业级机器学习项目实例的程序员。

阅读本书的建议

- 没有 Python 编程基础的读者，建议首先找本 Python 入门书籍进行学习后再开始研读本书。
- 数学基础较差的读者，建议先仔细研读第 1 章所介绍的数学基础知识，并加强数学知识的相关训练。
- 有一定 Python 编程基础和数学基础的读者，可以根据实际情况有重点地选择阅读各个章节和项目案例。
- 对于每一个章节中算法的详细数学推导，建议读者可以先仔细阅读一遍，了解算法的大致架构，然后将相关理论推导遮住，多手动推导几次加深印象，进而根据推导公式编写算法。
- 对于本书中的相关案例，读者必须保持高度耐心，虽然数据集规模不大，但是个别机器学习算法的训练比较耗时，甚至需要 1 天的时间才能计算出结果。

鸣谢

　　《机器学习入门：基于数学原理的 Python 实战》一书从选题到书写完成历时将近一年，其中少不了亲人、老师和同学的帮助。首先感谢中国民航大学吕宗磊老师给我的支持，在科研之余给足时间完成此书的编写，同时也感谢吕老师在百忙之中抽出时间为本书写推荐序；然后感谢辽宁石油化工大学潘斌老师在人力方面的协调调度，为我安排学弟李寅和研一同学李建恒、李芹芹、张露月、孔晓迪、鲍莹、张曼琳等校对全书，为我分担工作量；之后感谢王蕾老师在写作期间的编辑与排版；最后感谢父母在生活和精神上的支持，感谢他们在编写此书过程中为我排忧解难。

戴璞微

目录

CONTENTS

第1章 机器学习及其数学基础

第3章 局部加权线性回归

第4章 Logistic 回归与 Softmax 回归

第 5 章　**模型评估与优化**

第6章

BP 神经网络

第7章　K-Means 聚类算法

第 8 章　**高斯混合模型**

第 9 章　**主成分分析**

第 1 章
机器学习及其数学基础

　　机器学习是一个多领域交叉学科，涉及计算机、数学、统计学、脑神经科学和社会科学等学科。同时在计算机视觉 (Computer Vision, CV)、自动语音识别 (Automatic Speech Recognition, ASR) 和自然语言处理 (Natural Language Processing, NLP) 等领域有着广泛的应用。

　　作为机器学习领域内的经典算法，神经网络算法及其相关优化理论成为深度学习的奠基石，并且在上述的三大领域展示出优于传统机器学习算法的性能。机器学习是以强大的数学理论为基础的新型学科，因此，本章必须对相关数学理论进行简要的回顾。

本章主要涉及的内容

- 机器学习与人工智能简述
- 高等数学
- 线性代数
- 概率论与数理统计
- Jensen 不等式

机器学习与人工智能简述

1.1.1 人工智能的发展简史

人工智能的本质就是让计算机学会像人一样思考，让计算机像人一样做智能的工作。人工智能也可以说成是一个让计算机获取知识、表达知识及使用知识的交叉学科。

具体而言，1950 年，马文·明斯基 (Marvin Minsky) 及其同学邓恩·埃德蒙 (Dnne Edmund) 一起建造了世界上第一台神经网络计算机，这被视为人工智能的起点。后来马文·明斯基被称为人工智能之父。同年，计算机之父艾伦·图灵 (Allen Turing) 提出了图灵测试。

图灵测试认为，如果一台机器能够与人类开展对话而不能被辨别出机器身份，那么这台机器就具有智能。1956 年达特茅斯会议上，计算机学者约翰·麦卡锡 (John McCarthy) 提出了人工智能的概念，这标志着人工智能的正式诞生。

达特茅斯会议对人工智能的定义进行了深入探讨，在这次会议后引起了许多学者的深入研究，从此人工智能进入了高速发展阶段，也进入第一个高潮时期。欧美各大高校都很快建立了人工智能项目及实验室，同时他们获得来自美国国防部高级研究计划署 (APRA) 等政府机构提供的大量研发资金，进而深入开展相关的研究。

20 世纪 50 年代至 20 世纪 70 年代这段时期属于人工智能的"推理时期"。这一时期，一般认为只要机器被赋予逻辑推理能力就可以实现人工智能。不过此后人们发现，机器只是具备了逻辑推理能力，还远远达不到智能化的水平。这一时期取得了很多成果，如神经元模型与多层感知机等。但是受限于当时的计算机硬件条件和计算水平，当时的人工智能只能解决特定的简单问题。

20 世纪 80 年代至 20 世纪 90 年代，人工智能迎来了第二次发展高潮。20 世纪 70 年代，关系型数据库的提出极大地促进了计算机数据库的发展，这也使数据管理变得越来越高效，解决了人工智能之前数据量严重缺失的问题。因此在 20 世纪 80 年代，人工智能进入了"知识工程时期"。

在 2016 年，Google 在图形处理器 (GPU) 与深度学习的基础上开发的 AlphaGo 以 4∶1 战胜韩国围棋高手李世石后，机器学习、深度学习和人工智能在学术界与工业界引发了广泛讨论，至此世界上各大科技公司也开始在人工智能领域迅速布局，拉开了该领域的军备竞赛。同时在中国，人工智能、大数据等词在近几年多次被写入政府工作报告，提出了人工智能战略并写入"十三五"规划，将中国的人工智能行业发展提升至国家战略高度，提供相应的政策支持。可以说，人工智能的第三次高潮正处于上升期，前途一片光明。

1.1.2 机器学习与人工智能

在前文叙述了人工智能的发展简史，接下来就来简要介绍机器学习。机器学习是人工智能的一个分支。机器学习就是让机器在学习经验的过程中寻找到符合现实的模型，并能够不断使用模型使机器本身表现得更好。具体而言，对于计算机系统，通过提供大量训练数据同时按照给定的方法进行学习，在大量训练过程中学习训练数据的特征，并且通过不断地迭代进行参数优化使系统性能提高，使其能对相关问题进行预测。

那么人工智能、机器学习和深度学习三者之间的关系是怎样的呢？三者之间的关系如图 1.1 所示。从图 1.1 中可以看出，人工智能、机器学习和深度学习属于包含的关系。人工智能是科学，实现人工智能不止机器学习这一种方法。机器学习是技术，是实现人工智能的重要方法。机器学习主要包含了回归、分类、聚类和降维四大任务。深度学习是以机器学习中的神经网络理论为基础的新兴技术，算法性能远远优于相关传统机器学习算法。

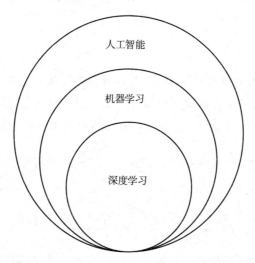

图 1.1　人工智能、机器学习和深度学习的关系

机器学习领域中的代表算法有线性回归、Logistic 回归、支持向量机 (SVM) 算法、朴素贝叶斯 (NB) 算法、神经网络算法、K-Means 聚类算法、高斯混合模型、主成分分析和奇异值分解 (SVD) 等。深度学习是机器学习的一个分支，主要是由神经网络算法构建起来的，例如，卷积神经网络 (CNN)、对抗生成网络 (GAN) 等。深度学习的方法突破了传统机器学习方法的瓶颈，推动了人工智能的快速发展。

虽然深度学习能很好地解决人工智能相关的很多问题，但是这并不代表着传统机器学习的方法没有用。掌握机器学习算法的数学推导过程对于学习人工智能或深度学习也是很有帮助的。由于机器学习理论中存在大量的公式推导，因此有必要回顾相关数学知识。相关数学知识将通过 1.2 ~ 1.5 节进行展开，主要包括高等数学、线性代数、概率论与数理统计及 Jensen 不等式。

1.2 高等数学

机器学习是一门与数学联系非常紧密的学科，机器学习理论的推导离不开高等数学、线性代数和概率论等数学知识。机器学习的各种理论根据任务的不同定义了不同的损失函数，那么机器学习的本质就是让这些不同的损失函数的值最小化。也就是说，机器学习的问题最终转换为求解损失函数的极小值。因此，了解高等数学中相关极值理论是非常重要的。

本节将主要回顾机器学习中涉及的高等数学相关知识，首先介绍了常用的一元函数的导数，基本求导公式，一元函数的单调性、凹凸性与极值求解问题；然后将一元函数推广到多元函数，并介绍了多元函数的偏导数与梯度的概念；最后介绍了多元函数的极值求解与拉格朗日乘数法。

1.2.1　导数及求导法则

下面先来介绍一元函数的导数及其相关性质。导数的定义为：对于函数 $y = f(x)$，在点 x_0 的某个邻域内有定义，当自变量 x 在 x_0 处有增量 Δx，$x_0 + \Delta x$ 也在该邻域内时，相应地，函数取得增量 $\Delta y = f(x_0 + \Delta x) - f(x_0)$；如果 Δy 与 Δx 之比在 $\Delta x \to 0$ 时极限存在，则称函数 $y = f(x)$ 在点 x_0 处可导，并称这个极限为函数 $y = f(x)$ 在点 x_0 处的导数，记作 $f'(x_0)$ 或 $y'|_{x=x_0}$ 或 $\left.\dfrac{dy}{dx}\right|_{x=x_0}$ 或 $\left.\dfrac{df}{dx}\right|_{x=x_0}$，即如式 (1-1) 所示。

$$f'(x_0) = \lim_{\Delta x \to 0} \frac{\Delta y}{\Delta x} = \lim_{\Delta x \to 0} \frac{f(x_0 + \Delta x) - f(x_0)}{\Delta x} \tag{1-1}$$

显然，从式 (1-1) 中可以看出，函数 $y = f(x)$ 在点 x_0 的导数 $f'(x_0)$ 代表函数曲线在点 $P(x_0, f(x_0))$ 处的切线的斜率。类似地，如果 $f'(x)$ 仍然可导，那么也可以定义函数 $y = f(x)$ 的二阶导数，定义如式 (1-2) 所示。

$$y'' = \frac{d^2 y}{dx^2} = \frac{d^2 f}{dx^2} = \lim_{\Delta x \to 0} \frac{f'(x + \Delta x) - f'(x)}{\Delta x} \tag{1-2}$$

如果函数 $y = f(x)$ 在开区间内每一点都可导，则称函数 $y = f(x)$ 在区间内可导。这时函数 $y = f(x)$ 对于区间内的每一个确定的 x 值，都对应着一个确定的导数值，这就构成一个新的函数，称这个函数为原来函数 $y = f(x)$ 的导函数，记作 $f'(x)$ 或 y' 或 $\dfrac{dy}{dx}$ 或 $\dfrac{df}{dx}$，简称导数。

对于函数 u,v 且 $v \neq 0$，那么导数的四则运算如式 (1-3) 所示。

$$(Cu)' = Cu', (uv)' = u'v + uv'$$

$$(u \pm v)' = u' \pm v', \left(\frac{u}{v}\right)' = \frac{u'v - v'u}{v^2} \tag{1-3}$$

复合函数的求导法则服从链式法则，即复合函数对自变量的导数，等于已知函数对中间变量的导数，乘以中间变量对自变量的导数。即对于函数 $y = f(u), u = g(x)$ 均可导，那么 $y' = f'(u)g'(x)$。表 1.1 展示了部分基本函数及其导数。

表1.1　部分基本函数及其导数

函数	原函数	导数
常函数	$y = C$（C 为常数）	$y' = 0$
幂函数	$y = x^u$	$y' = ux^{u-1}$
指数函数	$y = a^x$ $y = e^x$	$y' = a^x \ln a$ $y = e^x$
对数函数	$y = \log_a x$ $y = \ln x$	$y' = \dfrac{1}{x \ln a}$ $y' = \dfrac{1}{x}$
正弦函数	$y = \sin x$	$y' = \cos x$
余弦函数	$y = \cos x$	$y' = -\sin x$
正切函数	$y = \tan x$	$y' = \sec^2 x$
余切函数	$y = \cot x$	$y' = -\csc^2 x$

1.2.2　单调性、凹凸性与极值

接下来介绍一元函数的单调性、凹凸性与极值的求解。首先来介绍单调性。对于函数 $y = f(x)$ 在实数集 $\mathbb{R}$ 上可导，若 $f'(x_0) = 0$，则称 $(x_0, f(x_0))$ 为函数曲线的驻点。若当 $x < x_0$ 时 $f'(x) < 0$，则称函数 $y = f(x)$ 在 $x < x_0$ 时单调递减；若当 $x > x_0$ 时 $f'(x) > 0$，则称函数 $y = f(x)$ 在 $x > x_0$ 时单调递增。

对于函数 $y = f(x)$ 在实数集 $\mathbb{R}$ 上可导，若 $f''(x_0) = 0$，则称 $(x_0, f(x_0))$ 为函数曲线的拐点。若当 $x < x_0$ 时 $f''(x) < 0$，则称函数 $y = f(x)$ 在 $x < x_0$ 时是凸函数；若当 $x > x_0$ 时 $f''(x) > 0$，则称函数 $y = f(x)$ 在 $x > x_0$ 时是凹函数。

从导数的定义可以看出，导数描述的函数值是在其邻域内的变化趋势，即表示的是函数值增加还是减少，也可以将某一点的导数看成是过该点切线的斜率。那么根据二阶导数的定义，二阶导数也就可以看成是一阶导数在其邻域的变化趋势，即二阶导数是一阶导数的斜率，也就是函数值变化的快慢程度。

下面可以给出极值的定义。若函数在定义域内可导，则不存在不可导点。那么，当 $f'(x_0)=0$ 时，$f(x_0)$ 为函数 $y=f(x)$ 的极值，且当 $x<x_0$ 时，$f'(x)<0$，即当 $x<x_0$ 时，函数 $y=f(x)$ 单调递减；当 $x>x_0$ 时，$f'(x)>0$，即当 $x>x_0$ 时，函数 $y=f(x)$ 单调递增，那么就称 $f(x_0)$ 为函数 $y=f(x)$ 的极小值。反之，当 $x<x_0$ 时，函数 $y=f(x)$ 单调递增；当 $x>x_0$ 时，函数 $y=f(x)$ 单调递减，这时就称 $f(x_0)$ 为函数 $y=f(x)$ 的极大值。

对于极大值、极小值的判定还有更简单的方法。若 $f'(x_0)=0$，则当 $f''(x_0)>0$ 时，$f(x_0)$ 为函数 $y=f(x)$ 的极小值；当 $f''(x_0)<0$ 时，$f(x_0)$ 为函数 $y=f(x)$ 的极大值。当然对于实际问题而言，还必须对利用上述所述的方法计算出来的极值点进行判断，看求得的极值点是否符合实际问题的要求。

1.2.3 多元函数的偏导数与梯度

接下来介绍多元函数的求导与极值问题。为了方便起见，下面以二元函数为例进行讲解。对于函数 $z=f(x,y)$，在 (x,y) 处关于 x 和 y 的偏导数的定义如式 (1-4) 和式 (1-5) 所示。

$$z_x=f_x=\frac{\partial f}{\partial x}=\frac{\partial z}{\partial x}=\lim_{\Delta x\to 0}\frac{f(x+\Delta x,y)-f(x,y)}{\Delta x} \quad (\text{存在时})\tag{1-4}$$

$$z_y=f_y=\frac{\partial f}{\partial y}=\frac{\partial z}{\partial y}=\lim_{\Delta y\to 0}\frac{f(x,y+\Delta y)-f(x,y)}{\Delta y} \quad (\text{存在时})\tag{1-5}$$

与一元函数不同，若函数 $z=f(x,y)$ 的偏导数 $\dfrac{\partial z}{\partial x}$ 和 $\dfrac{\partial z}{\partial y}$ 仍然可导，则它们的偏导数就称为函数 $z=f(x,y)$ 的二阶偏导数，共有 4 种形式：$\dfrac{\partial^2 z}{\partial x^2},\dfrac{\partial^2 z}{\partial y^2},\dfrac{\partial^2 z}{\partial x\partial y},\dfrac{\partial^2 z}{\partial y\partial x}$。上述 4 种二阶偏导数的定义如式 (1-6)~式 (1-9) 所示。

$$\frac{\partial^2 z}{\partial x^2}=\lim_{\Delta x\to 0}\frac{f_x(x+\Delta x,y)-f_x(x,y)}{\Delta x}\tag{1-6}$$

$$\frac{\partial^2 z}{\partial y^2}=\lim_{\Delta y\to 0}\frac{f_y(x,y+\Delta y)-f_y(x,y)}{\Delta y}\tag{1-7}$$

$$\frac{\partial^2 z}{\partial x\partial y}=\lim_{\Delta y\to 0}\frac{f_x(x,y+\Delta y)-f_x(x,y)}{\Delta y}\tag{1-8}$$

$$\frac{\partial^2 z}{\partial y\partial x}=\lim_{\Delta x\to 0}\frac{f_y(x+\Delta x,y)-f_y(x,y)}{\Delta x}\tag{1-9}$$

对于多元函数的一个自变量的偏导数的计算，只需将其他自变量看成常数，然后对对应的自变量进行求导，其求导过程与一元函数求导类似。

介绍完偏导数的概念后，下面来解释梯度。对于函数 $u=f(x,y,z)$ 在点 $P(x,y,z)$ 处的梯度定义为：$\operatorname{grad}u=\left(\dfrac{\partial u}{\partial x},\dfrac{\partial u}{\partial y},\dfrac{\partial u}{\partial z}\right)$。从梯度的定义可以看出，梯度是一个向量，其方向是函数在点 P 变化最

快的方向，其大小是函数在点 P 处的最大增长率。

1.2.4 多元函数的极值问题

多元函数的极值问题也与一元函数的极值问题有区别。下面以二元函数为例来讲解多元函数的无条件极值问题。无条件极值的求解过程如下。

(1) 联立方程组 $\begin{cases} \dfrac{\partial f}{\partial x} = 0 \\ \dfrac{\partial f}{\partial y} = 0 \end{cases}$ ，求得 (x_0, y_0) 为可能的极值点，这也是极值点的必要条件；

(2) 记 $A = f_{xx}(x_0, y_0)$，$B = f_{yy}(x_0, y_0)$，$C = f_{yy}(x_0, y_0)$。那么当 $AC - B^2 > 0$ 时，(x_0, y_0) 为极小值点；当 $AC - B^2 < 0$ 时，(x_0, y_0) 为极大值点；当 $AC - B^2 = 0$ 时，需另行讨论。

上述描述了无条件极值的求解。条件极值的求解是利用拉格朗日乘数法，求解过程如下。

(1) 构造拉格朗日函数；

(2) 令拉格朗日函数对各个自变量的一阶导数为零，构造联立方程组求解可能的极值点；

(3) 根据问题本身的性质判断所求的点是否为极值点。

具体而言，对于函数 $z = f(x, y)$，约束条件为 $g(x, y)$，那么这时根据拉格朗日乘数法可以构造如下拉格朗日函数，如式 (1-10) 所示。

$$F(x, y, \lambda) = f(x, y) + \lambda g(x, y) \tag{1-10}$$

根据式 (1-10)，可以构造如下方程组求解可能的极值点。

$$\begin{cases} \dfrac{\partial F}{\partial x} = f_x(x, y) + \lambda g_x(x, y) = 0 \\ \dfrac{\partial F}{\partial y} = f_y(x, y) + \lambda g_y(x, y) = 0 \\ \dfrac{\partial F}{\partial \lambda} = g(x, y) = 0 \end{cases} \tag{1-11}$$

为了准确得到上述方程组求解得到的点是哪类极值点，必须将式 (1-11) 表示的方程组求解得到 (x, y) 再根据无条件极值的求解过程进行判定。

1.3 线性代数

线性代数是机器学习中极其重要的数学工具。机器学习中很多复杂的数学公式都可以利用线性代数进行极大简化。本节主要介绍了矩阵的相关概念、矩阵的运算及其基本性质、转置矩阵、对称矩阵、矩阵的逆、奇异矩阵、向量组的秩及其线性相关性、矩阵的迹、矩阵的特征值和特征向量、相似矩阵及其对角化和正定性等内容。

1.3.1　矩阵及其性质

由 $m \times n$ 个数 a_{ij} ($i = 1, 2, \cdots, m; j = 1, 2, \cdots, n$)排成的 m 行 n 列的数表称为 m 行 n 列的矩阵，简称 $m \times n$ 矩阵，记作 $A = \begin{pmatrix} a_{11} & \cdots & a_{1n} \\ \vdots & \ddots & \vdots \\ a_{m1} & \cdots & a_{mn} \end{pmatrix}$，或记作 $A = (a_{ij})_{m \times n}$，$A_{m \times n}$，$A_{mn}$ 等。这 $m \times n$ 个数称为矩阵 A 的元素，简称元，数 a_{ij} 是矩阵 A 的第 i 行第 j 列元素。元素是实数的矩阵称为实矩阵，元素是复数的矩阵称为复矩阵。行数与列数都为 n 的矩阵称为 n 阶方阵。

对于矩阵相等，必须满足两个矩阵的行列数都相等，且每行每列的元素都相等。即对于两个矩阵 $A_{m \times n}$，$B_{m \times n}$，$A_{m \times n} = B_{m \times n}$ 当且仅当 $a_{ij} = b_{ij}$ ($i = 1, 2, \cdots, m; j = 1, 2, \cdots, n$) 时成立。

下面介绍矩阵的加减运算。矩阵的加法必须在两个相同行列数的矩阵之间才能进行。矩阵相加 (减) 是指对应位置的元素相加 (减)，如式 (1-12) 所示。

$$C_{m \times n} = A_{m \times n} \pm B_{m \times n} = (a_{ij})_{m \times n} \pm (b_{ij})_{m \times n} = (c_{ij})_{m \times n} \tag{1-12}$$

式中，$c_{ij} = a_{ij} \pm b_{ij}$ ($i = 1, 2, \cdots, m; j = 1, 2, \cdots, n$)。对于矩阵的数乘运算，就是将特定的数与矩阵的每一个元素相乘，矩阵数乘运算的数学表述如式 (1-13) 所示。

$$kA_{m \times n} = k(a_{ij})_{m \times n} = (ka_{ij})_{m \times n} \quad (i = 1, 2, \cdots, m; j = 1, 2, \cdots, n) \tag{1-13}$$

矩阵的加法与数乘运算统称矩阵的线性运算，这两种运算满足以下运算规律。

(1) 交换律：$A \pm B = B \pm A$；

(2) 结合律：$(A \pm B) \pm C = A \pm (B \pm C); k(lA) = (kl)A$；

(3) 分配律：$k(A \pm B) = kA \pm kB; (k \pm l)A = kA \pm lA$。

接着介绍矩阵的乘法运算。当左矩阵的列数与右矩阵的行数相等时，两个矩阵才能进行乘法运算。两个矩阵的乘积也是一个矩阵，其第 i 行第 j 列的元素为左矩阵第 i 行元素与右矩阵第 j 列元素的乘积的和。对于矩阵 $A_{m \times n}$，$B_{n \times s}$，那么两个矩阵的乘积 $C_{m \times s}$ 如式 (1-14) 所示。

$$C_{m \times s} = A_{m \times n} B_{n \times s} = \begin{pmatrix} a_{11} & \cdots & a_{1n} \\ \vdots & \ddots & \vdots \\ a_{m1} & \cdots & a_{mn} \end{pmatrix} \begin{pmatrix} b_{11} & \cdots & b_{1s} \\ \vdots & \ddots & \vdots \\ b_{n1} & \cdots & b_{ns} \end{pmatrix} = \begin{pmatrix} c_{11} & \cdots & c_{1s} \\ \vdots & \ddots & \vdots \\ c_{m1} & \cdots & c_{ms} \end{pmatrix} = (c_{ij})_{m \times s} \tag{1-14}$$

式中，$c_{ij} = \sum_{k=1}^{n} a_{ik} b_{kj}$ ($i = 1, 2, \cdots, m; j = 1, 2, \cdots, n$)。接下来介绍矩阵乘法的运算规律。

(1) 结合律：$(AB)C = A(BC)$；

(2) 分配律：$(A \pm B)C = AC \pm BC, C(A \pm B) = CA \pm CB$；

(3) 常数与矩阵乘法的结合律：$k(AB) = (kA)B = A(kB)$。

需要注意以下几点。

(1) 矩阵的乘法是有顺序的，矩阵乘法不满足交换律，即一般情况下 $AB \neq BA$，因此，在一般情况下 $(A+B)(A-B) \neq A^2 - B^2$ 和 $(A \pm B)^2 \neq A^2 \pm 2AB + B^2$；

(2) 由 $AB = O$ 推不出 $A = O$ 或 $B = O$ 或 $A = B = O$；

(3) 矩阵的乘法不满足消去律，即由 $A \neq O$，$AB = AC$ 不能推出 $B = C$。

转置矩阵的定义为：将矩阵 $A_{m \times n}$ 行列的元素互换得到的矩阵 $B_{n \times m}$ 就是矩阵 $A_{m \times n}$ 的转置矩阵，即 $b_{ij} = a_{ji}$（$i = 1, 2, \cdots, n; j = 1, 2, \cdots, m$）。那么转置矩阵有如下性质。

(1) $(A^{\mathrm{T}})^{\mathrm{T}} = A$；

(2) $(A+B)^{\mathrm{T}} = A^{\mathrm{T}} + B^{\mathrm{T}}$；

(3) $(kA)^{\mathrm{T}} = kA^{\mathrm{T}}$；

(4) $(AB)^{\mathrm{T}} = B^{\mathrm{T}} A^{\mathrm{T}}$。

单位矩阵的定义如下：主对角线元素都为 1 的对角方阵为单位矩阵，记作 E 或 E_n，其中 n 为方阵的阶数。单位矩阵必须满足如下性质。

(1) $E_m A_{m \times n} = A_{m \times n}, A_{m \times n} E_n = A_{m \times n}$；

(2) 当 $m = n$ 时，$EA = AE = A$；

(3) $(A+E)(A-E) = A^2 - E$ 和 $(A+E)^2 = A^2 + 2A + E$。

设矩阵 A 为 n 阶方阵，且 $A^0 = E$，则称 $A^m = \underbrace{A \cdot A \cdots A}_{m \uparrow A}$ 为方阵 A 的 m 次幂。方阵的幂满足：$A^k A^l = A^{k+l}$ 和 $(A^k)^l = A^{kl}$，其中 m, k, l 为正整数。由于矩阵乘法不满足交换律，因此 $(AB)^k \neq A^k B^k$。

下面定义方阵的行列式。由 n 阶方阵 A 的元素组成的 n 阶行列式为方阵 A 的行列式。若方阵 A, B 为同阶方阵，则称 $|AB|$ 为方阵 A 与方阵 B 乘积矩阵 AB 的行列式，且有 $|AB| = |A||B|$。虽然一般情况下 $AB \neq BA$，但是 $|AB| = |BA|$ 恒成立。

n 阶方阵，除对角线元素存在非零元素外，其他元素都为 0 的矩阵称为对角矩阵。其数学表示如式 (1-15) 所示。

$$D = \begin{pmatrix} a_1 & & & \\ & a_2 & & \\ & & \ddots & \\ & & & a_n \end{pmatrix} = \mathrm{diag}(a_1, a_2, \cdots, a_n) \tag{1-15}$$

对角矩阵满足如下性质。

(1) $D^k = \begin{pmatrix} a_1^k & & & \\ & a_2^k & & \\ & & \ddots & \\ & & & a_n^k \end{pmatrix}$；

(2) 对角矩阵的和、差、数乘和对角矩阵的乘积仍为对角矩阵。

下面重点介绍逆矩阵的概念。对于方阵 A，如果存在一个方阵 B，使得 $AB = BA = E$，则称 A

为可逆矩阵，且 B 称为 A 的逆矩阵，记作 $B = A^{-1}$。方阵 A 为可逆矩阵的充分必要条件是：$|A| = 0$，这种情况常说方阵 A 为非奇异的，否则则称方阵 A 为奇异的。

设 A, B 为同阶方阵，那么可逆矩阵满足如下性质。

(1) 若 A 可逆，则 A^{-1} 也可逆，且 $(A^{-1})^{-1} = A$；

(2) 若 A, B 都可逆，则 AB 也可逆，且 $(AB)^{-1} = B^{-1}A^{-1}$；

(3) 若 A 可逆，则 A^{T} 也可逆，且 $(A^{\mathrm{T}})^{-1} = (A^{-1})^{\mathrm{T}}$；

(4) 若 A 可逆，常数 $k \neq 0$，则 kA 也可逆，且 $(kA)^{-1} = \dfrac{1}{k}A^{-1}$；

(5) $A^{-1}A = E$，那么 $|A^{-1}A| = |A^{-1}||A| = |E| = 1$，则 $|A^{-1}| = \dfrac{1}{|A|}$；

(6) 若 A 可逆，则 A 的伴随矩阵 A^* 也可逆，且 $(A^*)^{-1} = \dfrac{1}{|A|}A$。

1.3.2　向量组与线性相关性

n 个数 $a_1, a_2, \cdots, a_n$ 组成的有序数组 $(a_1, a_2, \cdots, a_n)$ 称为一个 n 维向量。$\boldsymbol{\alpha} = (a_1, a_2, \cdots, a_n)$ 称为行向量，$\boldsymbol{\alpha} = \begin{pmatrix} a_1 \\ a_2 \\ \vdots \\ a_n \end{pmatrix}$ 称为列向量。类似于矩阵相等，对于 $\boldsymbol{\alpha} = \begin{pmatrix} a_1 \\ a_2 \\ \vdots \\ a_n \end{pmatrix}$ 与 $\boldsymbol{\beta} = \begin{pmatrix} b_1 \\ b_2 \\ \vdots \\ b_n \end{pmatrix}$ 相等当且仅当

$a_i = b_i \ (i = 1, 2, \cdots, n)$ 时恒成立，记作 $\boldsymbol{\alpha} = \boldsymbol{\beta}$。同时记 $(a_1, a_2, \cdots, a_n)^{\mathrm{T}} = \begin{pmatrix} a_1 \\ a_2 \\ \vdots \\ a_n \end{pmatrix}$。

类似地，下面再来定义向量的数乘运算和向量的加减法算。设向量 $\boldsymbol{\alpha} = (a_1, a_2, \cdots, a_n)^{\mathrm{T}}$，$\boldsymbol{\beta} = (b_1, b_2, \cdots, b_n)^{\mathrm{T}}$，$k$ 为常数，向量的数乘运算定义如下：$k\boldsymbol{\alpha} = (ka_1, ka_2, \cdots, ka_n)^{\mathrm{T}}$；向量的加减运算定义如下：$\boldsymbol{\alpha} \pm \boldsymbol{\beta} = (a_1 \pm b_1, a_2 \pm b_2, \cdots, a_n \pm b_n)$。向量的数乘运算和加减运算统称向量的线性运算。

接下来重点介绍向量的线性相关性的概念。首先给出线性组合的概念。若 $\boldsymbol{\alpha}_1, \boldsymbol{\alpha}_2, \cdots, \boldsymbol{\alpha}_m$ 为 m 个 n 维向量组成的向量组，$k_1, k_2, \cdots, k_m$ 为 m 个实数，则称向量 $k_1\boldsymbol{\alpha}_1 + k_2\boldsymbol{\alpha}_2 + \cdots + k_m\boldsymbol{\alpha}_m$ 为这 m 个向量的一个线性组合。

那么对于给定 n 维向量组 $\boldsymbol{\alpha}_1, \boldsymbol{\alpha}_2, \cdots, \boldsymbol{\alpha}_m$ 及 $\boldsymbol{\beta}$，如果存在 m 个实数 $k_1, k_2, \cdots, k_m$，使得 $\boldsymbol{\beta} = k_1\boldsymbol{\alpha}_1 + k_2\boldsymbol{\alpha}_2 + \cdots + k_m\boldsymbol{\alpha}_m$，则称向量 $\boldsymbol{\beta}$ 可由向量组 $\boldsymbol{\alpha}_1, \boldsymbol{\alpha}_2, \cdots, \boldsymbol{\alpha}_m$ 线性表示，或者称向量 $\boldsymbol{\beta}$ 是向量组 $\boldsymbol{\alpha}_1, \boldsymbol{\alpha}_2, \cdots, \boldsymbol{\alpha}_m$ 的线性组合。

给出了向量的线性组合与线性表示的概念，向量的线性相关性的概念就不难解释了。对于 n 维向量组 $\boldsymbol{\alpha}_1, \boldsymbol{\alpha}_2, \cdots, \boldsymbol{\alpha}_m$，如果存在一组不全为零的数 $k_1, k_2, \cdots, k_m$，使得 $k_1\boldsymbol{\alpha}_1 + k_2\boldsymbol{\alpha}_2 + \cdots + k_m\boldsymbol{\alpha}_m = 0$ 恒成立，则称向量组 $\boldsymbol{\alpha}_1, \boldsymbol{\alpha}_2, \cdots, \boldsymbol{\alpha}_m$ 线性相关；当且仅当 $k_1 = k_2 = \cdots = k_m = 0$ 时，$k_1\boldsymbol{\alpha}_1 + k_2\boldsymbol{\alpha}_2 + \cdots + k_m\boldsymbol{\alpha}_m = 0$ 恒成

立，则称向量组 $\boldsymbol{\alpha}_1, \boldsymbol{\alpha}_2, \cdots, \boldsymbol{\alpha}_m$ 线性无关。根据向量的线性相关与线性无关的定义可以得出如下结论。

(1) 含有零向量的向量组必然线性相关；

(2) 由单个向量组成的向量组线性相关的充分必要条件是：此向量为零向量；

(3) 由两个向量组成的向量组线性相关的充分必要条件是：两个向量对应的分量成比例，即一个向量是另一个向量的某个倍数。

设 $A: \boldsymbol{\alpha}_1, \boldsymbol{\alpha}_2, \cdots, \boldsymbol{\alpha}_m$ 是由 m 个 n 维向量所组成的向量组。在 A 中选 r 个向量 $\boldsymbol{\alpha}_{i1}, \boldsymbol{\alpha}_{i2}, \cdots, \boldsymbol{\alpha}_{ir}$，如果满足 $\boldsymbol{\alpha}_{i1}, \boldsymbol{\alpha}_{i2}, \cdots, \boldsymbol{\alpha}_{ir}$ 线性无关，且任取 $\boldsymbol{\alpha} \in A$，总有 $r+1$ 个向量 $\boldsymbol{\alpha}_{i1}, \boldsymbol{\alpha}_{i2}, \cdots, \boldsymbol{\alpha}_{ir}, \boldsymbol{\alpha}$ 线性相关，即 $\boldsymbol{\alpha}$ 为 $\boldsymbol{\alpha}_{i1}, \boldsymbol{\alpha}_{i2}, \cdots, \boldsymbol{\alpha}_{ir}$ 的线性组合，则称向量组 $\boldsymbol{\alpha}_{i1}, \boldsymbol{\alpha}_{i2}, \cdots, \boldsymbol{\alpha}_{ir}$ 为向量组 A 的一个极大线性无关组，简称极大无关组。

那么向量组的秩就定义成向量组 A 的极大线性无关组中所含向量的个数，记作 $R(A)=r$。根据向量组的秩的定义可以很自然地得出如下结论。

(1) 向量组的秩等于向量组本身所含向量的个数，则该向量组为线性无关向量组（满秩向量组），反之亦然；

(2) 向量组 $\boldsymbol{\alpha}_1, \boldsymbol{\alpha}_2, \cdots, \boldsymbol{\alpha}_m$ 线性无关的充分必要条件是：它的极大无关组就是其本身（满秩向量组）；

(3) 向量组 $\boldsymbol{\alpha}_1, \boldsymbol{\alpha}_2, \cdots, \boldsymbol{\alpha}_m$ 线性无关的充分必要条件是：$R(\boldsymbol{\alpha}_1, \boldsymbol{\alpha}_2, \cdots, \boldsymbol{\alpha}_m)=m$。

需要特别注意的是，一个向量组的极大线性无关组不一定是唯一的，但各极大线性无关组中所含的向量的个数是唯一确定的，即向量组的秩是唯一确定的。

最后介绍一下向量空间的概念。设 V 为 n 维向量的非空集合，如式 (1-16) 所示。

$$V = \left\{ \boldsymbol{\alpha} = (x_1, x_2, \cdots, x_n) \big| x_i \in \mathbb{R}, i = 1, 2, \cdots, n \right\} \tag{1-16}$$

如果集合 V 对于向量的加法与数乘运算是封闭的，则称集合 V 为实数集 $\mathbb{R}$ 上的向量空间。其中封闭是指若 $\boldsymbol{\alpha}, \boldsymbol{\beta} \in V, k \in \mathbb{R}$，则有 $\boldsymbol{\alpha} + \boldsymbol{\beta} \in V, k\boldsymbol{\alpha} \in V$。

设 V 为向量空间，那么 V 中 r 个向量 $\boldsymbol{\alpha}_1, \boldsymbol{\alpha}_2, \cdots, \boldsymbol{\alpha}_r$ 若满足如下两个条件：

(1) $\boldsymbol{\alpha}_1, \boldsymbol{\alpha}_2, \cdots, \boldsymbol{\alpha}_r$ 线性无关；

(2) 任取 $\boldsymbol{\alpha} \in V$ 总存在 $r+1$ 个向量 $\boldsymbol{\alpha}_1, \boldsymbol{\alpha}_2, \cdots, \boldsymbol{\alpha}_r, \boldsymbol{\alpha}$ 线性相关，或者说 $\boldsymbol{\alpha}$ 能由 $\boldsymbol{\alpha}_1, \boldsymbol{\alpha}_2, \cdots, \boldsymbol{\alpha}_r$ 线性表示，则称向量组 $\boldsymbol{\alpha}_1, \boldsymbol{\alpha}_2, \cdots, \boldsymbol{\alpha}_r$ 为向量空间 V 的一个基，r 为向量空间 V 的维数，并称向量空间 V 为 r 维向量空间。

需要特别注意的是，与极大线性无关组类似，向量空间的基一般不是唯一确定的，但每个基中所包含的向量的个数是唯一确定的，即向量空间的维数是唯一的。同时，对于一个向量空间 V 来说，一般含有无数个元素。如果向量空间含有有限个元素，则记 $V=\{0\}$，即只含有一个零向量。此时规定 $V=\{0\}$ 不存在基，其维数为 0。

1.3.3　相似矩阵

在本小节中，主要介绍矩阵变换与矩阵的正定性。在 1.3.2 小节中介绍了向量及其运算，接下来介绍向量的内积。设 $\boldsymbol{\alpha} = \begin{pmatrix} x_1 \\ x_2 \\ \vdots \\ x_n \end{pmatrix}$, $\boldsymbol{\beta} = \begin{pmatrix} y_1 \\ y_2 \\ \vdots \\ y_n \end{pmatrix}$ 为两个 n 维实向量，那么向量 $\boldsymbol{\alpha}$ 和向量 $\boldsymbol{\beta}$ 的内积为对应

元素的乘积的和，记作 $(\boldsymbol{\alpha}, \boldsymbol{\beta}) = \sum_{i=1}^{n} x_i y_i = \boldsymbol{\alpha}^\mathrm{T} \boldsymbol{\beta}$。向量的内积有如下性质。

(1) $(\boldsymbol{\alpha}, \boldsymbol{\beta}) = (\boldsymbol{\beta}, \boldsymbol{\alpha})$;

(2) $(\boldsymbol{\alpha} + \boldsymbol{\gamma}, \boldsymbol{\beta}) = (\boldsymbol{\alpha}, \boldsymbol{\beta}) + (\boldsymbol{\gamma}, \boldsymbol{\beta})$;

(3) $(k\boldsymbol{\alpha}, \boldsymbol{\beta}) = k(\boldsymbol{\alpha}, \boldsymbol{\beta})$ (k 为任意实数)。

对于两个 n 维实向量 $\boldsymbol{\alpha}, \boldsymbol{\beta}$ ，若满足 $(\boldsymbol{\alpha}, \boldsymbol{\beta}) = 0$，则称向量 $\boldsymbol{\alpha}$ 与向量 $\boldsymbol{\beta}$ 正交。因此，若向量组 $\boldsymbol{\alpha}_1, \boldsymbol{\alpha}_2, \cdots, \boldsymbol{\alpha}_s$ 中任意两个向量都正交，且每个向量都不为零向量，则称向量组 $\boldsymbol{\alpha}_1, \boldsymbol{\alpha}_2, \cdots, \boldsymbol{\alpha}_s$ 为正交向量组。正交向量组的性质如下。

(1) 正交向量组一定为线性无关向量组;

(2) 如果向量组 $\boldsymbol{\alpha}_1, \boldsymbol{\alpha}_2, \cdots, \boldsymbol{\alpha}_s$ 为线性无关向量组，那么一定存在一个正交向量组 $\boldsymbol{\beta}_1, \boldsymbol{\beta}_2, \cdots, \boldsymbol{\beta}_s$, 使 $\boldsymbol{\beta}_1, \boldsymbol{\beta}_2, \cdots, \boldsymbol{\beta}_s$ 与 $\boldsymbol{\alpha}_1, \boldsymbol{\alpha}_2, \cdots, \boldsymbol{\alpha}_s$ 等价。

下面介绍向量的长度与单位向量。设 $\boldsymbol{\alpha} = \begin{pmatrix} x_1 \\ x_2 \\ \vdots \\ x_n \end{pmatrix}$ 为 n 维实向量，则称 $\|\boldsymbol{\alpha}\| = \sqrt{(\boldsymbol{\alpha}, \boldsymbol{\alpha})}$ 为向量 $\boldsymbol{\alpha}$ 的长度或范数。当 $\|\boldsymbol{\alpha}\| = 1$ 时，则称向量 $\boldsymbol{\alpha}$ 为单位向量。

有了正交向量与单位向量的概念，那么就容易理解向量单位正交化的过程了。计算线性无关向量组 $\boldsymbol{\alpha}_1, \boldsymbol{\alpha}_2, \cdots, \boldsymbol{\alpha}_s$ 等价的单位正交向量组 $\boldsymbol{\beta}_1, \boldsymbol{\beta}_2, \cdots, \boldsymbol{\beta}_s$ 的过程如下。

(1)正交化： $\boldsymbol{\beta}_1 = \boldsymbol{\alpha}_1, \boldsymbol{\beta}_2 = \boldsymbol{\alpha}_2 - \dfrac{(\boldsymbol{\alpha}_2, \boldsymbol{\beta}_1)}{(\boldsymbol{\beta}_1, \boldsymbol{\beta}_1)} \boldsymbol{\beta}_1, \boldsymbol{\beta}_3 = \boldsymbol{\alpha}_3 - \dfrac{(\boldsymbol{\alpha}_3, \boldsymbol{\beta}_1)}{(\boldsymbol{\beta}_1, \boldsymbol{\beta}_1)} \boldsymbol{\beta}_1 - \dfrac{(\boldsymbol{\alpha}_3, \boldsymbol{\beta}_2)}{(\boldsymbol{\beta}_2, \boldsymbol{\beta}_2)} \boldsymbol{\beta}_2, \cdots, \boldsymbol{\beta}_r = \boldsymbol{\alpha}_r - \dfrac{(\boldsymbol{\alpha}_r, \boldsymbol{\beta}_1)}{(\boldsymbol{\beta}_1, \boldsymbol{\beta}_1)} \boldsymbol{\beta}_1 -$

$\dfrac{(\boldsymbol{\alpha}_r, \boldsymbol{\beta}_2)}{(\boldsymbol{\beta}_2, \boldsymbol{\beta}_2)} \boldsymbol{\beta}_2 - \cdots - \dfrac{(\boldsymbol{\alpha}_r, \boldsymbol{\beta}_{r-1})}{(\boldsymbol{\beta}_{r-1}, \boldsymbol{\beta}_{r-1})} \boldsymbol{\beta}_{r-1}$ ($r = 2, 3, \cdots, s$);

(2) 单位化： $\boldsymbol{\beta}_1 = \dfrac{\boldsymbol{\beta}_1}{\|\boldsymbol{\beta}_1\|}, \boldsymbol{\beta}_2 = \dfrac{\boldsymbol{\beta}_2}{\|\boldsymbol{\beta}_2\|}, \cdots, \boldsymbol{\beta}_s = \dfrac{\boldsymbol{\beta}_s}{\|\boldsymbol{\beta}_s\|}$。

设 $\boldsymbol{A}$ 为 n 维实矩阵，若满足 $\boldsymbol{A}^\mathrm{T} \boldsymbol{A} = \boldsymbol{E}$，则称矩阵 $\boldsymbol{A}$ 为正交矩阵，其中 $\boldsymbol{E}$ 为单位矩阵。正交矩阵满足如下性质。

(1) 由于 $\boldsymbol{A}^\mathrm{T} \boldsymbol{A} = \boldsymbol{E}$，那么 $|\boldsymbol{A}^\mathrm{T}||\boldsymbol{A}| = |\boldsymbol{A}|^2 = |\boldsymbol{E}| = 1$，则可以得出 $|\boldsymbol{A}| = 1$;

(2) $\boldsymbol{A}^\mathrm{T} = \boldsymbol{A}^{-1}$, 且 $\boldsymbol{A}^\mathrm{T}, \boldsymbol{A}^{-1}, \boldsymbol{A}^*$ 也为正交向量;

(3) 若 $\boldsymbol{A}, \boldsymbol{B}$ 为同阶正交矩阵，则 $\boldsymbol{AB}$ 也为正交矩阵。

特征值与特征向量的求解是线性代数中一个很重要的问题。设 $\boldsymbol{A}$ 为 n 维实矩阵，若存在一个数 λ 和一个非零列向量 $\boldsymbol{x}$，使得 $\boldsymbol{Ax} = \lambda \boldsymbol{x}$，则称 λ 为 $\boldsymbol{A}$ 的一个特征值，列向量 $\boldsymbol{x}$ 为 $\boldsymbol{A}$ 的一个特征向

量。特征向量与特征值有如下性质。

(1) 矩阵 $\boldsymbol{A}$ 与矩阵 $\boldsymbol{A}^{\mathrm{T}}$ 有相同的特征值；

(2) 设 $\lambda_1, \lambda_2, \cdots, \lambda_n$ 为矩阵 $\boldsymbol{A}$ 的 n 个特征值，则有 $|\boldsymbol{A}| = \prod\limits_{i=1}^{n} \lambda_i, \mathrm{tr}(\boldsymbol{A}) = \sum\limits_{i=1}^{n} \lambda_i$，其中 $\mathrm{tr}(\boldsymbol{A})$ 为矩阵的 $\boldsymbol{A}$ 的迹，记作 $\mathrm{tr}(\boldsymbol{A}) = \sum\limits_{i=1}^{n} a_{ii}$；

(3) 设 $\lambda_1, \lambda_2, \cdots, \lambda_m$ 为矩阵 $\boldsymbol{A}$ 的 m 个不同特征值，$\boldsymbol{\alpha}_1, \boldsymbol{\alpha}_2, \cdots, \boldsymbol{\alpha}_m$ 分别属于 $\lambda_1, \lambda_2, \cdots, \lambda_m$ 的特征向量，那么向量组 $\boldsymbol{\alpha}_1, \boldsymbol{\alpha}_2, \cdots, \boldsymbol{\alpha}_m$ 线性无关。

设 $\boldsymbol{A}, \boldsymbol{B}$ 都为 n 阶矩阵，若存在 n 阶可逆矩阵 $\boldsymbol{P}$ 使得 $\boldsymbol{P}^{-1}\boldsymbol{A}\boldsymbol{P} = \boldsymbol{B}$，则称矩阵 $\boldsymbol{A}$ 与 $\boldsymbol{B}$ 相似。矩阵相似于对角矩阵的条件如下。

(1) n 阶矩阵 $\boldsymbol{A}$ 相似于对角阵 $\boldsymbol{\Lambda} = \begin{pmatrix} \lambda_1 & & & \\ & \lambda_2 & & \\ & & \ddots & \\ & & & \lambda_n \end{pmatrix} = \mathrm{diag}(\lambda_1, \lambda_2, \cdots, \lambda_n)$ 的充分必要条件是：

$\boldsymbol{A}$ 有 n 个线性无关的特征向量 $\boldsymbol{p}_1, \boldsymbol{p}_2, \cdots, \boldsymbol{p}_n$。令 $\boldsymbol{P} = (\boldsymbol{p}_1, \boldsymbol{p}_2, \cdots, \boldsymbol{p}_n)$，则有 $\boldsymbol{P}^{-1}\boldsymbol{A}\boldsymbol{P} = \boldsymbol{\Lambda}$；

(2) 如果 n 阶矩阵 $\boldsymbol{A}$ 恰有 n 个相异的特征值 $\lambda_1, \lambda_2, \cdots, \lambda_n$，则矩阵 $\boldsymbol{A}$ 必定相似于对角矩阵 $\boldsymbol{\Lambda} = \mathrm{diag}(\lambda_1, \lambda_2, \cdots, \lambda_n)$；

(3) n 阶矩阵 $\boldsymbol{A}$ 与对角阵相似的充分必要条件是：对于每个 n_i 重特征值 λ_i，$R(\boldsymbol{A} - \lambda_i \boldsymbol{E}) = n - n_i$，即 n_i 重特征值 λ_i 对应 n_i 个线性无关特征向量。

1.3.4　矩阵求导

对于 $f: \mathbb{R}^{m \times n} \to \mathbb{R}$ 这样一个 m 行 n 列的矩阵映射到实数的函数，定义其导数，如式 (1-17) 所示。

$$\nabla_A f(\boldsymbol{A}) = \begin{pmatrix} \dfrac{\partial f}{\partial A_{11}} & \cdots & \dfrac{\partial f}{\partial A_{1n}} \\ \vdots & \ddots & \vdots \\ \dfrac{\partial f}{\partial A_{m1}} & \cdots & \dfrac{\partial f}{\partial A_{mn}} \end{pmatrix} \tag{1-17}$$

同时矩阵的迹运算为 $\mathrm{tr}(\boldsymbol{A}) = \mathrm{tr}\boldsymbol{A} = \sum\limits_{i=1}^{n} A_{ii}$，那么有如式 (1-18) 所示的结论。

$$\begin{aligned} & \mathrm{tr}\boldsymbol{AB} = \mathrm{tr}\boldsymbol{BA} \\ & \mathrm{tr}\boldsymbol{ABC} = \mathrm{tr}\boldsymbol{CAB} = \mathrm{tr}\boldsymbol{BCA} \\ & \mathrm{tr}\boldsymbol{ABCD} = \mathrm{tr}\boldsymbol{DABC} = \mathrm{tr}\boldsymbol{CDAB} = \mathrm{tr}\boldsymbol{BCDA} \\ & \mathrm{tr}\boldsymbol{A} = \mathrm{tr}\boldsymbol{A}^{\mathrm{T}} \\ & \mathrm{tr}(\boldsymbol{A} + \boldsymbol{B}) = \mathrm{tr}\boldsymbol{A} + \mathrm{tr}\boldsymbol{B} \\ & \mathrm{tr}a\boldsymbol{A} = a\mathrm{tr}\boldsymbol{A} \\ & \mathrm{tr}a = a \end{aligned} \tag{1-18}$$

式中，a 为常数。对于与迹相关的求导结论如式 (1-19) 所示。

$$\nabla_A \text{tr} AB = B^{\mathrm{T}}$$
$$\nabla_{A^{\mathrm{T}}} f(v) = \left[\nabla_A f(A)\right]^{\mathrm{T}}$$
$$\nabla_A \text{tr} ABA^{\mathrm{T}} C = CAB + C^{\mathrm{T}} AB^{\mathrm{T}} \qquad (1\text{-}19)$$
$$\nabla_A |A| = A(A^{-1})^{\mathrm{T}}$$

下面给出式 (1-19) 中第 3 个公式的证明过程。设 $f(A) = AB$，证明过程如式 (1-20) 所示。

$$
\begin{aligned}
\nabla_A \text{tr} ABA^{\mathrm{T}} C &= \nabla_A \text{tr} f(A) A^{\mathrm{T}} C = \nabla_\bullet \text{tr} f(\bullet) A^{\mathrm{T}} C + \nabla_\bullet \text{tr} f(A) \bullet^{\mathrm{T}} C \\
&= (A^{\mathrm{T}} C)^{\mathrm{T}} f v + (\nabla_\bullet \text{tr} f(A) \bullet C)^{\mathrm{T}} \\
&= C^{\mathrm{T}} AB^{\mathrm{T}} + (\nabla_\bullet \text{tr} \bullet C f(A))^{\mathrm{T}} \\
&= C^{\mathrm{T}} AB^{\mathrm{T}} + \left[(Cf(A))^{\mathrm{T}} \right]^{\mathrm{T}} \\
&= C^{\mathrm{T}} AB^{\mathrm{T}} + CAB
\end{aligned}
\qquad (1\text{-}20)
$$

1.4　概率论与数理统计

机器学习所有理论都包含着概率论与数理统计的身影。其实机器学习就是建立在统计学上的学科，机器学习中大多数算法都是建立在某种概率假设上的。

了解概率论与数理统计是学习机器学习的重要手段。本节首先介绍了随机事件与概率的基本概念及其相关性质，给出了条件概率的概念与全概率公式，并详细介绍了事件独立性；然后介绍了离散型与连续型概率分布，并详细介绍了伯努利分布、二项分布、多项式分布、正态分布（又名高斯分布）和拉普拉斯分布的概念及其相关性质；之后介绍了数学期望、方差和协方差的概念及其相关性质；最后介绍了中心极限定理和极大似然估计。

1.4.1　随机事件与概率

随机试验、样本空间、基本事件、随机事件、必然事件和不可能事件是概率论中的基础概念。对于随机试验必须满足以下 3 个条件。

(1) 相同条件下可重复的试验；

(2) 每次试验结果不唯一；

(3) 试验的全部结果已知，但是在试验之前不知道哪一种结果会产生。

了解了随机试验的概念，那么样本空间与随机事件就很容易理解了。样本空间就是随机试验所产生可能结果的全体，一般记作 S。样本空间 S 中的元素称为样本点，也称为基本事件。样本点的集合称为随机事件，简称事件。样本空间 S 包含了随机试验所发生的所有可能的结果，因此样本空间 S 也称为必然事件，空集 $\varnothing$ 称为不可能事件。

定义完上述概率论中的基本概念后，接下来定义随机事件之间的关系与运算。首先设 A, B, A_k $(k=1,2,\cdots,n)$ 是样本空间 S 中的随机事件，然后分别介绍包含关系、相等关系、和事件、积事件、差事件、互斥事件和对立事件的定义。

(1) 包含关系表示为 $A \subset B$，表示事件 A 发生则必然导致事件 B 发生，即事件 A 包含事件 B。

(2) 相等关系表示为 $A = B$，表示事件 A 与事件 B 相互包含，即 $A \subset B$ 且 $B \subset A$。

(3) 和事件的概念要分两种情况进行说明。两个事件的和事件表示为 $A \bigcup B$，表示事件 A,B 至少一个发生。多个事件的和事件表示为 $\bigcup\limits_{k=1}^{n} A_k$，表示事件 A_k 至少一个发生。

(4) 积事件与和事件一样，也要分两个事件与多个事件这两种情况来说明。两个事件的积事件表示为 $A \bigcap B$ 或 AB，表示事件 A, B 同时发生。多个事件的和事件表示为 $\bigcap\limits_{k=1}^{n} A_k$，表示事件 A_k $(k=1, 2,\cdots,n)$ 同时发生。

(5) 两个事件的差事件表示为 $A - B$，表示事件 A 发生而事件 B 不发生。

(6) 互斥事件表示事件 A,B 不同时发生，即若 $AB = \varnothing$，则称事件 A, B 互为互斥事件。

(7) 与互斥事件不同，对立事件的定义为：若 $AB = \varnothing$ 且 $A \bigcup B = S$，则称事件 A, B 互为对立事件，记作 $A = \overline{B}$ 或 $B = \overline{A}$，其中 S 表示样本空间。

可以用维恩图来表示事件 A 和事件 B 之间的各种关系，如图 1.2 所示。

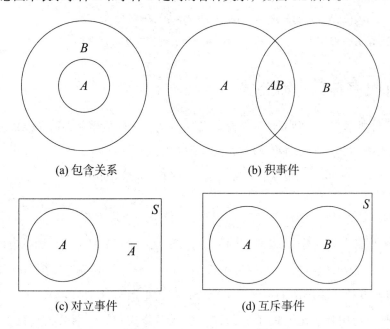

图 1.2　事件之间的关系

下面介绍一些事件关系的性质。相关性质如式 (1-21) 所示。

$$
\begin{aligned}
&A \subset A \bigcup B && A \bigcup A = A && A - B \subset A \\
&A \bigcap \overline{A} = \varnothing && A \bigcup \overline{A} = S && \overline{A} = S - A \\
&\overline{\overline{A}} = A && A \bigcap A = A && A \bigcup \varnothing = A \\
&A \bigcup S = S && A \bigcap S = A && A \bigcap \varnothing = \varnothing \\
&(A - B) \bigcup A = A && (A - B) \bigcup B = A \bigcup B && A - B = A \overline{B}
\end{aligned}
\tag{1-21}
$$

有了事件和样本空间的概念，那么概率的概念就不难理解了。概率就是样本空间 S 的子集到 $[0,1]$ 的映射，一般将概率记作 P。如果满足如下 3 个条件：

(1) $P(A) \geqslant 0$；

(2) $P(S) = 1$；

(3) 若 $A_i A_j = \varnothing \ (i \neq j; i, j = 1, 2, \cdots, \infty)$，有 $P\left(\bigcup\limits_{k=1}^{\infty} A_k\right) = \sum\limits_{k=1}^{\infty} P(A_k)$，

则称 $P(A)$ 为事件 A 发生的概率。

概率具有如下性质。

(1) $P(\varnothing) = 0$；

(2) 若 $A_1, A_2, \cdots, A_n$ 两两互斥，则 $P\left(\bigcup\limits_{k=1}^{n} A_k\right) = \sum\limits_{k=1}^{n} P(A_k)$；

(3) $P(\overline{A}) = 1 - P(A)$；

(4) 对于事件 A, B，若有 $A \subset B$，则根据图 1.2(a) 有 $P(B - A) = P(B) - P(A)$，一般而言，即 $A \not\subset B$，根据图 1.2(b) 有 $P(B - A) = P(B - AB) = P(B) - P(AB)$；

(5) 对于事件 A, B，根据图 1.2(b) 有 $P(A \bigcup B) = P(A) + P(B) - P(AB)$。

1.4.2　条件概率与贝叶斯公式

下面介绍条件概率与事件独立性的概念。设 A, B 为两个随机事件，若 $P(A) > 0$，则在事件 A 发生的条件下，事件 B 发生的条件概率的定义如式 (1-22) 所示。

$$
P(B|A) = \frac{P(AB)}{P(A)}
\tag{1-22}
$$

对于事件独立性，若 $P(AB) = P(A)P(B)$，则称事件 A 与事件 B 相互独立。显然，当事件 A, B 相互独立时，$\{A, \overline{B}\}, \{\overline{A}, B\}, \{\overline{A}, \overline{B}\}$ 这 3 对事件也两两独立。推广到任意 k 个随机事件 $A_1, A_2, \cdots, A_k$，若 $P(A_1 A_2 \cdots A_k) = P(A_1)P(A_2) \cdots P(A_k)$，则称事件 $A_1, A_2, \cdots, A_k$ 相互独立。回到条件概率的概念上，事件 A 与事件 B 相互独立是 $P(B|A) = P(B)$ 的充分必要条件。

下面给出概率论中比较重要的乘法公式、全概率公式和贝叶斯公式。对于事件 A, B，若 $P(A) > 0, P(B) > 0$，则根据条件概率可以推导出乘法公式，如式 (1-23) 所示。

$$P(AB) = P(A|B)P(B) = P(B|A)P(A) \tag{1-23}$$

推广到任意 n 个随机事件 $A_1, A_2, \cdots, A_n$ ，乘法公式表示为式 (1-24)。

$$P(A_1 A_2 \cdots A_n) = P(A_1)P(A_1|A_2) \cdots P(A_n|A_1 A_2 \cdots A_{n-1}) \tag{1-24}$$

若事件 $B_1, B_2, \cdots, B_n$ 是样本空间 S 的一个划分，且 $P(B_i) > 0 \ (i = 1, 2, \cdots, n)$ ，则对于任意事件 $A \subset S$ ，全概率公式表示为式 (1-25)。

$$\begin{aligned}
P(A) &= \sum_{i=1}^{n} P(AB_i) \\
&= \sum_{i=1}^{n} P(A|B_i)P(B_i)
\end{aligned} \tag{1-25}$$

结合条件概率和全概率公式，就可以推导出贝叶斯公式，如式 (1-26) 所示。

$$\begin{aligned}
P(B_i|A) &= \frac{P(AB_i)}{P(A)} = \frac{P(A|B_i)P(B_i)}{\sum_{i=1}^{n} P(AB_i)} \\
&= \frac{P(A|B_i)P(B_i)}{\sum_{i=1}^{n} P(A|B_i)P(B_i)}
\end{aligned} \tag{1-26}$$

在上述公式中，$P(B_i)$ 为先验概率，$P(A|B_i)$ 为条件概率，$P(B_i|A)$ 为后验概率。那么贝叶斯公式可以理解为在已知先验概率与条件概率的条件下，可以求得后验概率。

1.4.3　随机变量的概率分布

接下来介绍概率分布的概念。对于随机变量 X，$x \in \mathbb{R}$，称 $F(x) = P(X \leqslant x)$ 为随机变量 X 的分布函数。分布函数 $F(x)$ 有如下几个性质。

(1) $F(x)$ 是一个非递减函数；

(2) $0 \leqslant F(x) \leqslant 1$ ，且 $F(-\infty) = 0, F(+\infty) = 1$；

(3) $F(x)$ 是右连续函数。

根据上述定义，可以推导出式 (1-27)。

$$\begin{aligned}
P(x_1 \leqslant X \leqslant x_2) &= P(X \leqslant x_2) - P(X \leqslant x_1) \\
&= F(x_2) - F(x_1)
\end{aligned} \tag{1-27}$$

随机变量的取值可以是有限个或无限个。因此，根据取值的多少可以将随机变量分为离散型随机变量和连续型随机变量，有限个取值的情况为离散型随机变量，无限个取值情况为连续型随机变量。假设离散型随机变量 X 的所有可能取值为 $x_1, x_2, \cdots, x_k$，且有 $P(X = x_i) = p_i \ (i = 1, 2, \cdots, k)$，那么随机变量 X 的概率分布 (分布律) 必须满足如下两个条件。

(1) $0 \leqslant p_i \leqslant 1 \ (i = 1, 2, \cdots, k)$；

(2) $\sum_{i=1}^{k} p_i = 1$。

那么 X 的分布律可以表示为式 (1-28)。

$$X \sim \begin{pmatrix} x_1 & x_2 & \cdots & x_k \\ p_1 & p_2 & \cdots & p_k \end{pmatrix} \tag{1-28}$$

根据 X 的分布律，X 的分布函数表示为式 (1-29)。

$$\begin{aligned} F_X(x) &= P(X \leqslant x_i) \\ &= \sum_{x_i < x} P(X = x_i) \ (i = 1, 2, \cdots, k) \end{aligned} \tag{1-29}$$

离散型分布中比较常用的是伯努利 (0-1) 分布和二项分布。首先来看伯努利分布。在一次伯努利试验中只有两种可能的结果：发生或不发生。这里记发生为 1，不发生为 0，那么随机变量 X 在一次伯努利试验后的取值只有 0 和 1，且满足式 (1-30)：

$$\begin{cases} P(X = 0) = 1 - p \\ P(X = 1) = p \end{cases} \tag{1-30}$$

此时即可称随机变量 X 服从伯努利 (0-1) 分布，记作 $X \sim b(1, p)$。

对于二项分布，随机变量 X 表示在 n 重伯努利试验中事件 A 发生的次数，则在 n 重伯努利试验中事件 A 恰好发生 k 次的概率如式 (1-31) 所示。

$$P(X = k) = \mathrm{C}_n^k p^k (1 - p)^{n-k} \ (k = 0, 1, 2, \cdots, n) \tag{1-31}$$

式中，p 为一次伯努利试验中事件 A 发生的概率，则称随机变量 X 服从二项分布，记作 $X \sim b(n, p)$。显然，从二项分布与伯努利分布的定义可以看出，二项分布是伯努利分布的推广，伯努利分布是二项分布的特殊情况。换句话说，当 $n = 1$ 时，二项分布便退化成伯努利分布，而将伯努利分布所做的伯努利试验重复 n 次，就形成了二项分布。

多项分布是二项分布的推广。随机变量 $X = (X_1, X_2, \cdots, X_n)$ 满足下列条件：

(1) $X_i \geqslant 0 \ (1 \leqslant X_i \leqslant n)$，且 $\displaystyle\sum_{i=1}^{n} X_i = N$；

(2) 设 $m_1, m_2, \cdots, m_n$ 为任意非负整数，且 $\displaystyle\sum_{i=1}^{n} m_i = N$，则有如下等式：

$$P\{X_1 = m_1, X_2 = m_2, \cdots, X_n = m_n\} = \frac{N!}{m_1! m_2! \cdots m_n!} p_1^{m_1} p_2^{m_2} \cdots p_n^{m_n}$$

式中，$p_i \geqslant 0 \ (1 \leqslant i \leqslant n), \displaystyle\sum_{i=1}^{n} p_i = 1$，则称随机变量 $X = (X_1, X_2, \cdots, X_n)$ 服从多项分布，记作 $X \sim$ Multinomial $(N, p_1, p_2, \cdots, p_n)$。

介绍完离散型随机变量与离散型分布，接着介绍连续型随机变量与连续型分布。对于随机变量 X 的分布函数 $F(x)$，若存在非负可积函数 $f(x)$，使得 $\forall x \in \mathbb{R}$，有 $F(x) = \int_{-\infty}^{x} f(t)\mathrm{d}t$，则称随机变量 X 为连续型随机变量，其中函数 $f(x)$ 称为 X 的概率密度函数，简称概率密度。概率密度函数 $f(x)$ 具有如下性质。

(1) $f(x) \geqslant 0$；

(2) $\int_{-\infty}^{+\infty} f(x)\mathrm{d}x = 1$；

(3) 对于任意实数 $x_1 < x_2$，有

$$P(x_1 \leqslant X \leqslant x_2) = P(x_1 < X \leqslant x_2) = P(x_1 \leqslant X < x_2) = P(x_1 < X < x_2)$$
$$= F(x_2) - F(x_1)$$
$$= \int_{x_1}^{x_2} f(x)\mathrm{d}x$$

(4) 若概率密度函数 $f(x)$ 连续，则 $F'(x) = \dfrac{\mathrm{d}F(x)}{\mathrm{d}x} = f(x)$。

在机器学习理论中，常用的连续型分布当属高斯（正态）分布。若连续型随机变量 X 的概率密度函数为式 (1-32)：

$$f(x) = \frac{1}{\sqrt{2\pi}\sigma} \exp\left(-\frac{(x-\mu)^2}{2\sigma^2}\right) \ (x \in \mathbb{R}) \tag{1-32}$$

式中，μ, σ 分别为随机变量 X 的均值与标准差，则称随机变量 X 服从均值为 μ、方差为 σ^2 的正态分布，记作 $X \sim N(\mu, \sigma^2)$。

下面给出不同均值和标准差的正态分布的概率密度函数，如图 1.3 所示。从图 1.3 中可以看出，不管 μ 和 σ 为多少，正态分布的概率密度函数始终是对称的，其对称轴为 $x = \mu$。即 μ 的大小决定了正态分布概率密度函数的对称轴的位置，μ 越大，对称轴越靠近 x 轴右端。同时也可以观察到 σ 越大，概率密度函数就越"矮胖"；反之，σ 越小，概率密度函数就越"瘦高"。

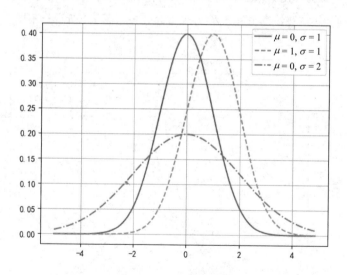

图 1.3　不同参数下的正态分布的概率密度函数

通常参数 $\mu = 0, \sigma^2 = 1$ 的正态分布称为标准正态分布，记作 $X \sim N(0,1)$。标准正态分布的概率密度函数如式 (1-33) 所示。

$$f(x) = \frac{1}{\sqrt{2\pi}} \exp\left(-\frac{x^2}{2}\right) (x \in \mathbb{R}) \tag{1-33}$$

对应的分布函数如式 (1-34) 所示。

$$\Phi(x) = \int_{-\infty}^{x} f(t)\,\mathrm{d}t = \int_{-\infty}^{x} \frac{1}{\sqrt{2\pi}} \exp\left(-\frac{t^2}{2}\right) \tag{1-34}$$

根据对称性可知，$\Phi(-x) = 1 - \Phi(x)$。若随机变量 $X \sim N(0,1)$，当 $\forall a,b \in \mathbb{R}, a < b$ 时，则有 $P(a < X \leqslant b) = \Phi(b) - \Phi(a)$。

当计算非正态分布下的概率时，由于非正态分布的概率密度函数比较复杂，求解比较困难，因此必须将非正态分布转化为标准正态分布。对于随机变量 $X \sim N(\mu, \sigma^2)$，那么 $Y = \dfrac{X - \mu}{\sigma} \sim N(0,1)$。当 $\forall a,b \in \mathbb{R}, a < b$ 时，则有式 (1-35)。

$$\begin{aligned} P(a < X \leqslant b) &= P\left(\frac{a-\mu}{\sigma} < \frac{X-\mu}{\sigma} \leqslant \frac{b-\mu}{\sigma}\right) \\ &= P\left(\frac{a-\mu}{\sigma} < Y \leqslant \frac{b-\mu}{\sigma}\right) \\ &= \Phi\left(\frac{b-\mu}{\sigma}\right) - \Phi\left(\frac{a-\mu}{\sigma}\right) \end{aligned} \tag{1-35}$$

最后来介绍拉普拉斯分布。拉普拉斯分布的概率密度函数如式 (1-36) 所示。

$$f(x) = \frac{1}{2\lambda} \exp\left(-\frac{|x - \mu|}{\lambda}\right) \tag{1-36}$$

式中，μ 为位置参数；λ 为尺度参数。因为式 (1-36) 中含有绝对值，所以拉普拉斯分布实际上是由两个指数分布构成的，故拉普拉斯分布也称为双指数分布。图 1.4 所示是不同参数下的拉普拉斯分布的概率密度函数。

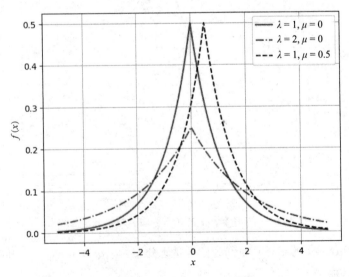

图 1.4　不同参数下的拉普拉斯分布的概率密度函数

从图 1.4 中可以看出，参数 μ 越大，对称轴越靠近 x 轴右端。同时，λ 越大，概率密度函数就越"矮胖";反之,λ越小,概率密度函数就越"瘦高"。

图 1.5 给出了拉普拉斯分布和正态分布的概率密度函数之间的差异对比。在图 1.5 中,实线代表拉普拉斯分布,虚线代表正态分布。从图 1.5 中可以直观地看出,拉普拉斯分布与正态分布很相似,但是拉普拉斯分布比正态分布有尖的峰和轻微的厚尾。

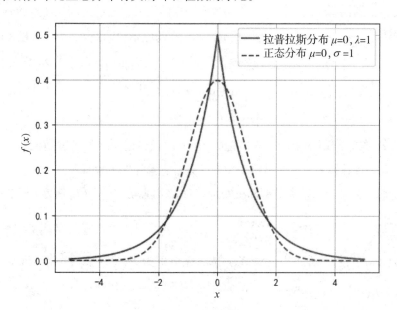

图 1.5　拉普拉斯分布和正态分布的概率密度函数对比

1.4.4　随机变量的数字特征

为了将一元正态分布推广到多元正态分布,必须引入协方差的概念。为了解释协方差,则必须了解数学期望和方差的概念。其中数学期望简称期望,也可以称为均值。

对于离散型随机变量 X,若 X 的分布律为 $P(X=x_i)=p_i$ $(i=1,2,\cdots,k)$,则随机变量 X 的数学期望定义为 $E(X)=\sum_{i=1}^{k} x_i p_i$。对于连续型随机变量 X,其概率密度函数为 $f(x)$,则随机变量 X 的数学期望为 $E(X)=\int_{-\infty}^{+\infty} x f(x)\mathrm{d}x$。接着推广到二维随机变量,对于二维离散型随机变量 (X,Y),其联合分布律为 $P(X=x_i,Y=y_j)=p_{ij}$,则 $E(X)=\sum_i\sum_j x_i p_{ij}, E(Y)=\sum_i\sum_j y_j p_{ij}$。对于二维连续型随机变量 (X,Y),其联合概率密度函数为 $f(x,y)$,则 $E(X)=\int_{-\infty}^{+\infty}\int_{-\infty}^{+\infty} x f(x,y)\mathrm{d}x\mathrm{d}y, E(Y)=\int_{-\infty}^{+\infty}\int_{-\infty}^{+\infty} y f(x,y)\mathrm{d}x\mathrm{d}y$。

不管随机变量是离散型变量还是连续型变量,对于随机变量 X,Y,其数学期望具有如下性质。

(1) $E(C)=C$ (C为常数);

(2) $E(CX)=CE(X)$ (C为常数);

(3) 对于任意两个随机变量 X,Y,$E(X\pm Y)=E(X)\pm E(Y)$;

(4) 对于相互独立的随机变量 X,Y,$E(XY)=E(X)E(Y)$。

与数学期望的定义类似，方差的定义也分为离散型随机变量和连续型随机变量两种情形。对于随机变量 X，方差定义为 $D(X) = E\left[(X - EX)^2\right]$。若 X 为离散型随机变量，则根据离散型随机变量的数学期望的定义，离散型随机变量的方差的定义式就可以写成：$D(X) = \sum\limits_{i=1}^{k} [x - E(X)]^2 p_i$。若 X 为连续型随机变量，则根据连续型随机变量的数学期望的定义，连续型随机变量的方差的定义式就可以写成：$D(X) = \int_{-\infty}^{+\infty} [x - E(X)]^2 f(x)\mathrm{d}x$。根据数学期望的性质 (3) 和 (4)，方差可以表示为式 (1-37)。

$$
\begin{aligned}
D(X) = E\left[(X - E(X))^2\right] &= E\left[X^2 - 2XE(X) + E(X)^2\right] \\
&= E(X^2) - 2\left[E(X)\right]^2 + E\left[E(X)^2\right] \\
&= E(X^2) - \left[E(X)\right]^2
\end{aligned}
\tag{1-37}
$$

上述方差的推导式不仅适用于离散型随机变量，而且也适用于连续型随机变量。显然，上述推导式将复杂的方差计算转为了两个数学期望的计算，有效降低了计算量。

类似于数学期望，对于二维离散型随机变量 (X, Y)，其联合分布律为 $P(X = x_i, Y = y_j) = p_{ij}$，则 $D(X) = \sum\limits_{i}\sum\limits_{j} [x_i - E(X)]^2 p_{ij}$，$D(Y) = \sum\limits_{i}\sum\limits_{j} [y_j - E(Y)]^2 p_{ij}$。对于二维连续型随机变量 (X, Y)，其联合概率密度函数为 $f(x, y)$，则随机变量 X, Y 的方差分别为 $D(X) = \int_{-\infty}^{+\infty}\int_{-\infty}^{+\infty} [x - E(X)]^2 f(x, y)\mathrm{d}x\mathrm{d}y$，$D(Y) = \int_{-\infty}^{+\infty}\int_{-\infty}^{+\infty} [y - E(Y)]^2 f(x, y)\mathrm{d}x\mathrm{d}y$。

不管随机变量是离散型变量还是连续型变量，对于随机变量 X, Y，其方差具有如下性质。

(1) $D(C) = 0$（C 为常数）；

(2) $D(CX) = C^2 D(X)$（C 为常数）；

(3) 设有任意两个随机变量 X, Y，那么随机变量 $X \pm Y$ 的方差计算公式为

$$
D(X \pm Y) = D(X) + D(Y) \pm 2E\left[(X - EX)(Y - EY)\right]
$$

并且当 X, Y 相互独立时，$D(X \pm Y) = D(X) + D(Y)$；

(4) $D(X) = 0$ 是 $P(X = E(X)) = 1$ 的充分必要条件。

介绍完数学期望和方差的概念，协方差就不难理解了。对于二维随机变量 (X, Y)，若 $E\left\{[X - E(X)][Y - E(Y)]\right\}$ 存在，则称其为随机变量 X, Y 的协方差，记作 $\mathrm{Cov}(X, Y)$，并称 $\rho_{XY} = \dfrac{\mathrm{Cov}(X, Y)}{\sqrt{D(X)D(Y)}}$ $(D(X) \neq 0, D(Y) \neq 0)$ 为随机变量 X, Y 之间的相关系数。并且当 $\rho_{XY} \neq 0$，即 $\mathrm{Cov}(X, Y) \neq 0$ 时称随机变量 X, Y 相关；当 $\rho_{XY} = 0$，即 $\mathrm{Cov}(X, Y) = 0$ 时称随机变量 X, Y 不相关。

与数学期望和方差类似，不管随机变量是离散型变量还是连续型变量，对于随机变量 X, Y，其协方差具有如下性质。

(1) $\mathrm{Cov}(X, Y) = \mathrm{Cov}(Y, X)$；

(2) $\mathrm{Cov}(AX, BY) = AB\mathrm{Cov}(Y, X)$（$A, B$ 为常数）；

(3) $\mathrm{Cov}(X_1 + X_2, Y) = \mathrm{Cov}(X_1, Y) + \mathrm{Cov}(X_2, Y)$；

(4) $D(X \pm Y) = D(X) + D(Y) \pm 2\mathrm{Cov}(X, Y)$;

(5) $\mathrm{Cov}(X, Y) = E\{[X - E(X)][Y - E(Y)]\} = E(XY) - E(X)E(Y)$。

需要特别注意的是，根据协方差与相关系数的计算公式，ρ_{XY} 可以看成是标准化随机变量 $\dfrac{X - EX}{\sqrt{DX}}$ 与 $\dfrac{Y - EY}{\sqrt{DY}}$ 的协方差。同时当随机变量 X, Y 相互独立时，$E(XY) = E(X)E(Y)$，那么根据协方差的计算公式可知，$\mathrm{Cov}(X, Y) = 0$，$\rho_{XY} = 0$，即随机变量 X, Y 不相关。反之，若随机变量 X, Y 不相关，则随机变量 X, Y 不一定相互独立，例如，可能出现 $E(XY) = E(X) = E(Y) = 0$ 的情形。

同时独立性反映的是随机变量 X, Y 之间不存在任何关系。而相关性反映的是随机变量 X, Y 之间的线性关系，随机变量 X, Y 不相关只是说随机变量 X, Y 不存在线性关系，这并不代表随机变量 X, Y 之间不存在其他函数关系。也就是说，独立性是比相关性更严格的条件。

1.4.5　中心极限定理

下面介绍极其重要的中心极限定理。由于中心极限定理的形式较多，因此在本书中只介绍机器学习中较为常用的独立同分布的中心极限定理，即列维 - 林德伯格定理。

设随机变量 $X_1, X_2, \cdots, X_n$ 相互独立，且服从同一分布，即独立同分布。同时，数学期望和方差分别为 $E(X_i) = \mu, D(X_i) = \sigma^2 \ (i = 1, 2, \cdots, n)$，则随机变量之和 $\sum\limits_{i=1}^{n} X_i$ 的标准化量 $Y_n = \dfrac{\sum\limits_{i=1}^{n} X_i - E\left(\sum\limits_{i=1}^{n} X_i\right)}{\sqrt{D\left(\sum\limits_{i=1}^{n} X_i\right)}} = \dfrac{\sum\limits_{i=1}^{n} X_i - n\mu}{\sqrt{n}\sigma}$ 的分布函数 $F_n(x)$ 如式 (1-38) 所示。

$$\lim_{n \to \infty} F_n(x) = \lim_{n \to \infty} P\left\{ \frac{\sum\limits_{i=1}^{n} X_i - n\mu}{\sqrt{n}\sigma} \leqslant x \right\} = \int_{-\infty}^{x} \frac{1}{\sqrt{2\pi}} \exp\left(-\frac{t^2}{2}\right) \mathrm{d}t = \Phi(x) \tag{1-38}$$

从上述结论可以看出，当 n 充分大时，在给定条件下有 $\dfrac{\sum\limits_{i=1}^{n} X_i - n\mu}{\sqrt{n}\sigma} \overset{\text{近似}}{\sim} N(0,1)$，或者说 $\dfrac{\overline{X} - \mu}{\sigma/\sqrt{n}} \overset{\text{近似}}{\sim}$

$N(0,1)$，或者说 $\overline{X} \overset{\text{近似}}{\sim} N\left(\mu, \dfrac{\sigma^2}{n}\right)$。也就是说，只要样本足够大，可以假设总体样本服从正态分布。

1.4.6　极大似然估计

本小节主要介绍极大似然估计。极大似然估计是一种常用的参数估计方法，它主要是通过给定观察数据来评估模型参数，即"模型已定，参数未知"。通过若干次试验，观察其结果，利用试验结果得到某个参数值能够使样本出现的概率为最大，则称为极大似然估计。对于总体 X，其概率分布为 $P(X = x; \theta) = p(x; \theta)$，其中 θ 为未知参数。同时设 $X_1, X_2, \cdots, X_n$ 为总体 X 中的样本，那么 $X_1, X_2, \cdots, X_n$ 独立同分布。样本的联合概率密度函数称为似然函数，记作式 (1-39)。

$$\mathcal{L}(x_1, x_2, \cdots, x_n; \theta) = \prod_{i=1}^{n} P(X_i = x_i; \theta) \tag{1-39}$$

极大似然估计的任务就是寻找使得 $\mathcal{L}(x_1, x_2, \cdots, x_n; \theta)$ 最大的概率对应的参数 $\hat{\theta}$，记作式 (1-40)。

$$\hat{\theta} = \arg\max_{\theta} \mathcal{L}(x_1, x_2, \cdots, x_n; \theta) \tag{1-40}$$

这里 $\hat{\theta}$ 被称为极大似然估计量。那么对于极大似然估计的求解，主要过程如下：首先确定总体 X 中带估计的参数的个数，为了方便起见，设未知参数为 $\theta_1, \theta_2, \cdots, \theta_k$，那么似然函数可以写成式 (1-41)。

$$\mathcal{L}(x_i; \theta_1, \theta_2, \cdots, \theta_k) = \prod_{i=1}^{n} P(x_i; \theta_1, \theta_2, \cdots, \theta_k) \tag{1-41}$$

由于连乘会导致函数的最高次数过大，同时连乘也使得求导过于复杂，因此通常首先会对式 (1-41) 表示的似然函数两端取对数，构造对数似然函数，如式 (1-42) 所示。

$$\begin{aligned}
\ell(x_i; \theta_1, \theta_2, \cdots, \theta_k) &= \log \mathcal{L}(x_i; \theta_1, \theta_2, \cdots, \theta_k) \\
&= \log \prod_{i=1}^{n} P(x_i; \theta_1, \theta_2, \cdots, \theta_k) \\
&= \sum_{i=1}^{n} \log P(x_i; \theta_1, \theta_2, \cdots, \theta_k)
\end{aligned} \tag{1-42}$$

之后对式 (1-42) 的对数似然函数求偏导数构造对数似然方程组来求解参数。对数似然方程组如式 (1-43) 所示。

$$\begin{cases}
\dfrac{\partial \ell(x_i; \theta_1, \theta_2, \cdots, \theta_k)}{\partial \theta_1} = 0 \\
\dfrac{\partial \ell(x_i; \theta_1, \theta_2, \cdots, \theta_k)}{\partial \theta_1} = 0 \\
\qquad\qquad \vdots \\
\dfrac{\partial \ell(x_i; \theta_1, \theta_2, \cdots, \theta_k)}{\partial \theta_1} = 0
\end{cases} \tag{1-43}$$

若未知参数还有若干限制，则还需利用拉格朗日乘数法构造拉格朗日函数来求解参数极值。最终得到的参数 $\hat{\theta}_i = \theta(x_1, x_2, \cdots, x_n)$ 为 θ_i 的极大似然估计。

1.5 Jensen 不等式

在本章的最后介绍一下 Jensen 不等式。为了更好地介绍，先来回顾下函数的凹凸性。虽然在 1.2 节中对函数的凹凸性进行了简要介绍，不过为了读者阅读方便，在本节中再次回顾函数的凹凸性。设 $f(x)$ 是一个定义域为实数集的函数。当 x 是实数输入时，如果 $\forall x \in \mathbb{R}, f''(x) \geqslant 0$，那么 f 是一个凹函数；反之，如果 $\forall x \in \mathbb{R}, f''(x) \leqslant 0$，那么 f 是一个凸函数。当 x 是向量值输入时，输入值 x 的海森 (Hessian) 矩阵 $\boldsymbol{H}$ 是半正定的，即 $|\boldsymbol{H}| \geqslant 0$ 时，f 是一个凹函数。如果 $\forall x \in \mathbb{R}, f''(x) < 0$，那么就说 f 是严格凹函数，同样是向量值输入情况下，相应的表述为 $\boldsymbol{H}$ 必须是严格的半正定的，即 $\boldsymbol{H} > 0$。有了函数凹凸性的知识后，Jensen 不等式就很容易解释了。

对于 $f(x)$ 是实数集 $\mathbb{R}$ 上的凸函数，即 $\forall x \in \mathbb{R}, f''(x) < 0$。那么对于凸函数而言，其基本性质为：$\forall x_1, x_2 \in \mathbb{R}, q_1, q_2 \in [0,1], q_1 + q_2 = 1$，则有 $q_1 f(x_1) + q_2 f(x_2) \geqslant f(q_1 x_1 + q_2 x_2)$。类似地，对于 $f(x)$ 是实数集 $\mathbb{R}$ 上的凹函数，即 $\forall x \in \mathbb{R}, f''(x) > 0$。那么对于凹函数而言，其基本性质为：$\forall x_1, x_2 \in \mathbb{R}, q_1, q_2 \in [0,1], q_1 + q_2 = 1$，则有 $q_1 f(x_1) + q_2 f(x_2) \leqslant f(q_1 x_1 + q_2 x_2)$。

Jensen 不等式也称为琴生不等式。Jensen 不等式可以这样表述：当 f 是凹函数时，即 $\forall x \in \mathbb{R}, f''(x) > 0$，假定 X 是随机变量，则有 $E[f(X)] \geqslant f(EX)$，其中 EX 为 X 的数学期望。而且当 f 是严格凹函数时，那么当且仅当 $p\{X = E(X)\} = 1$ 时，$E[f(X)] = f(EX)$（即当 X 是常数时），其中 $E(X)$ 为随机变量 X 的数学期望。其实上述的表述是 Jensen 不等式的一般形式，为了更直观地理解 Jensen 不等式，下面对 Jensen 不等式的加权形式进行详细描述。Jensen 不等式的加权形式如式 (1-44) 所示。

$$\forall x \in \mathbb{R}, f''(x) \geqslant 0, q_1, \cdots, q_n \in \mathbb{R}^+, \sum_{i=1}^{n} q_n = 1 \tag{1-44}$$

那么 $\sum_{i=1}^{n} q_i f(x_i) \geqslant f\left(\sum_{i=1}^{n} q_i x_i\right)$ 恒成立。同理，当 f 是凸函数时，Jensen 不等式的一般形式为：$\forall x \in \mathbb{R}, f''(x) \leqslant 0$，假定 X 是随机变量，则有 $E[f(X)] \leqslant f(EX)$。其加权形式为：$\forall x \in \mathbb{R}, f''(x) \leqslant 0$，$q_1, \cdots, q_n \in \mathbb{R}^+, \sum_{i=1}^{n} q_n = 1$，那么 $\sum_{i=1}^{n} q_i f(x_i) \leqslant f\left(\sum_{i=1}^{n} q_i x_i\right)$ 恒成立。为了更好地阐述证明过程，本书将利用数学归纳法来证明 Jensen 不等式。

下面以 f 是凸函数为例来证明 Jensen 不等式的加权形式，证明过程如下。

(1) 当 $n = 1$ 时，$q_1 = 1$，那么 $q_1 f(x_1) = f(x_1) = f(q_1 x_1)$ 恒成立；

(2) 当 $n = 2$ 时，$q_1 + q_2 = 1$，由于 $f''(x) \leqslant 0$，那么根据不等式性质有：$q_1 f(x_1) + q_2 f(x_2) \geqslant f(q_1 x_1 + q_2 x_2)$ 恒成立；

(3) 当 $n \geqslant 3$ 时，假设当 $n = k$ 时 $\sum\limits_{i=1}^{k} q_i f(x_i) \leqslant f\left(\sum\limits_{i=1}^{n} q_i x_i\right)$ 恒成立，那么只需证明，当 $n = k+1$ 时，

$\sum\limits_{i=1}^{k+1} q_i f(x_i) \leqslant f\left(\sum\limits_{i=1}^{n} q_i x_i\right)$。那么 $\forall x \in \mathbb{R}, f''(x) \leqslant 0, q_1, \cdots, q_{k+1} \in \mathbb{R}^+$，当 $\sum\limits_{i=1}^{k+1} q_n = 1$ 时，显然如式 (1-45) 所示。

$$\sum_{i=1}^{k+1} q_i f(x_i) = q_{k+1} f(x_{k+1}) + \sum_{i=1}^{k} q_i f(x_i) = q_{k+1} f(x_{k+1}) + z_k \sum_{i=1}^{k} \frac{q_i}{z_k} f(x_i) \left(z_k = \sum_{i=1}^{k} q_i \right)$$

$$\leqslant q_{k+1} f(x_{k+1}) + z_k f\left(\sum_{i=1}^{k} \frac{q_i}{z_k} x_i \right) \tag{1-45}$$

$$\leqslant f\left(q_{k+1} x_{k+1} + z_k \sum_{i=1}^{k} \frac{q_i}{z_k} x_i \right) = f\left(\sum_{i=1}^{k+1} q_i x_i \right)$$

综合 (1)、(2) 和 (3) 有，Jensen 不等式恒成立。同理可证当 f 是凹函数时，Jensen 不等式恒成立。

下面再利用图像对 Jensen 不等式进行讲解，函数图像如图 1.6 所示。从图 1.6 中可以看到，f 是由实线表示的凹函数；X 是随机变量，各有 0.5 的概率取得变量 a 和变量 b。因此，X 的期望值由 a 和 b 之间的中点给出。从图 1.6 中还可以看到，$f(a)$，$f(b)$ 和 $f(EX)$ 在 y 轴上的值；$E[f(X)]$ 现在是 $f(a)$ 和 $f(b)$ 之间的中点。从本例中可以看出，因为 f 是凹函数，所以 $E[f(X)] \geqslant f(EX)$ 恒成立。

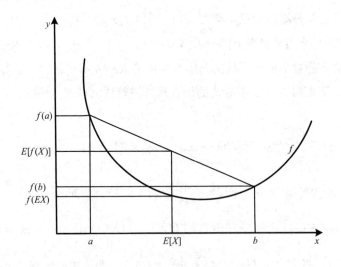

图 1.6　Jensen 不等式示例

因此，Jensen 不等式也可以这样理解：当函数是凹函数时，函数值的加权平均值大于等于以自变量的加权平均值为自变量的函数值；当函数是凸函数时，函数值的加权平均值小于等于以自变量的加权平均值为自变量的函数值。

1.6 本章小结

在 1.1 节中，首先介绍了人工智能的发展简史，然后介绍了人工智能、机器学习和深度学习之间的关系。人工智能的曲折发展，经历了三起两落。人工智能是科学，实现人工智能不止机器学习这一种方法。机器学习是技术，是实现人工智能的重要方法。机器学习主要包含了回归、分类、聚类和降维四大任务。而深度学习的理论突破了传统机器学习方法的瓶颈，推动了人工智能领域的快速发展。

在 1.2 ~ 1.5 节中，重点介绍了机器学习中涉及的高等数学、线性代数、概率论和数理统计、Jensen 不等式等相关数学知识。

其中高等数学主要涉及一元函数的求导与极值、多元函数的求导与极值、梯度；线性代数主要涉及矩阵的基本概念、矩阵的运算及其性质、向量组的线性相关性、矩阵变换和矩阵求导，并对矩阵相关求导公式给予了证明；概率论与数理统计主要涉及概率的基本概念及其性质、条件概率、贝叶斯公式、概率分布的概念及其性质、数学期望、方差和协方差、中心极限定理和极大似然估计；最后具体介绍了 Jensen 不等式，并给出了该不等式严谨的数学证明。

从第 2 章开始，将进入本书的主要部分，开始介绍机器学习算法。在第 2 章中，将主要介绍回归问题中最基本的机器学习算法——线性回归算法。

第 2 章

线性回归

在机器学习领域中，回归与分类是两种比较常见的问题。回归与分类都是预测问题。二者的区别在于，回归预测的是连续型数据，分类预测的是离散型数据。在机器学习回归问题中最容易理解的就是线性回归。本章将主要讲解线性回归算法，利用线性回归预测波士顿房价。

本章主要涉及的内容

- 线性回归模型
- 梯度下降算法
- 再看线性回归
- 正则方程
- 概率解释
- 线性回归的 Python 实现
- 案例：利用线性回归预测波士顿房价

2.1 线性回归模型

生活中其实有很多有着线性关系的变量，如身高与体重、住房面积与房价等。为了有效解决这些实际问题，最简单的方法就是利用线性回归。其实线性回归在经济学中也有广泛的运用，即可以利用线性回归来预测消费支出、固定投资支出和存货投资等。

线性回归其实就是利用线性回归方程对一个或多个自变量与因变量进行建模的回归分析，即预测结果是一个或多个自变量的线性组合。若只有一个自变量，则称为一元线性回归；若有多个自变量，则称为多元线性回归。在线性回归中，自变量之间的线性组合的系数称为模型参数。

为了下文表述方便，首先定义一些数学符号。给定输入数据集 $\mathcal{D}$，其表示如式 (2-1) 所示。

$$\mathcal{D} = \left\{ (\boldsymbol{x}^{(1)}, y^{(1)}), (\boldsymbol{x}^{(2)}, y^{(2)}), \cdots, (\boldsymbol{x}^{(m)}, y^{(m)}) \right\} \tag{2-1}$$

式中，m 表示输入数据集大小；$\boldsymbol{x}^{(i)}$ 表示一组输入数据，如式 (2-2) 所示。

$$\boldsymbol{x}^{(i)} = (x_1^{(i)}, x_2^{(i)}, \cdots, x_n^{(i)}) \tag{2-2}$$

也就是说，$\boldsymbol{x}^{(i)} \in \mathbb{R}^n$，即 $\boldsymbol{x}^{(i)}$ 有 n 个属性；$y^{(i)}$ 为样本 $\boldsymbol{x}^{(i)}$ 对应的真实结果，即 $y^{(i)} \in \mathbb{R}$。接下来开始构建线性回归模型。线性回归主要就是想找到一个相关属性的线性组合，从而进行预测。结合式 (2-2)，将上述过程公式化，如式 (2-3) 所示。

$$f_{\boldsymbol{\theta}}(\boldsymbol{x}) = \theta_0 + \theta_1 x_1 + \theta_2 x_2 + \cdots + \theta_n x_n \tag{2-3}$$

式中，θ_i 表示线性回归的模型参数；x_i 表示输入数据。为了表述方便，引入 $x_0 = 1$。那么式 (2-3) 可以表示为式 (2-4)。

$$f_{\boldsymbol{\theta}}(\boldsymbol{x}) = \sum_{i=0}^{n} \theta_i x_i = \boldsymbol{\theta}^{\mathrm{T}} \boldsymbol{x} \tag{2-4}$$

式中，$\boldsymbol{\theta}$ 与 $\boldsymbol{x}$ 表示如式 (2-5) 所示。

$$\begin{aligned} \boldsymbol{\theta} &= (\theta_0, \theta_1, \cdots, \theta_n)^{\mathrm{T}} \\ \boldsymbol{x} &= (x_0, x_1, \cdots, x_n)^{\mathrm{T}} \end{aligned} \tag{2-5}$$

式中，n 表示数据的原始特征数。那么对于给定的数据集 $\mathcal{D}$，线性回归的目标就是：$\forall (\boldsymbol{x}^{(i)}, y^{(i)}) \in \mathcal{D}$，$f_{\boldsymbol{\theta}}(\boldsymbol{x}^{(i)}) \simeq y^{(i)}$ 恒成立。即对于每组输入数据 $\boldsymbol{x}^{(i)}$，使得预测值 $f_{\boldsymbol{\theta}}(\boldsymbol{x}^{(i)})$ 尽可能接近真实值 $y^{(i)}$，甚至相等。

为了解决上述问题，定义如下损失函数，如式 (2-6) 所示。

$$J(\boldsymbol{\theta}) = \frac{1}{2m} \sum_{i=1}^{m} \left[f_{\boldsymbol{\theta}}(\boldsymbol{x}^{(i)}) - y^{(i)} \right]^2 \tag{2-6}$$

式 (2-6) 也可看成数据集的均方误差 (MSE)，即可将其转化为式 (2-7)。

$$\boldsymbol{\theta} = \arg\min_{\boldsymbol{\theta}} J(\boldsymbol{\theta}) \tag{2-7}$$

为了找到合适的 $\boldsymbol{\theta}$ 使得 $J(\boldsymbol{\theta})$ 取得最小值，可以使用梯度下降算法进行迭代。其中 $\boldsymbol{\theta}$ 的初始值是随机生成的，通过反复调整 $\boldsymbol{\theta}$ 以使 $J(\boldsymbol{\theta})$ 收敛。具体来说，更新公式为式 (2-8)。

$$\theta_j := \theta_j - \alpha \frac{\partial}{\partial \theta_j} J(\boldsymbol{\theta}) \tag{2-8}$$

式中，α 为学习率，它代表着每次迭代过程中 $\boldsymbol{\theta}$ 的更新速度。为了实现这个算法，必须首先计算出式 (2-8) 中的偏导数，其推导过程如式 (2-9) 所示。

$$
\begin{aligned}
\frac{\partial}{\partial \theta_j} J(\boldsymbol{\theta}) &= \frac{\partial}{\partial \theta_j} \frac{1}{2m} \sum_{i=1}^{m} \left[f_{\boldsymbol{\theta}}(\boldsymbol{x}^{(i)}) - y^{(i)} \right]^2 \\
&= 2 \cdot \frac{1}{2m} \sum_{i=1}^{m} (f_{\boldsymbol{\theta}}(\boldsymbol{x}^{(i)}) - y^{(i)}) \cdot \frac{\partial}{\partial \theta_j} (f_{\boldsymbol{\theta}}(\boldsymbol{x}^{(i)}) - y^{(i)}) \\
&= \frac{1}{m} \sum_{i=1}^{m} (f_{\boldsymbol{\theta}}(\boldsymbol{x}^{(i)}) - y^{(i)}) \cdot \frac{\partial}{\partial \theta_j} \left(\sum_{j=0}^{m} \theta_j x_j^{(i)} - y^{(i)} \right) \\
&= \frac{1}{m} \sum_{i=1}^{m} (f_{\boldsymbol{\theta}}(\boldsymbol{x}^{(i)}) - y^{(i)}) x_j^{(i)}
\end{aligned}
\tag{2-9}
$$

对于单个训练样本来说，式 (2-9) 中 $m=1$，则式 (2-9) 可退化为 $(f_{\boldsymbol{\theta}}(\boldsymbol{x}) - y)x_j$，那么将该简化的公式代入式 (2-8)，可得参数 $\boldsymbol{\theta}$ 的更新公式为式 (2-10)。

$$\theta_j := \theta_j + \alpha(y - f_{\boldsymbol{\theta}}(\boldsymbol{x}))x_j \tag{2-10}$$

为了更好地理解线性回归及参数 $\boldsymbol{\theta}$ 的调优，有必要先抛开线性回归，详细介绍梯度下降算法的基本原理。

2.2 梯度下降算法

虽然迭代更新算法有很多种，但是梯度下降算法是最好理解的一种。当前梯度下降算法主要分为 3 种：批量梯度下降算法、随机梯度下降算法和小批量梯度下降算法。下面将依次介绍这 3 种算法，阐述这 3 种算法之间的联系与区别，并将这 3 种梯度下降算法运用到线性回归调整参数的过程中。

为了更好地抽象描述上述 3 种梯度下降算法，有必要进行部分参数说明。在这里，用 $\boldsymbol{w}$ 来代表所有待调优的超参数，其中 $\boldsymbol{w} \in \mathbb{R}^n$，$\Delta \boldsymbol{w}^{(i)}$ 为第 i 个训练样本对应的梯度增量。

2.2.1 批量梯度下降算法

批量梯度下降 (Batch Gradient Descent，BGD) 算法流程如下：每次迭代遍历数据集时，保存每组训练数据对应的梯度增量。遍历结束后，计算数据集的梯度增量之和，最后调整所有模型参数。显然，不断迭代优化后，BGD 算法能收敛于全局最优解。BGD 算法的伪代码如表 2.1 所示。

表2.1　BGD算法

$$Repeat\ until\ convergence\ \{$$

$$w_j := w_j - \alpha \sum_{i=1}^{m} \Delta w_j^{(i)} \qquad (for\ every\ j)$$

$$\}$$

表 2.1 中，m 为训练数据集规模；α 为学习率；w 为待优化的参数；Δw 为参数 w 的梯度增量。然而 BGD 算法每次迭代调整一次模型参数，无疑阻碍了迭代训练。同时 BGD 算法每次迭代需要保存每组数据对应的梯度增量，那么当训练数据规模较大时，例如，百万级别的数据集时，BGD 算法就会带来很大的空间开销，甚至可能导致系统内存溢出。

2.2.2　随机梯度下降算法

BGD 算法虽然收敛于全局最优解，但是收敛速度缓慢，因此适用性不强。为了快速训练模型，随机梯度下降算法 (Stochastic Gradient Descent，SGD) 无疑是替代 BGD 的首选。SGD 算法的伪代码如表 2.2 所示。

表2.2　SGD算法

$$Loop\ \{$$

$$\qquad for\ i\ =\ 1\ to\ m\ \{$$

$$\qquad\qquad w_j := w_j - \alpha \Delta w_j^{(i)} \qquad (for\ every\ j)$$

$$\qquad \}$$

$$\}$$

上述伪代码中所出现的数学符号与 BGD 算法伪代码出现的数学符号的意义一致。可以看出，SGD 算法的大体思想如下：在一次迭代训练中，依次遍历数据集中的每组数据，利用每组数据对应的梯度增量来调整模型参数。也就是说，对于一个含有 m 组数据的数据集，在每次迭代训练中，必须调整模型参数 m 次。同时在实际运用中，首先会将训练数据集随机打乱。

然而，SGD 算法也是有缺陷的，从伪代码可以看出，SGD 属于贪心算法。贪心算法最终求得的是次优解，而不是全局最优解。

每次迭代训练中，SGD 算法相比于 BGD 算法虽频繁地调整超参数，加快了收敛速度，但 SGD 算法也会出现偏差，每次迭代只用一组数据进行参数调整，而一组数据的梯度不能代表整体数据集的梯度方向，因而不可能都沿着全局最优解方向，故而可能会陷入局部最优解。换句话说，SGD 理论上不能收敛到全局最优解，而是在全局最优解的附近邻域内振荡。

2.2.3 小批量梯度下降算法

根据 2.2.1 小节和 2.2.2 小节的论述，BGD 算法和 SGD 算法都有其优缺点。那么小批量梯度下降算法 (Mini Batch Gradient Descent，MBGD) 则是 BGD 算法和 SGD 算法两者的折中。MBGD 算法的伪代码如表 2.3 所示。

表2.3　MBGD算法

$m = Data\ Size$

$n = Mini\ Batch\ Size$

$Repeat\ until\ convergence\ \{$

$\qquad for\ i = 1\ to\ \dfrac{m}{n}:$

$$w_j := w_j - \frac{\alpha}{n}\sum_{k=1}^{n}\Delta w_j^{(k)} \qquad\qquad (for\ every\ j)$$

$\}$

MBGD 算法的大体思想如下：首先将训练数据集随机打乱，并划分为若干均等小样本；然后每次迭代后遍历每个小样本，计算小批量样本的梯度增量平均值，并根据计算的平均值调整超参数。那么，在小批量样本规模足够大时，小批量样本梯度向量的平均值在误差允许范围内近似等于全体训练样本梯度增量的平均值。

因此，MBGD 算法兼顾了 BGD 算法和 SGD 算法的优点，虽然需要开辟较小的空间来保存小样本的梯度增量以计算其平均值，但也保留了略慢于 SGD 算法的收敛速度。那么 MBGD 算法相比于 BGD 算法加快了收敛速度，相比于 SGD 算法降低了迭代训练中陷入局部最优解的风险。

2.2.4 梯度下降算法之间的联系

给定训练数据集 $\mathcal{D}$，其中 $|\mathcal{D}| = m$，即训练数据集 $\mathcal{D}$ 有 m 组数据。那么，从 2.2.1～2.2.3 小节的详细叙述可以总结出，BGD 算法每次迭代更新超参数使用 m 组数据，SGD 算法每次迭代更新超参数使用 1 组数据，MBGD 算法则介于 BGD 算法和 SGD 算法之间，每次迭代更新超参数只使用 $b\,(1 < b < m)$ 组数据。那么 3 种梯度下降算法的收敛速度为 BGD < MBGD < SGD。

2.3　再看线性回归

在 2.2 节中，详细分析了 3 种梯度下降算法及其联系。本节回到线性回归模型。为了寻找到合

适的参数 $\boldsymbol{\theta}$，使利用每组数据 $\boldsymbol{x}^{(i)}$ 得到的预测值 $f_{\boldsymbol{\theta}}(\boldsymbol{x}^{(i)})$ 尽可能接近真实值 $y^{(i)}$，梯度下降算法能够很好地解决这个问题。

结合式 (2-9) 与 2.2 节所讲述的 3 种梯度下降算法，可以很容易地得到利用 3 种不同梯度下降算法的线性回归的参数 $\boldsymbol{\theta}$ 的更新公式。在线性回归中，BGD 算法的伪代码如表 2.4 所示。

表2.4　线性回归的BGD算法

Repeat until convergence {

$$\theta_j := \theta_j + \frac{\alpha}{m}\sum_{i=1}^{m}(y^{(i)} - f_{\boldsymbol{\theta}}(\boldsymbol{x}^{(i)}))x_j^{(i)} \qquad (\textit{for every } j)$$

}

在线性回归中，SGD 算法的伪代码如表 2.5 所示。

表2.5　线性回归的SGD算法

Loop {

　　for i = 1 *to m* {

$$\theta_j := \theta_j + \frac{\alpha}{m}(y^{(i)} - f_{\boldsymbol{\theta}}(\boldsymbol{x}^{(i)}))x_j^{(i)} \qquad (\textit{for every } j)$$

　　}

}

在线性回归中，MBGD 算法的伪代码如表 2.6 所示。

表2.6　线性回归的MBGD算法

m = *Data Size*
n = *Mini Batch Size*
Repeat until convergence {

　　for i = 1 *to* $\frac{m}{n}$:

$$\theta_j := \theta_j + \frac{\alpha}{n}\sum_{k=1}^{n}(y^{(i)} - f_{\boldsymbol{\theta}}(\boldsymbol{x}^{(i)}))x_j^{(i)} \qquad (\textit{for every } j)$$

}

显然，从上述的伪代码可以看出，当损失函数为数据集的均方误差 (MSE) 时，可以将上述伪代码更新公式统一为式 (2-11)。

$$w_j := w_j - \frac{\alpha}{\varepsilon}\sum_{i=1}^{\varepsilon}\Delta w_j \tag{2-11}$$

式中，ε 为常数；w 为待优化的参数；Δw 为参数 w 的梯度增量，同时数据集规模的数学表示与前文保持一致，即 m 为数据集规模。那么当 $\varepsilon=1$ 时，对应的就是随机梯度下降算法；当 $\varepsilon=m$ 时，对应的就是批量梯度下降算法；当 $\varepsilon=n\,(1<n<m)$ 时，对应的就是小批量梯度下降算法。这 3 种梯度下降算法的具体 Python 代码会在后续的案例中实现，并将预测结果进行对比。

2.4 正则方程

前面主要详细叙述了如何利用梯度下降算法对线性回归的参数 $\boldsymbol{\theta}$ 进行调优。但是梯度下降算法需要进行迭代，且必须调整学习率 α。学习率 α 选取的好坏会影响到参数 $\boldsymbol{\theta}$ 是否可以调整到最优，间接影响到预测结果的好坏。那么接下来介绍的正则方程可以有效地避免上述问题。

对于给定的数据集 $\mathcal{D}$，结合式 (2-1)、式 (2-2) 和式 (2-5)，将输入数据集定义为式 (2-12)。

$$
\begin{aligned}
\boldsymbol{X} &= (\boldsymbol{x}^{(1)}, \boldsymbol{x}^{(2)}, \cdots, \boldsymbol{x}^{(m)})^{\mathrm{T}} \\
\boldsymbol{Y} &= (y^{(1)}, y^{(2)}, \cdots, y^{(m)})^{\mathrm{T}} \\
\boldsymbol{\theta} &= (\theta_0, \theta_1, \cdots, \theta_n)^{\mathrm{T}}
\end{aligned}
\tag{2-12}
$$

显然，数据集 $\boldsymbol{X} \in \mathbb{R}^{m \times (n+1)}$，参数 $\boldsymbol{\theta} \in \mathbb{R}^{(1+n) \times 1}$，输出数据集 $\boldsymbol{Y} \in \mathbb{R}^{m \times 1}$。如果结合式 (2-3)、式 (2-4) 和式 (2-12)，可以得出输入数据集的预测值为式 (2-13)。

$$
f(\boldsymbol{X}) = \boldsymbol{X}\boldsymbol{\theta}
\tag{2-13}
$$

结合式 (2-12)，式 (2-6) 可以改写成式 (2-14)。

$$
\begin{aligned}
J(\boldsymbol{\theta}) &= \frac{1}{2m} \sum_{i=1}^{m} \left[f_{\boldsymbol{\theta}}(\boldsymbol{x}^{(i)}) - y^{(i)} \right]^2 \\
&= \frac{1}{2m} (\boldsymbol{X}\boldsymbol{\theta} - \boldsymbol{Y})^{\mathrm{T}} (\boldsymbol{X}\boldsymbol{\theta} - \boldsymbol{Y})
\end{aligned}
\tag{2-14}
$$

那么，对式 (2-14) 求导有式 (2-15)。

$$
\begin{aligned}
\nabla_{\boldsymbol{\theta}} J(\boldsymbol{\theta}) &= \nabla_{\boldsymbol{\theta}} \frac{1}{2m} (\boldsymbol{X}\boldsymbol{\theta} - \boldsymbol{Y})^{\mathrm{T}} (\boldsymbol{X}\boldsymbol{\theta} - \boldsymbol{Y}) \\
&= \frac{1}{2m} \nabla_{\boldsymbol{\theta}} (\boldsymbol{\theta}^{\mathrm{T}} \boldsymbol{X}^{\mathrm{T}} \boldsymbol{X}\boldsymbol{\theta} - \boldsymbol{\theta}^{\mathrm{T}} \boldsymbol{X}^{\mathrm{T}} \boldsymbol{Y} - \boldsymbol{Y}^{\mathrm{T}} \boldsymbol{X}\boldsymbol{\theta} + \boldsymbol{Y}^{\mathrm{T}} \boldsymbol{Y}) \\
&= \frac{1}{2m} \nabla_{\boldsymbol{\theta}} \operatorname{tr}(\boldsymbol{\theta} \boldsymbol{E} \boldsymbol{\theta}^{\mathrm{T}} \boldsymbol{X}^{\mathrm{T}} \boldsymbol{X} - \boldsymbol{\theta}^{\mathrm{T}} \boldsymbol{X}^{\mathrm{T}} \boldsymbol{Y} - \boldsymbol{\theta} \boldsymbol{Y}^{\mathrm{T}} \boldsymbol{X}) \\
&= \frac{1}{2m} \left[\boldsymbol{X}^{\mathrm{T}} \boldsymbol{X}\boldsymbol{\theta} \boldsymbol{E} + (\boldsymbol{X}^{\mathrm{T}} \boldsymbol{X})^{\mathrm{T}} \boldsymbol{E} \boldsymbol{\theta}^{\mathrm{T}} - (\boldsymbol{Y}^{\mathrm{T}} \boldsymbol{X})^{\mathrm{T}} - (\nabla_{\boldsymbol{\theta}} \operatorname{tr} \boldsymbol{\theta}^{\mathrm{T}} \boldsymbol{X}^{\mathrm{T}} \boldsymbol{Y})^{\mathrm{T}} \right] \\
&= \frac{1}{2m} \left[\boldsymbol{X}^{\mathrm{T}} \boldsymbol{X}\boldsymbol{\theta} \boldsymbol{E} + \boldsymbol{X}^{\mathrm{T}} \boldsymbol{X}\boldsymbol{\theta} \boldsymbol{E} - \boldsymbol{X}^{\mathrm{T}} \boldsymbol{Y} - ((\boldsymbol{X}^{\mathrm{T}} \boldsymbol{Y})^{\mathrm{T}})^{\mathrm{T}} \right] \\
&= \frac{1}{m} (\boldsymbol{X}^{\mathrm{T}} \boldsymbol{X}\boldsymbol{\theta} - \boldsymbol{X}^{\mathrm{T}} \boldsymbol{Y})
\end{aligned}
\tag{2-15}
$$

式中，$\boldsymbol{E}$ 为单位矩阵。那么，令式 (2-15) 等于 0，可以得到式 (2-16)。

$$
\boldsymbol{X}^{\mathrm{T}} \boldsymbol{X}\boldsymbol{\theta} = \boldsymbol{X}^{\mathrm{T}} \boldsymbol{Y}
\tag{2-16}
$$

式 (2-16) 就被称为正则方程，将其化简可得式 (2-17)。

$$
\boldsymbol{\theta} = (\boldsymbol{X}^{\mathrm{T}} \boldsymbol{X})^{-1} \boldsymbol{X}^{\mathrm{T}} \boldsymbol{Y}
\tag{2-17}
$$

从式 (2-17) 中可以看出，梯度下降算法需要经过反复迭代才能得出参数 $\boldsymbol{\theta}$，正则方程只需进行简单的矩阵运算就能得出参数 $\boldsymbol{\theta}$，由于正则方程的存在也使得线性回归参数 $\boldsymbol{\theta}$ 的确定变得较为简单。

　　首先将梯度下降算法与正则方程进行对比，对比结果如表 2.7 所示。显然，根据表 2.7 可以看出，梯度下降算法与正则方程都有其优缺点，因此必须依据数据集的规模而定，从而使用不同的算法来获取最优的线性回归参数 $\boldsymbol{\theta}$。

表2.7　梯度下降算法与正则方程的比较

	学习率 α 是否需要调整	是否需要多次迭代	时间复杂度	其他
梯度下降算法	是	是	$O(kn^2)$	适用于大数据集
正则方程	否	否	$O(n^3)$	适用于小数据集

　　同时，根据式 (2-16) 可以看出，要使用正则方程组必须满足 $\boldsymbol{X}^\mathrm{T}\boldsymbol{X}$ 可逆，即 $\boldsymbol{X}^\mathrm{T}\boldsymbol{X}$ 是满秩矩阵。但是在实际问题中，数据集的特征数 n 可能大于数据集规模 m，这也就导致 $\boldsymbol{X}^\mathrm{T}\boldsymbol{X}$ 不可逆。因此，在实际编程过程中，通常在计算 $(\boldsymbol{X}^\mathrm{T}\boldsymbol{X})^{-1}$ 之前先将 $\boldsymbol{X}^\mathrm{T}\boldsymbol{X}$ 加上一个较小的可逆矩阵，如 $0.001\boldsymbol{E}$，与前文表述一样，$\boldsymbol{E}$ 也为单位矩阵。

 ## 2.5　概率解释

　　虽然在 2.1～2.3 节中对线性回归模型进行了严谨的理论推导，也详细介绍了利用不同的梯度下降算法对线性回归的参数进行优化，读者肯定有这样的疑问，为什么式 (2-6) 表示的损失函数 $J(\boldsymbol{\theta})$ 是合理的选择。下面就从概率论的角度给出一个合理的解释。从前面的论述可以确定，对于每组训练数据 $\boldsymbol{x}^{(i)}$ 而言，通过线性回归得到的 $f_{\boldsymbol{\theta}}(\boldsymbol{x}^{(i)})$ 与真实值 $y^{(i)}$ 之间的关系为 $f_{\boldsymbol{\theta}}(\boldsymbol{x}^{(i)}) \simeq y^{(i)}$。那么结合式 (2-4) 可以有式 (2-18)。

$$y^{(i)} = \boldsymbol{\theta}^\mathrm{T}\boldsymbol{x}^{(i)} + \varepsilon^{(i)} \tag{2-18}$$

式中，$\varepsilon^{(i)}$ 为 $f_{\boldsymbol{\theta}}(\boldsymbol{x}^{(i)})$ 与 $y^{(i)}$ 之间的误差。显然，对于大量的训练数据集而言，可以假设所有 $\varepsilon^{(i)}$ 之间是独立同分布的，同时也可以假设 $\varepsilon^{(i)}$ 服从高斯 (正态) 分布。为了下面理论推导的方便，假设 $\varepsilon^{(i)} \sim N(0, \sigma^2)$。那么根据概率论的知识，可以得知 $\varepsilon^{(i)}$ 的概率密度函数为式 (2-19)。

$$g(\varepsilon^{(i)}) = \frac{1}{\sqrt{2\pi}\sigma} \exp\left(-\frac{(\varepsilon^{(i)})^2}{2\sigma^2}\right) \tag{2-19}$$

　　再结合式 (2-4)、式 (2-18) 和式 (2-19)，有式 (2-20)。

$$g(y^{(i)} | \boldsymbol{x}^{(i)}; \boldsymbol{\theta}) = \frac{1}{\sqrt{2\pi}\sigma} \exp\left(-\frac{(y^{(i)} - \boldsymbol{\theta}^\mathrm{T}\boldsymbol{x}^{(i)})^2}{2\sigma^2}\right) \tag{2-20}$$

式中，$g(y^{(i)}|x^{(i)};\theta)$ 为在给定 $x^{(i)}$ 的情况下 $y^{(i)}$ 的概率密度；θ 为 $y^{(i)}|x^{(i)}$ 的分布参数。也就是说，$y^{(i)}|x^{(i)};\theta \sim N(\theta^{\mathrm{T}}x^{(i)},\sigma^2)$。那么线性回归的目的也就可以表达为：对每组训练数据 $x^{(i)}$ 而言，通过线性回归得到的 $f_\theta(x^{(i)})$ 与真实值 $y^{(i)}$ 之间的误差尽可能小的概率要尽可能大。在每次迭代过程中，线性回归的参数 θ 和数据集 $\mathcal{D}$ 都是唯一确定的，从而每次迭代过程中得到的预测值 $f_\theta(x^{(i)})$ 也就是固定的，因此 $\varepsilon^{(i)}$ 是固定的。那么要想获得上述所说的概率最大化，只有当概率密度最大化时才能获得概率最大化。

因此，引入似然函数，如式 (2-21) 所示。

$$\mathcal{L}(\theta)=\mathcal{L}(\theta;X,Y)=g(Y|X;\theta) \tag{2-21}$$

再结合式 (2-20)，对式 (2-21) 进行展开式 (2-22)。

$$\begin{aligned}\mathcal{L}(\theta)&=\prod_{i=1}^{m}g(y^{(i)}|x^{(i)};\theta)\\&=\prod_{i=1}^{m}\frac{1}{\sqrt{2\pi}\sigma}\exp\left(-\frac{(y^{(i)}-\theta^{\mathrm{T}}x^{(i)})^2}{2\sigma^2}\right)\end{aligned} \tag{2-22}$$

根据极大似然估计思想，当 $\mathcal{L}(\theta)$ 取得最大值时，概率才会尽可能大。由于上述数学表达式过于复杂，对式 (2-22) 取对数后获得对数极大似然函数，其表达式为式 (2-23)。

$$\begin{aligned}\ell(\theta)&=\log\mathcal{L}(\theta)=\log\prod_{i=1}^{m}g(y^{(i)}|x^{(i)};\theta)\\&=\log\prod_{i=1}^{m}\frac{1}{\sqrt{2\pi}\sigma}\exp\left(-\frac{(y^{(i)}-\theta^{\mathrm{T}}x^{(i)})^2}{2\sigma^2}\right)\\&=m\log\frac{1}{\sqrt{2\pi}\sigma}-\frac{m}{\sigma^2}\cdot\frac{1}{2m}\sum_{i=1}^{m}(y^{(i)}-\theta^{\mathrm{T}}x^{(i)})^2\\&=m\log\frac{1}{\sqrt{2\pi}\sigma}-\frac{m}{\sigma^2}J(\theta)\end{aligned} \tag{2-23}$$

在式 (2-23) 中，对于给定数据集 $\mathcal{D}$，m 为数据集规模，即 m 为常数；σ 为假设 $\varepsilon^{(i)}$ 服从高斯分布的标准差，即 σ 也为常数。那么要想使 $\ell(\theta)$ 取得最大值，$J(\theta)$ 必须取得最小值，而 $J(\theta)$ 又是在前文线性回归中定义的损失函数，梯度下降算法也是根据 $J(\theta)$ 推导出来的梯度增量进行搜索最优参数 θ，使得参数 θ 最小化。这就证明了 $J(\theta)$ 和梯度下降算法是一种合理的选择。

2.6 线性回归的 Python 实现

为了更好地在 2.7 节中利用线性回归预测波士顿房价，本节利用 Python 结合面向对象思想来实现线性回归，其中包含了 BGD、SGD、MBGD 和正则方程 4 种调整模型的求解最佳模型参数算

法。下面首先给出线性回归的类定义，然后对其中每个函数进行逐一剖析。线性回归的类定义如下
所示。

```python
class LinearRegression(object):
    def __init__(self,input_data,realresult,theta=None):
    def Cost(self):
    def BGD(self,alpha):
    def SGD(self,alpha):
    def Shuffle_Sequence(self):
    def MBGD(self,alpha,batch_size):
    def getNormalEquation(self):
    def train_BGD(self,iter,alpha):
    def train_SGD(self,iter,alpha):
    def train_MBGD(self,iter,mini_batch,alpha):
    def test(self,test_data):
    def predict(self,data):
```

2.6.1 线性回归的构造函数

下面介绍线性回归的构造函数 __init__。__init__ 函数的参数为训练数据集 input_data、训练结
果集 realresult 和参数 theta。在构造函数中主要完成训练数据集、训练结果集和线性回归的模型参
数初始化。同时还得遍历每组数据，并对其进行数据扩展，即增加一维常数属性 1。当参数 theta
为 None 时，就用正态分布随机数来给线性的回归模型参数权重赋初值，否则直接将 theta 赋值给线
性回归的模型参数 self.Theta。__init__ 函数的定义如下所示。

```python
def __init__(self,input_data,realresult,theta=None):
    """
    :param input_data: 输入数据
    :param realresult: 真实结果
    :param theta: 线性回归的参数，默认为 None
    """
    # 获得输入数据集的形状
    row,col = np.shape(input_data)
    # 构造输入数据数组
    self.InputData = [0] * row
    # 给每组输入数据增添常数项 1
    for (index,data) in enumerate(input_data):
        Data = [1.0]
        # 把 input_data 拓展到 Data 内，即把 input_data 的每一维数据添加到 Data
        Data.extend(list(data))
        self.InputData[index] = Data
    self.InputData = np.array(self.InputData)
    # 构造输入数据对应的结果
    self.Result = realresult
```

```
# 参数 theta 不为 None 时，利用 theta 构造模型参数
if theta is not None:
    self.Theta = theta
else:
    # 随机生成服从标准正态分布的参数
    self.Theta = np.random.normal((col + 1,1))
```

2.6.2 梯度下降算法函数

在线性回归算法中用于优化参数的有 3 种梯度下降算法函数：批量梯度下降 (BGD) 算法函数、随机梯度下降 (SGD) 算法函数和小批量梯度下降 (MBGD) 算法函数。

首先介绍的是批量梯度下降 (BGD) 算法函数。BGD 函数的参数只有一个——学习率 alpha。在 BGD 函数中首先定义梯度增量数组；然后遍历整个训练数据集，计算每组数据对应的模型参数的梯度增量并放入梯度增量数组；遍历结束后，利用所有梯度增量的平均值并结合学习率 alpha 来更新模型参数 self.Theta。BGD 函数的定义如下所示。

```
def BGD(self,alpha):
    """
    这是利用 BGD 算法进行一次迭代调整参数的函数
    :param alpha: 学习率
    """
    # 定义梯度增量数组
    gradient_increasment = []
    # 对输入的训练数据及其真实结果进行依次遍历
    for (input_data,real_result) in zip(self.InputData,self.Result):
        # 计算每组 input_data 的梯度增量，并放入梯度增量数组
        g = (real_result - input_data.dot(self.Theta)) * input_data
        gradient_increasment.append(g)
    # 按列计算属性的平均梯度增量
    avg_g = np.average(gradient_increasment,0)
    # 改变平均梯度增量数组形状
    avg_g = avg_g.reshape((len(avg_g),1))
    # 更新模型参数 self.Theta
    self.Theta = self.Theta + alpha * avg_g
```

然后介绍的是随机梯度下降 (SGD) 算法函数。SGD 函数的参数与 BGD 函数的参数一样。但是与 BGD 函数不同，SGD 函数首先利用 Shuffle_Sequence 函数将数据集随机打乱，减少数据集顺序对参数调优的影响；然后遍历整个训练集，利用每组训练数据对应的梯度增量集和学习率 alpha 对模型参数 self.Theta 进行更新。SGD 函数的定义如下所示。

```
def SGD(self,alpha):
    """
    这是利用 SGD 算法进行一次迭代调整参数的函数
    :param alpha: 学习率
```

```
    """
    # 首先将数据集随机打乱，减少数据集顺序对参数调优的影响
    shuffle_sequence = self.Shuffle_Sequence()
    self.InputData = self.InputData[shuffle_sequence]
    self.Result = self.Result[shuffle_sequence]
    # 对训练数据集进行遍历，利用每组训练数据对参数进行调整
    for (input_data,real_result) in zip(self.InputData,self.Result):
        # 计算每组 input_data 的梯度增量
        g = (real_result − input_data.dot(self.Theta)) * input_data
        # 调整每组 input_data 的梯度增量的形状
        g = g.reshape((len(g),1))
        # 更新线性回归的模型参数
        self.Theta = self.Theta + alpha * g
```

最后介绍的是小批量梯度下降 (MBGD) 算法函数。MBGD 函数的参数比 BGD 函数和 SGD 函数的参数多一个小批量样本规模 batch_size。与 SGD 函数一样，MBGD 函数首先利用 Shuffle_Sequence 函数将训练数据集随机打乱；然后根据小批量样本规模 batch_size 将训练数据集划分为多个小批量训练样本；最后遍历这些小样本训练集，与 BGD 函数类似，计算每个小批量样本上的平均梯度增量并结合学习率 alpha 来更新模型参数 self.Theta。MBGD 函数的定义如下所示。

```
def MBGD(self,alpha,batch_size):
    """
    这是利用 MBGD 算法进行一次迭代调整参数的函数
    :param alpha: 学习率
    :param batch_size: 小批量样本规模
    """
    # 首先将数据集随机打乱，减少数据集顺序对参数调优的影响
    shuffle_sequence = self.Shuffle_Sequence()
    self.InputData = self.InputData[shuffle_sequence]
    self.Result = self.Result[shuffle_sequence]
    # 遍历每个小批量样本
    for start in np.arange(0,len(shuffle_sequence),batch_size):
        # 判断 start + batch_size 是否大于数组长度，
        # 防止最后一组小批量样本规模可能小于 batch_size 的情况
        end = np.min([start + batch_size,len(shuffle_sequence)])
        # 获取训练小批量样本集及其标签
        mini_batch = shuffle_sequence[start:end]
        Mini_Train_Data = self.InputData[mini_batch]
        Mini_Train_Result = self.Result[mini_batch]
        # 定义梯度增量数组
        gradient_increasment = []
        # 对小样本训练集进行遍历，利用每个小样本的梯度增量的平均值对模型参数进行更新
        for (data,result) in zip(Mini_Train_Data,Mini_Train_Result):
            # 计算每组 input_data 的梯度增量，并放入梯度增量数组
            g = (result − data.dot(self.Theta)) * data
```

```
        gradient_increasment.append(g)
    # 按列计算每组小样本训练集的梯度增量的平均值，并改变其形状
    avg_g = np.average(gradient_increasment,0)
    avg_g = avg_g.reshape((len(avg_g),1))
    # 更新模型参数 self.theta
    self.Theta = self.Theta + alpha * avg_g
```

2.6.3　迭代训练函数

定义完 3 个梯度下降算法函数，那么实现 3 个梯度下降算法对应的迭代训练函数就变得容易多了。这 3 个迭代训练函数分别为 train_BGD、train_SGD 和 train_MBGD。3 个函数的形参基本一致：迭代次数 iter 和学习率 alpha。不同的是，train_MBGD 函数多了一个参数——小批量样本规模 batch_size。

3 个迭代训练函数的整体流程都是一样的，都是在迭代训练中结合超参数来优化模型参数。不同的是，这 3 个不同的迭代训练函数所用的优化算法不同。train_BGD 函数在每次迭代训练中利用的是 BGD 函数；train_SGD 函数在每次迭代训练中利用的是 SGD 函数；train_MBGD 函数在每次迭代训练中利用的是 MBGD 函数。并且在每次迭代训练优化参数后，都会计算在优化的参数下训练结果集与预测结果集之间的均方误差。同时，这 3 个迭代训练函数在迭代训练结束后都会返回上述描述的均方误差数组。上述 3 个迭代训练函数的定义如下所示。

```
def train_BGD(self,iter,alpha):
    """
    这是利用 BGD 算法迭代优化的函数
    :param iter: 迭代次数
    :param alpha: 学习率
    """
    # 定义平均训练损失数组，记录每轮迭代的训练数据集的损失
    Cost = []
    # 开始进行迭代训练
    for i in range(iter):
        # 利用学习率 alpha，结合 BGD 算法对模型进行训练
        self.BGD(alpha)
        # 记录每次迭代的平均训练损失
        Cost.append(self.Cost())
    Cost = np.array(Cost)
    return Cost

def train_SGD(self,iter,alpha):
    """
    这是利用 SGD 算法迭代优化的函数
    :param iter: 迭代次数
    :param alpha: 学习率
```

```
"""
# 定义平均训练损失数组，记录每轮迭代的训练数据集的损失
Cost = []
# 开始进行迭代训练
for i in range(iter):
    # 利用学习率 alpha，结合 SGD 算法对模型进行训练
    self.SGD(alpha)
    # 记录每次迭代的平均训练损失
    Cost.append(self.Cost())
Cost = np.array(Cost)
return Cost


def train_MBGD(self,iter,batch_size,alpha):
    """
    这是利用 MBGD 算法迭代优化的函数
    :param iter: 迭代次数
    :param batch_size: 小批量样本规模
    :param alpha: 学习率
    """
    # 定义平均训练损失数组，记录每轮迭代的训练数据集的损失
    Cost = []
    # 开始进行迭代训练
    for i in range(iter):
        # 利用学习率 alpha，结合 MBGD 算法对模型进行训练
        self.MBGD(alpha,batch_size)
        # 记录每次迭代的平均训练损失
        Cost.append(self.Cost())
    Cost = np.array(Cost)
    return Cost
```

2.6.4 正则方程函数

下面介绍线性回归的正则方程求解模型参数的函数 getNormalEquation。getNormalEquation 函数利用线性代数及其相关求导公式，计算给定训练集下的理论模型参数。getNormalEquation 函数的定义如下所示。

```
def getNormalEquation(self):
    """
    这是利用正则方程计算模型参数 self.Theta
    """
    """
    0.001 * np.eye(np.shape(self.InputData.T)) 是
    防止出现原始 XT 的行列式为 0，即防止原始 XT 不可逆
    """
    # 获得输入数据数组形状
```

```
col,rol = np.shape(self.InputData.T)
# 计算输入数据矩阵的转置
XT = self.InputData.T + 0.001 * np.eye(col,rol)
# 计算矩阵的逆
inv = np.linalg.inv(XT.dot(self.InputData))
# 计算模型参数 self.Theta
self.Theta = inv.dot(XT.dot(self.Result))
```

2.6.5　预测与测试函数

下面介绍线性回归的预测与测试函数。首先介绍的是一组数据的预测函数 predict。predict 函数的参数为一组测试数据 data，在 predict 函数中首先将测试数据扩展一维常数属性 1，然后结合模型参数对测试数据进行预测。predict 函数的定义如下所示。

```
def predict(self,data):
    """
    这是对一组测试数据预测的函数
    :param data: 测试数据
    """
    # 对测试数据加入一维特征，以适应矩阵乘法
    tmp = [1.0]
    tmp.extend(data)
    data = np.array(tmp)
    # 计算预测结果，计算结果形状为 (1,)，为了分析数据的方便，
    # 这里只返回矩阵的第一个元素
    predict_result = data.dot(self.Theta)[0]
    return predict_result
```

然后介绍的是线性回归的测试函数 test。test 函数的参数为测试数据集 test_data。在 test 函数中，遍历测试集，调用上述的 predict 函数对每组测试数据进行线性回归预测。test 函数的定义如下所示。

```
def test(self,test_data):
    """
    这是对测试数据集的线性回归预测函数
    :param test_data: 测试数据集
    """
    # 定义预测结果数组
    predict_result = []
    # 对测试数据进行遍历
    for data in test_data:
        # 预测每组 data 的结果
        predict_result.append(self.predict(data))
    predict_result = np.array(predict_result)
    return predict_result
```

2.6.6 辅助函数

下面介绍在前文所述函数中调用较为频繁的两个辅助函数。

首先介绍的是随机乱序函数 Shuffle_Sequence。Shuffle_Sequence 函数的主要功能是生成与训练数据集大小相同的随机自然数序列。Shuffle_Sequence 函数主要在 SGD 函数和 MBGD 函数中调用,通过生成的随机自然数序列来随机打乱训练集及其标签集,以消除训练集顺序对 SGD 算法和 MBGD 算法优化参数的影响。Shuffle_Sequence 函数的定义如下所示。

```python
def Shuffle_Sequence(self):
    """
    这是在运行 SGD 算法或 MBGD 算法之前,随机打乱后原始数据集的函数
    """
    # 首先获得训练集规模,然后按照规模生成自然数序列
    length = len(self.InputData)
    random_sequence = list(range(length))
    # 利用 numpy 的随机打乱函数打乱训练数据下标
    random_sequence = np.random.permutation(random_sequence)
    return random_sequence        # 返回数据集随机打乱后的数据序列
```

然后介绍的是平均训练损失函数 Cost。Cost 函数的主要功能是计算训练数据集在模型参数下的预测结果与实际结果之间的均方误差。Cost 函数主要应用在前述 3 个迭代训练函数中,记录每次迭代训练后的训练数据集的平均训练损失。Cost 函数的定义如下所示。

```python
def Cost(self):
    """
    这是计算损失函数的函数
    """
    # 在线性回归中的损失函数定义为真实结果与预测结果之间的均方误差
    # 首先计算输入数据的预测结果
    predict = self.InputData.dot(self.Theta).T
    # 计算真实结果与预测结果之间的均方误差
    cost = predict – self.Result.T
    cost = np.average(cost ** 2)
    return cost
```

2.7 案例:利用线性回归预测波士顿房价

在本节中,将用 Python 来实现线性回归,同时预测波士顿郊区房价。在这个案例中涉及的波士顿房价数据集已经集成在 Python 的第三方工具库 sklearn 中了,那么在导入数据时导入 sklearn 库

即可。

　　波士顿房价数据集总共有 14 个属性，其中 13 个属性为输入属性。这 13 个输入属性中的第 6 个属性代表房屋的房间数目。根据常识可以得知，房间数目在一定程度上代表了房屋面积，且房屋面积的大小对房价的高低起决定性作用。因此，为了简化线性回归模型的过程，在下面的代码中，主要利用房间数目对房屋价格进行预测，对于其他 12 个输入属性先暂时不做考虑。

　　本章案例的主要流程如图 2.1 所示。利用 Python 首先实现线性回归类，导入波士顿房价数据集，并将数据集分成训练集与测试集。

　　案例主要流程如下：首先对测试数据集进行可视化，再利用训练数据集构造线性回归预测器，并分别利用 BGD、SGD、MBGD 和正则方程 4 种方法调整模型参数直至模型收敛；然后比较 4 种调参算法训练出来的线性回归预测器平均训练损失；之后利用 4 个训练好的线性回归分类器对测试集进行预测，并将预测的拟合曲线可视化；最后根据预测值与真实值之间的误差样本均值与方差，对 4 种调参算法进行评估。

　　在利用 Python 实现线性回归模型后，再利用线性回归来预测波士顿郊区房价。在案例中，首先导入波士顿郊区房价数据集，再对数据集进行预处理；然后将数据集分成训练集与测试集；之后利用 BGD、SGD、MBGD 和正则方程这 4 种优化参数的算法结合训练集来训练线性回归模型；最后用测试集来预测房价。具体流程如图 2.2 所示。

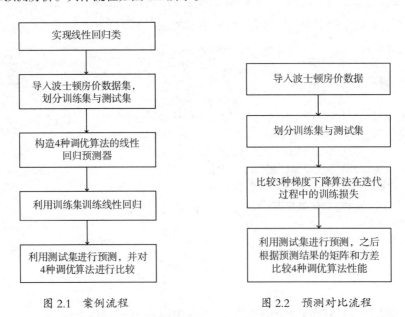

图 2.1　案例流程　　　　　　图 2.2　预测对比流程

　　为了方便将案例过程中得到的实验结果保存到 Excel 中，首先给出将实验数据转化为结构化数据的函数 Merge。Merge 函数的定义如下所示。

```
import pandas as pd

def Merge(data,col):
```

```
    """
    这是生成 DataFrame 数据的函数
    :param data: 输入数据
    :param col: 列名称数组
    """
    Data = np.array(data).T
    return pd.DataFrame(Data,columns=col)
```

下面开始介绍利用线性回归预测波士顿郊区房价的案例。首先导入数据集并进行数据的预处理，使用 sklearn.datasets 中的 load_boston() 函数来导入波士顿郊区房价数据集，但是这个数据集中有很多特征值，为了方便起见，只取第 6 个特征值——平均房间数目；然后通过 pandas 保存为 Excel 文档；最后改变数据集与真实房价数组的形状，并将数据集分成训练集和测试集。这个过程的代码如下所示。

```
from sklearn.model_selection import train_test_split
from sklearn.datasets import load_boston

# 导入数据及划分训练数据与测试数据
InputData,Result = load_boston(return_X_y=True)
# 为了方便实验，只取第 6 维特征。第 6 列为平均房间数目
InputData = np.array(InputData)[:,5]
# 保存原始数据集
Data = Merge([InputData,Result],[' 平均房间数目 ',' 房价 '])
Data.to_excel('./ 原始数据 .xlsx')
# 改变数据集与真实房价数组的形状
InputData = InputData.reshape((len(InputData),1))
Result = np.array(Result).reshape((len(Result),1))

# 将数据集分成训练数据集和测试数据集
train_data,test_data,train_result,test_result = \
    train_test_split(InputData,Result,test_size=0.1,random_state=50)
```

接下来需要使用 matplotlib 库来进行数据可视化，在绘图之前需要加入两行代码来解决 matplotlib 库绘图会出现的中文乱码问题。解决乱码问题后，开始对测试集进行数据可视化。这个过程的代码如下所示。

```
import matplotlib as mpl
import matplotlib.pyplot as plt

# 解决 matplotlib 中的中文乱码问题，以便于后面实验结果可视化
mpl.rcParams['font.sans-serif'] = [u'simHei']
mpl.rcParams['axes.unicode_minus'] = False

# 利用散点图可视化测试数据集，并保存可视化结果
col = [' 真实房价 ']
plt.scatter(test_data,test_result,alpha=0.5,c='b',s=10)
```

```
plt.grid(True)
plt.legend(labels=col,loc='best')
plt.xlabel(" 房间数 ")
plt.ylabel(" 真实房价 ")
plt.savefig("./ 测试集可视化 .jpg",bbox_inches='tight')
plt.show()
plt.close()
```

测试集数据可视化后，下面开始构建模型。首先用 numpy 生成随机数来初始化线性回归的模型参数；然后把测试数据和模型参数送入之前写好的 LinearRegression 的对象，每一个算法实例化一个对象，在此生成了 4 个算法实例，分别利用 4 种不同的算法来求解相应的最佳模型参数。这 4 个算法实例都共享初始模型参数。这个过程的代码如下所示。

```
from LinearRegression import LinearRegression
import numpy as np
import pandas as pd

# 开始构建线性回归模型
col = np.shape(train_data)[1] + 1
# 初始化线性回归的参数 theta
theta = np.random.random((col,1))
# BGD 优化的线性回归模型
linearregression_BGD = LinearRegression(train_data,train_result,theta)
# SGD 优化的线性回归模型
linearregression_SGD = LinearRegression(train_data,train_result,theta)
# MBGD 优化的线性回归模型
linearregression_MBGD = LinearRegression(train_data,train_result,theta)
# 正则方程优化的线性回归模型
linearregression_NormalEquation = LinearRegression(train_data,train_result,theta)
```

接下来初始化迭代次数、学习率和小批量样本规模这 3 个超参数，然后利用 3 种不同的梯度下降算法求解最佳模型参数，同时直接利用正则方程求解理想最佳模型参数。这个过程的代码如下所示。

```
# 训练模型
iter = 30000              # 迭代次数
alpha = 0.001             # 学习率
batch_size = 64           # 小批量样本规模
# BGD 的平均训练损失
BGD_train_cost = linearregression_BGD.train_BGD(iter,alpha)
# SGD 的平均训练损失
SGD_train_cost = linearregression_SGD.train_SGD(iter,alpha)
# MBGD 的平均训练损失
MBGD_train_cost = linearregression_MBGD.train_MBGD(iter,batch_size,alpha)
# 利用正则方程获取参数
linearregression_NormalEquation.getNormalEquation()
```

训练完毕后，就需要把训练的结果进行可视化，以方便观察 3 种不同算法的损失变化情况，并比较算法之间的优劣。这里依然是使用 matplotlib 库来进行可视化，绘制迭代次数与平均训练损失的趋势图。将各个梯度下降算法下的平均训练损失及其统计信息保存为 Excel 文档。这个过程的代码如下所示。

```python
# 3 种梯度下降算法平均训练损失结果可视化，并保存可视化结果
col = ['BGD','SGD','MBGD']
iter = np.arange(iter)
plt.plot(iter,BGD_train_cost,'r-.')
plt.plot(iter,SGD_train_cost,'b-')
plt.plot(iter,MBGD_train_cost,'k--')
plt.grid(True)
plt.xlabel(" 迭代次数 ")
plt.ylabel(" 平均训练损失 ")
plt.legend(labels=col,loc='best')
plt.savefig("./3 种梯度下降算法的平均训练损失 .jpg",bbox_inches='tight')
plt.show()
plt.close()


# 3 种梯度下降算法的平均训练损失
# 整合 3 种梯度下降算法的平均训练损失到 DataFrame
train_cost = [BGD_train_cost,SGD_train_cost,MBGD_train_cost]
train_cost = Merge(train_cost,col)
# 保存 3 种梯度下降算法的平均训练损失及其统计信息
train_cost.to_excel("./3 种梯度下降算法的平均训练损失 .xlsx")
train_cost.describe().to_excel("./3 种梯度下降算法的平均训练损失统计 .xlsx")
```

利用训练好的线性回归模型对随机数据集进行预测，并且将每个算法下的线性回归算法的预测曲线可视化。这个过程的代码如下所示。

```python
# 计算 4 种调优算法下的拟合曲线
x = np.arange(int(np.min(test_data)),int(np.max(test_data) + 1))
x = x.reshape((len(x),1))
# BGD 算法的拟合曲线
BGD = linearregression_BGD.test(x)
# SGD 算法的拟合曲线
SGD = linearregression_SGD.test(x)
# MBGD 算法的拟合曲线
MBGD = linearregression_MBGD.test(x)
# 正则方程的拟合曲线
NormalEquation = linearregression_NormalEquation.test(x)


# 4 种模型的拟合直线可视化，并保存可视化结果
col = ['BGD','SGD','MBGD',' 正则方程 ']
plt.plot(x,BGD,'r-.')
plt.plot(x,SGD,'b-')
plt.plot(x,MBGD,'k--')
```

```
plt.plot(x,NormalEquation,'g:',)
plt.scatter(test_data,test_result,alpha=0.5,c='b',s=10)
plt.grid(True)
plt.xlabel(" 房间数 ")
plt.ylabel(" 预测值 ")
plt.legend(labels=col,loc='best')
plt.savefig("./ 预测值比较 .jpg",bbox_inches='tight')
plt.show()
plt.close()
```

通过训练后就得到了模型，但是需要知道求得的模型到底准不准确，所以就要使用之前准备好的测试集来测试模型以得到结果。这里使用 4 种算法实例化对象的 test 方法来得到模型预测结果，然后使用 pandas 第三方工具库将预测结果及其统计信息保存为 Excel 文档。这个过程的代码如下所示。

```
# 利用测试集进行线性回归预测
# BGD 算法的预测结果
BGD_predict = linearregression_BGD.test(test_data)
# SGD 算法的预测结果
SGD_predict = linearregression_SGD.test(test_data)
# MBGD 算法的预测结果
MBGD_predict = linearregression_MBGD.test(test_data)
# 正则方程的预测结果
NormalEquation_predict = linearregression_NormalEquation.test(test_data)


# 保存预测数据
# A.tolist() 是将 numpy.array 转化为 Python 的 list 类型的函数，是将 A 的所有元素
# 当作一个整体作为 list 的一个元素，因此只需要 A.tolist() 的第一个元素
data = [test_data.T.tolist()[0],test_result.T.tolist()[0],BGD_predict,
        SGD_predict,MBGD_predict,NormalEquation_predict]
col = [" 平均房间数目 "," 真实房价 ",'BGD 预测结果 ','SGD 预测结果 ','MBGD 预测结果 ',
       ' 正则方程预测结果 ']
Data = Merge(data,col)
Data.to_excel('./ 测试数据与预测结果 .xlsx')


# 计算 4 种算法的均方误差及其统计信息
# test_result 之前的形状为 (num,1)，首先计算其转置后
# 获得的第一个元素即可
test_result = test_result.T[0]
# BGD 算法的均方误差
BGD_error = ((BGD_predict - test_result) ** 2)
# SGD 算法的均方误差
SGD_error = ((SGD_predict - test_result) ** 2)
# MBGD 算法的均方误差
MBGD_error = ((MBGD_predict - test_result) ** 2)
# 正则方程的均方误差
```

```
NormalEquation_error = ((NormalEquation_predict - test_result) ** 2)
# 整合 4 种算法的均方误差到 DataFrame
error = [BGD_error,SGD_error,MBGD_error,NormalEquation_error]
col = ['BGD','SGD','MBGD',' 正则方程 ']
error = Merge(error,col)
# 保存 4 种均方误差及其统计信息
error.to_excel("./4 种算法的预测均方误差原始数据 .xlsx")
error.describe().to_excel("./4 种算法的预测均方误差统计 .xlsx")
```

下面来对上述案例全部代码中的实验结果进行详细介绍。首先利用 sklearn 库导入了波士顿房价数据集，整个数据集总共有 506 组数据。为了方便本章的线性回归案例讲解，只取平均房间数目这一维特征来进行训练并预测房价。

表 2.8 中展示了部分原始数据集。将此数据集划分为训练集与测试集，其中训练集有 455 组数据，测试集有 51 组数据。把测试集数据进行可视化，该可视化结果如图 2.3 所示。从图 2.3 中可以明显地看到，房间数与真实房价之间存在正相关关系。

表2.8　部分波士顿房价数据集

平均房间数目	房价/(千美元/平方米)
3.561	27.5
3.863	23.1
4.368	8.8
4.963	21.9
5.344	20
5.705	16.2
6.153	29.6
6.842	30.1
7.088	32.2
7.686	46.7
8.247	48.3
8.725	50

之后分别利用 BGD、SGD、MBGD 和正则方程 4 种思路构造了 4 个不同的线性回归预测器。同时，对前 3 种梯度下降算法使用相同的迭代次数与学习率，迭代次数为 30000，学习率为 0.001。

经过迭代训练调整模型参数后，前 3 个以梯度下降为基础的线性回归分类器全部收敛。由于正则方程获得最优参数这一思路只有矩阵运算，而没有类似于梯度下降变化过程，所以首先抛开正则方程的方法，对 BGD、SGD 和 MBGD 三种梯度下降算法在迭代过程中的平均训练损失进行比较。

3 种梯度下降算法在迭代过程中的平均训练损失如图 2.4 所示，其中 MBGD 算法的小批量样本规模为 64。同时也对迭代训练过程中的 3 种梯度下降算法的训练均方误差进行了数学统计，统计结果如表 2.9 所示。

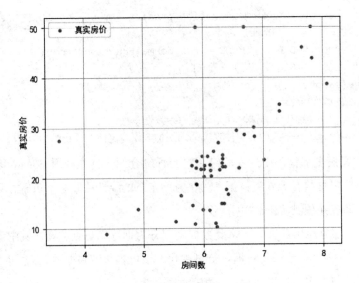

图 2.3　测试集可视化

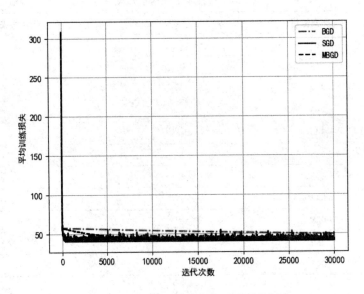

图 2.4　3 种梯度下降算法的平均训练损失

表2.9　训练均方误差的统计信息

性能指标　　　算法	BGD	SGD	MBGD
平均值	52.579	41.149	43.329
标准差	4.547	2.024	4.455
最小值	48.677	40.305	40.363
中位数	52.226	41.361	44.443

显然，从图 2.4 和表 2.9 中可以看出，BGD 算法的收敛速度最慢，且在迭代训练结束后，BGD 算法的训练均方误差最终收敛于 48.677，且整个迭代过程中训练均方误差的中位数为 52.226，标准差为 4.547。

与 BGD 算法相反，SGD 算法的收敛速度最快，在第 2 次迭代训练后训练均方误差就降至 57.103，并在第 62 次训练后训练均方误差就降至 50 以下，但 BGD 算法和 MBGD 算法的训练均方误差都还在 57 以上。

SGD 算法在 3 万次迭代后最终收敛到 40.305 左右，该算法的训练均方误差的中位数为 41.361，标准差为 2.024。SGD 算法的训练均方误差的中位数比 BGD 算法低 10.865。同时，从图 2.4 和表 2.9 中还可以看出，SGD 算法的标准差也在 3 种梯度下降算法中最低，比 BGD 算法低 2.523，比 MBGD 算法低 2.431，这是因为 SGD 算法只用了 1 次迭代就将训练均方误差从 307.873 降至 57.103，而 BGD 算法用了 441 次迭代，MBGD 算法用了 72 次迭代。

这也就解释了 SGD 算法在 3 万次迭代过程中的训练均方误差的各项指标都低于 BGD 算法和 MBGD 算法。但是 SGD 算法每次迭代修正参数不可能都沿着极小值方向，这也就解释了图 2.4 中在迭代后期 SGD 算法为什么始终只是在极小值附近上下波动，这也就导致了 SGD 算法的不稳定。

对于 MBGD 算法来说，从图 2.4 中可以看出，MBGD 算法的收敛速度比 BGD 算法快，但比 SGD 算法的收敛速度慢。在迭代训练前期，BGD 算法将训练均方误差降至 57 以下用了 703 次迭代，而 MBGD 算法却只用了 96 次迭代，但也不及 SGD 算法收敛速度——15 次迭代。

到了迭代后期，MBGD 算法基本收敛于 40.363 附近，而 BGD 算法最终收敛于 48.677 附近，MBGD 算法的标准差也比 BGD 算法低 0.092。即 MBGD 算法比 BGD 算法的性能更好且更稳定。

从图 2.4 和表 2.9 中也可以看出，与 SGD 算法相比，MBGD 算法的收敛速度无法与 SGD 算法相比，但是在 3 万次迭代过程中，MBGD 算法的训练均方误差都是逐渐降低的，没有类似于 SGD 算法过早收敛于极小值附近并上下波动的情况，更何况 MBGD 算法最终收敛于 40.363，这只比 SGD 算法高出 0.058，几乎可以忽略不计。

因此可以得出，BGD 算法最终收敛的平均训练损失最大且收敛速度最慢；SGD 算法收敛速度最快，最终收敛的平均训练损失最小，但过早收敛于极小值附近并上下波动；MBGD 算法则介于 BGD 算法与 SGD 算法之间，既有比 BGD 算法较小的平均训练损失，又有比 SGD 算法较小的波动幅度。这与 2.2 节中论述的 3 种梯度下降算法的性能比较相一致。

在 3 种梯度下降算法调整完模型参数后，利用正则方程的方法获取最佳模型参数，之后利用测试集来预测房价。将 BGD、SGD、MBGD 和正则方程这 4 种方法获得不同最优参数的线性回归模型所拟合曲线进行可视化，4 种方法的拟合直线如图 2.5 所示。

图 2.5 中，圆点代表真实数据，图例从上到下 4 条线型不一样的直线分别代表 BGD、SGD、MBGD 和正则方程这 4 种不同优化参数算法对应的线性回归模型预测的拟合直线。从图 2.5 中可以看出，测试数据集中存在少量离群点。除这些少量离群点外，绝大多数数据都分布在 4 条拟合直线周围。

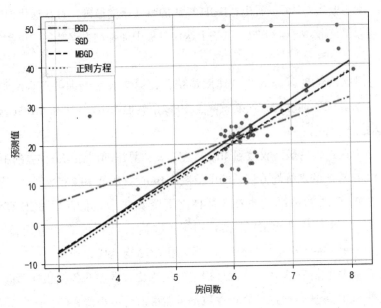

图 2.5　预测结果比较

从图 2.5 中还可以看出，正则方程与 MBGD 算法得到的拟合直线几乎一致。同时，对于由 BGD 算法与 SGD 算法得到的拟合直线与真实房价分布相比相差不是很大，但是与 MBGD 和正则方程这两种算法相比，真实房价未能很好地分布在拟合直线周围。

为了更好地比较 BGD、SGD、MBGD 和正则方程这 4 种算法下的线性回归模型的预测结果，案例中也利用测试集来预测其对应的房价，部分预测结果如表 2.10 所示。从表 2.10 中可以看出，预测结果与真实结果整体相差不大，预测误差也在可接受的范围内。

表2.10　4 种算法的部分预测结果

平均房间数目	真实房价	BGD预测结果	SGD预测结果	MBGD预测结果	正则方程预测结果
4.368	8.8	12.74	5.79	5.36	4.5
4.906	13.8	15.527	10.95	10.2	9.5
5.536	11.3	18.79	17.0	15.87	15.375
5.631	16.5	19.28	17.91	16.73	16.26
6.015	22.5	21.27	21.6	20.18	19.83
6.849	28.2	25.6	29.6	27.7	27.6
7.007	23.6	26.4	31.1	29.1	29.1
7.267	33.2	27.76	33.61	31.45	31.49
7.274	34.6	27.8	33.7	31.5	31.6
8.069	38.7	31.9	41.3	38.7	38.9

为了更好地对比 4 种算法的优缺点，表 2.11 给出了测试集的预测房价与真实房价之间均方误差的统计信息。显然，从表 2.11 中可以看出，SGD 算法对应的线性回归模型在测试集上的测试均方误差的标准差最大，相比于其他 3 种算法带来了较大的波动性，这也使得预测房价与真实房价相差较大。

表2.11　测试预测误差的统计信息

性能指标 ＼ 算法	BGD	SGD	MBGD	正则方程
均值	73.907	73.930	73.582	73.569
标准差	163.302	201.374	197.164	200.235
最大值	869.649	996.306	991.682	990.381
最小值	3.72×10^{-2}	6.5×10^{-3}	1.12×10^{-4}	1.81×10^{-4}
中位数	10.527	15.873	14.094	15.941

注意到 BGD 算法的统计数据相比于其他 3 种算法，均值、标准差和中位数都较低。虽然 BGD 算法在测试集上带来了较好的性能，但是结合图 2.4 和表 2.11 可知，BGD 算法在训练参数的过程中，相比于 SGD 算法和 MBGD 算法收敛速度较慢，且在训练集上的平均训练损失也较高。BGD 算法虽然在理论上可能获得全局最优解，但是由于收敛速度较慢，因此不适合实际问题的运用。

与其他 3 种算法相比，MBGD 算法在测试集上的测试均方误差的中位数和均值都处于第二，且与第一之间的差距非常小。特别是 MBGD 算法在优化线性回归的模型参数后，测试集的训练均方误差与正则方程计算的理想模型参数下的训练均方误差非常接近，且 MBGD 算法的训练预测标准差比 SGD 算法和正则方程小，即 MBGD 算法相对来说比较稳定，性能也属于较好的水平。

同时根据图 2.4 和表 2.11 可知，MBGD 算法在训练集上也有着较好的性能和较小的波动。因此，MBGD 算法是很好的折中方案，虽然牺牲了少量的误差，但加快了收敛速度，同时也保证了线性回归算法的稳定性。该算法在实际问题中有着广泛的运用。

最后来看下正则方程，根据表 2.11 可知，相比于梯度下降算法，正则方程更适合于大数据集。由于本案例中，波士顿房价数据集一共才 506 组数据，因此正则方程组的调参效果和测试集上的预测误差都无法与梯度下降算法相比。由表 2.11 也证实了这一点，正则方程在测试集上的性能比较差。

从上述案例可以看出，在线性回归模型中，BGD、SGD、MBGD 和正则方程这 4 种算法在获取最优模型参数上各有其优缺点，在实际问题中必须根据实际情况灵活选择合适的算法来进行线性回归的参数调优。

2.8 本章小结

在 2.1 节中，对线性回归模型进行了详细的介绍，并给出了严谨的数学推导。

在 2.2 节中，重点介绍了 BGD、SGD、MBGD 这 3 种梯度下降算法的原理及其区别和联系。在 2.3 节中，给出了这 3 种梯度下降算法的参数更新公式。

在 2.4 节中，从矩阵的角度给出了线性回归参数的计算方法——正则方程。在 2.5 节中，从概率论角度，结合极大似然估计思想给出了相关模型假设正确性的证明。

在 2.6 节中，利用 Python 结合面向对象思想实现了线性回归，并对类中的各个函数与函数之间的调用关系进行了详细解释。

在 2.7 节的案例中，讲解了利用线性回归预测波士顿房价。首先利用 Python 实现了 BGD、SGD、MBGD 和正则方程这 4 种算法的线性回归模型；然后以波士顿房价数据集为载体，将数据集分成训练集与测试集，分别在训练集和测试集上讨论了上述 4 种算法的优缺点，并在测试集上预测了房价。

总结一下，线性回归是机器学习预测问题中最简单的模型，其参数通常是用梯度下降算法和正则方程进行求解。BGD 算法能获得全局最优解，但收敛速度较慢，稳定性很好；SGD 算法收敛速度快，但无法获得全局最优解，且稳定性不好；MBGD 算法是 BGD 算法和 SGD 算法的折中，有较快于 BGD 算法的收敛速度，也有较好于 SGD 算法的稳定性。梯度下降算法适合于数据集，时间复杂度较小；正则方程适合于大数据集，但时间复杂度较大。

机器学习的一个重要问题，就是如何寻找最优解决方案。一个问题可以有很多种解决方案，我们要做的就是根据实际问题的需求寻找最合适的解决方案。在现有的解决方案中，每种方案都有其优缺点。

第 3 章将介绍线性回归算法的改进回归算法——局部加权线性回归。

第 3 章

局部加权线性回归

在第 2 章中，介绍了机器学习中最简单的线性回归算法，本章接着回归这个主题继续介绍机器学习中另一种回归算法——局部加权线性回归。相比于较多参数的线性回归算法，局部加权线性回归算法可视为一种无参回归算法，能更加有效地降低预测的均方误差，提高算法性能。

本章主要涉及的内容

◆ 欠拟合与过拟合

◆ 局部加权线性回归模型

◆ 局部加权线性回归的 Python 实现

◆ 案例：再看预测波士顿房价

◆ 案例：利用局部加权线性回归预测鲍鱼年龄

3.1 欠拟合与过拟合

欠拟合与过拟合的问题是机器学习中的经典问题，这不仅仅是线性回归算法才会遇到的问题，每种机器学习算法都会遇到欠拟合与过拟合的问题。为了更好地解释欠拟合与过拟合的概念，首先来看看多项式拟合的例子。在第 2 章中为了方便线性回归的预测，只用了波士顿房价数据集中平均房间数目这一维特征进行预测房价，即把模型抽象为式 (3-1)。

$$y = \theta_0 + \theta_1 x \tag{3-1}$$

式中，x 为输入数据；θ_0, θ_1 为模型参数；y 为预测结果。式 (3-1) 可以看成是 1 次多项式拟合。若推广到 n 次多项式拟合，则其模型可以表示为式 (3-2)。

$$y = \sum_{i=0}^{n} \theta_i x^i \tag{3-2}$$

为了方便表述，在多项式拟合的例子中，使用随机数据进行拟合实验。多项式拟合的结果如图 3.1 所示，其中 (a) (b) (c) 三个分图分别表示 1 次、2 次和 5 次多项式拟合的结果。

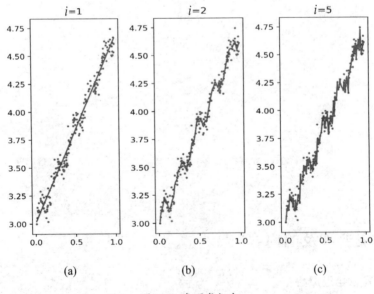

图 3.1   多项式拟合

从图 3.1 中可以看出，1 次多项式拟合虽得到较好的拟合直线，但是相比于 2 次多项式拟合，1 次多项式的误差仍然较大，并且在 2 次多项式拟合下，数据均匀分布在拟合曲线周围，但是数据未能很好地均匀分布在 1 次拟合直线周围。同时，5 次多项式拟合的结果图中，数据虽比较均匀地拟合在曲线周围，但是拟合曲线却表现出了较多的噪声。

那么，称图 3.1(a) 中的情况为欠拟合，图 3.1(b) 中的情况为合适拟合，图 3.1(c) 中的情况为过拟合。具体来说，拟合是统计学中的概念，是指描述函数逼近目标函数的远近程度。由于监督学习算法的目标就是利用数据逼近一个未知的映射函数，将输入数据映射到输出结果，因此拟合这一概念也适用于机器学习。

简单地说，欠拟合就是指模型没有很好地捕捉到数据特征，不能够很好地拟合数据。也就是说，欠拟合指的是模型在训练和预测时表现都不好的情况。显然，在机器学习算法中，欠拟合现象是很容易出现的，解决方法就是让算法继续学习训练数据，并且尝试更换其他有效的机器学习算法。

过拟合其实是在说构建模型在训练样本中表现得过于优越，过度地学习训练数据中的细节和噪声，这就导致在验证数据集及测试数据集中表现不佳。通俗地说，过拟合模型把数据学习得太彻底，导致模型在训练完成后，在数据测试阶段不能很好地识别测试数据，即不能正确地分类，最终导致模型泛化能力太差。

接下来会介绍另一种回归算法——局部加权线性回归模型，该算法能很好地解决线性回归的欠拟合问题。对于过拟合的问题将会在第 5 章中进行详细介绍。

局部加权线性回归模型

在第 2 章中介绍的线性回归模型虽然能够在一定程度上很好地拟合数据，给出较好的拟合直线。为了更好地说明局部加权线性回归算法，首先回顾一下第 2 章的预测波士顿房价的例子。再一次给出第 2 章线性回归的预测结果与预测结果的均方误差的部分统计信息，其结果如图 3.2 所示，预测结果的均方误差的部分统计信息如表 3.1 所示。

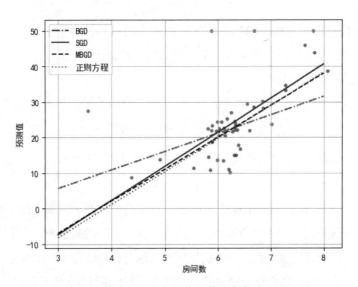

图 3.2　线性回归在波士顿房价数据集上的预测结果

表3.1　测试均方误差的部分统计信息

性能指标＼算法	BGD	SGD	MBGD	正则方程
均值	1.453	1.476	1.446	1.443
标准差	3.199	4.021	3.873	3.926

从表 3.1 中可以看出，无论是 3 种梯度下降算法还是正则方程，在线性回归拟合下，仍有部分测试数据离拟合直线距离较远，即部分预测结果与真实结果之间存在较大的误差。从表 3.1 中还可以看出，4 种优化算法下的线性回归模型测试数据集的预测均方误差的标准差大部分都在 3.8 以上，SGD 算法的预测均方误差的标准差高达 4.021。BGD 算法虽相比其他 3 种算法而言性能较好，预测均方误差的标准差为 3.199，最高比 SGD 算法低 0.822，最低也比 MBGD 算法低 0.674。

相比其他 3 种优化算法，BGD 算法虽然带来了较好的模型稳定性，提高了模型的泛化能力，但是 BGD 算法给线性回归还是带来较高不稳定的预测均方误差。纵然波士顿房价数据集的规模较小，未能将线性回归的模型参数优化到最优，但是总体来看，不能否认线性回归不能很好地拟合数据，即线性回归存在欠拟合现象。

那么，为了解决线性回归的欠拟合问题，不能只靠继续学习的手段。毕竟在大数据集上，线性回归不能利用收敛速度最慢的 BGD 算法来优化参数，来换取相比于 SGD、MBGD 和正则方程这 3 种算法较小的模型稳定性，同时还带来内存溢出的风险。因此，解决线性回归的欠拟合问题必须使用更高效的机器学习算法，局部加权线性回归算法是一个很好的选择。接下来将详细介绍局部加权线性回归 (Local Weighted Linear Regression，LWLR) 算法的原理。

3.2.1　模型详述

虽然局部加权线性回归与线性回归在数学表达式上极其相似，甚至有些数学公式完全一样，但是为了给机器学习初学者降低学习难度，笔者仍对局部加权线性回归的数学推导进行详细说明，若对部分读者造成了不便实属抱歉。

与线性回归类似，首先定义一些数学符号。给定输入数据集 $\mathcal{D}$，其表示如式 (3-3) 所示。

$$\mathcal{D} = \left\{ (\boldsymbol{x}^{(1)}, y^{(1)}), (\boldsymbol{x}^{(2)}, y^{(2)}), \cdots, (\boldsymbol{x}^{(m)}, y^{(m)}) \right\} \tag{3-3}$$

式中，m 表示输入数据集大小；$\boldsymbol{x}^{(i)}$ 表示一组输入数据，如式 (3-4) 所示。

$$\boldsymbol{x}^{(i)} = (x_1^{(i)}, x_2^{(i)}, \cdots, x_n^{(i)}) \tag{3-4}$$

也就是说，$\boldsymbol{x}^{(i)} \in \mathbb{R}^n$，即 $\boldsymbol{x}^{(i)}$ 有 n 个属性，$y^{(i)}$ 表示真实结果，即 $y^{(i)} \in \mathbb{R}$。接下来开始构建局部加权线性回归模型。局部加权线性回归的思想就是给进行线性回归的每组数据一个适当权重，每组数据按照不同权重来计算局部模型参数。局部加权线性回归与普通线性回归的目标一样，找到一个相关属性的线性组合，使得输入数据能够映射到真实结果，将上述过程公式化，如式 (3-5) 所示。

$$h_{\boldsymbol{\theta}}(\boldsymbol{x}) = \theta_0 + \theta_1 x_1 + \theta_2 x_2 + \cdots + \theta_n x_n \tag{3-5}$$

式中，θ_i 表示线性回归参数；x_i 表示输入数据特征。为了表述方便，引入 $x_0 = 1$。那么式 (3-5) 可以表示为式 (3-6)。

$$h_{\boldsymbol{\theta}}(\boldsymbol{x}) = \sum_{i=0}^{n} \theta_i x_i = \boldsymbol{\theta}^{\mathrm{T}} \boldsymbol{x} \tag{3-6}$$

式中，$\boldsymbol{\theta}$ 与 $\boldsymbol{x}$ 表示如式 (3-7) 所示。

$$\begin{aligned} \boldsymbol{\theta} &= (\theta_0, \theta_1, \cdots, \theta_n)^{\mathrm{T}} \\ \boldsymbol{x} &= (x_0, x_1, \cdots, x_n)^{\mathrm{T}} \end{aligned} \tag{3-7}$$

与普通线性回归类似，局部加权线性回归也定义了均方误差损失函数。但是与普通线性回归不同的是，局部加权线性回归对普通线性回归的均方误差损失函数进行了修正，将第 2 章的式 (2-6) 表示的损失函数修改成式 (3-8)。

$$J(\boldsymbol{\theta}) = \frac{1}{2m} \sum_{i=1}^{m} w^{(i)} \left[h_{\boldsymbol{\theta}}(\boldsymbol{x}^{(i)}) - y^{(i)} \right]^2 \tag{3-8}$$

式中，$w^{(i)}$ 表示测试数据 $\boldsymbol{x}^{(i)}$ 的权重，$w^{(i)}$ 一般为非负的权值。对于每个 $\boldsymbol{x}^{(i)}$，如果 $w^{(i)}$ 是一个很大的数，那么就很难把 $\left(y^{(i)} - \boldsymbol{\theta}^{\mathrm{T}} \boldsymbol{x}^{(i)} \right)^2$ 变小；如果 $w^{(i)}$ 是一个很小的数，那么在拟合过程中 $\left(y^{(i)} - \boldsymbol{\theta}^{\mathrm{T}} \boldsymbol{x}^{(i)} \right)^2$ 的误差可以忽略不计。$w^{(i)}$ 最好的选择就是利用高斯核来计算，如式 (3-9) 所示。

$$w^{(i)} = \exp\left(-\frac{\left| \boldsymbol{x}^{(i)} - \boldsymbol{x} \right|^2}{2\tau^2} \right) \tag{3-9}$$

式中，$\boldsymbol{x}$ 为预测数据；$\boldsymbol{x}^{(i)}$ 为第 i 组训练数据；$\left| \boldsymbol{x}^{(i)} - \boldsymbol{x} \right|^2$ 为第 i 组训练数据和预测数据之差的平方和。权值 $w^{(i)}$ 是依赖于 $\boldsymbol{x}$ 的。当 $\left| \boldsymbol{x}^{(i)} - \boldsymbol{x} \right|^2$ 减小时，$w^{(i)}$ 趋向于 1；当 $\left| \boldsymbol{x}^{(i)} - \boldsymbol{x} \right|^2$ 增大时，$w^{(i)}$ 趋向于 0。参数 τ 被称为带宽参数，控制训练样本 $\boldsymbol{x}^{(i)}$ 到预测样本 $\boldsymbol{x}$ 的衰减速率。参数 τ 越小，衰减速率就越快。

3.2.2 正则方程

局部加权线性回归算法是基于非参数学习的机器学习算法。从式 (3-8) 中可以看出，其算法思想如下：赋予预测点附近每一个查询点以一定的权值，在式 (3-8) 表示的损失函数和式 (3-9) 表示的权重函数的基础上进行普通线性回归预测。从式 (3-9) 中可以看出，局部加权线性回归实现了对临近点的精确拟合，同时忽略了那些距离较远的点的贡献。换句话说，对于每组预测数据，局部加权线性回归使得离预测数据近的查询数据的权值大，离预测数据远的查询数据的权值小。

从上述局部加权线性回归的主要思想也可以看出，梯度下降算法不适合局部加权线性回归参数调优。因此局部加权线性回归的模型参数通过正则方程进行求解。

那么与线性回归的正则方程求解过程类似，首先对数据集及相关参数的利用矩阵进行重述。

对于给定的数据集 $\mathcal{D}$，结合式 (3-3)、式 (3-4) 和式 (3-7)，将输入数据集定义为式 (3-10)。

$$
\begin{aligned}
\boldsymbol{X} &= (\boldsymbol{x}^{(1)}, \boldsymbol{x}^{(2)}, \cdots, \boldsymbol{x}^{(m)})^{\mathrm{T}} \\
\boldsymbol{Y} &= (y^{(1)}, y^{(2)}, \cdots, y^{(m)})^{\mathrm{T}} \\
\boldsymbol{\theta} &= (\theta_0, \theta_1, \cdots, \theta_n)^{\mathrm{T}}
\end{aligned}
\tag{3-10}
$$

显然，数据集 $\boldsymbol{X} \in \mathbb{R}^{m \times (n+1)}$，参数 $\boldsymbol{\theta} \in \mathbb{R}^{(1+n) \times 1}$，输出数据集 $\boldsymbol{Y} \in \mathbb{R}^{m \times 1}$。如果结合式 (3-5)、式 (3-6) 和式 (3-10)，可以得出输入数据集的预测值为式 (3-11)。

$$
h_{\boldsymbol{\theta}}(\boldsymbol{X}) = \boldsymbol{X}\boldsymbol{\theta}
\tag{3-11}
$$

结合式 (3-10)，式 (3-8) 可以改写成式 (3-12)。

$$
\begin{aligned}
J(\boldsymbol{\theta}) &= \frac{1}{2m} \sum_{i=1}^{m} w^{(i)} \left[h_{\boldsymbol{\theta}}(\boldsymbol{x}^{(i)}) - y^{(i)} \right]^2 \\
&= \frac{1}{2m} (\boldsymbol{X}\boldsymbol{\theta} - \boldsymbol{Y})^{\mathrm{T}} \boldsymbol{W} (\boldsymbol{X}\boldsymbol{\theta} - \boldsymbol{Y})
\end{aligned}
\tag{3-12}
$$

式中，$\boldsymbol{W} \in \mathbb{R}^{m \times m}$，$\boldsymbol{W}$ 表示为式 (3-13)。

$$
\boldsymbol{W} = \begin{pmatrix}
w^{(1)} & & & \\
& w^{(2)} & & \\
& & \ddots & \\
& & & w^{(m)}
\end{pmatrix}_{m \times m}
\tag{3-13}
$$

即 $\boldsymbol{W}$ 是权重方阵，其中只有主对角线元素为非零元素，其他元素全为 0，也就是说，$\boldsymbol{W}$ 为对称矩阵，即 $\boldsymbol{W} = \boldsymbol{W}^{\mathrm{T}}$。结合第 1 章的矩阵求导公式式 (1-19)，对式 (3-12) 的求导过程如式 (3-14) 所示。

$$
\begin{aligned}
\nabla_{\boldsymbol{\theta}} J(\boldsymbol{\theta}) &= \nabla_{\boldsymbol{\theta}} \frac{1}{2m} (\boldsymbol{X}\boldsymbol{\theta} - \boldsymbol{Y})^{\mathrm{T}} \boldsymbol{W} (\boldsymbol{X}\boldsymbol{\theta} - \boldsymbol{Y}) \\
&= \frac{1}{2m} \nabla_{\boldsymbol{\theta}} (\boldsymbol{\theta}^{\mathrm{T}} \boldsymbol{X}^{\mathrm{T}} \boldsymbol{X}\boldsymbol{\theta} - \boldsymbol{\theta}^{\mathrm{T}} \boldsymbol{X}^{\mathrm{T}} \boldsymbol{W}\boldsymbol{Y} - \boldsymbol{Y}^{\mathrm{T}} \boldsymbol{W}\boldsymbol{X}\boldsymbol{\theta} + \boldsymbol{Y}^{\mathrm{T}} \boldsymbol{W}\boldsymbol{Y}) \\
&= \frac{1}{2m} \nabla_{\boldsymbol{\theta}} \mathrm{tr}(\boldsymbol{\theta} \boldsymbol{E} \boldsymbol{\theta}^{\mathrm{T}} \boldsymbol{X}^{\mathrm{T}} \boldsymbol{W}\boldsymbol{X} - \boldsymbol{\theta}^{\mathrm{T}} \boldsymbol{X}^{\mathrm{T}} \boldsymbol{W}\boldsymbol{Y} - \boldsymbol{\theta} \boldsymbol{Y}^{\mathrm{T}} \boldsymbol{W}\boldsymbol{X}) \\
&= \frac{1}{2m} \left[(\boldsymbol{X}^{\mathrm{T}} \boldsymbol{W}\boldsymbol{X})^{\mathrm{T}} \boldsymbol{\theta} \boldsymbol{E}^{\mathrm{T}} + \boldsymbol{X}^{\mathrm{T}} \boldsymbol{W}\boldsymbol{X}\boldsymbol{\theta}\boldsymbol{E} - (\boldsymbol{Y}^{\mathrm{T}} \boldsymbol{W}\boldsymbol{X})^{\mathrm{T}} - (\nabla_{\boldsymbol{\theta}} \mathrm{tr} \, \boldsymbol{\theta}^{\mathrm{T}} \boldsymbol{X}^{\mathrm{T}} \boldsymbol{W}\boldsymbol{Y})^{\mathrm{T}} \right] \\
&= \frac{1}{2m} \left[\boldsymbol{X}^{\mathrm{T}} \boldsymbol{W}^{\mathrm{T}} \boldsymbol{X}\boldsymbol{\theta} + \boldsymbol{X}^{\mathrm{T}} \boldsymbol{W}\boldsymbol{X}\boldsymbol{\theta} - \boldsymbol{X}^{\mathrm{T}} \boldsymbol{W}^{\mathrm{T}} \boldsymbol{Y} - ((\boldsymbol{X}^{\mathrm{T}} \boldsymbol{W}\boldsymbol{Y})^{\mathrm{T}})^{\mathrm{T}} \right] \\
&= \frac{1}{2m} (2\boldsymbol{X}^{\mathrm{T}} \boldsymbol{W}\boldsymbol{X}\boldsymbol{\theta} - 2\boldsymbol{X}^{\mathrm{T}} \boldsymbol{W}\boldsymbol{Y}) \\
&= \frac{1}{m} (\boldsymbol{X}^{\mathrm{T}} \boldsymbol{W}\boldsymbol{X}\boldsymbol{\theta} - \boldsymbol{X}^{\mathrm{T}} \boldsymbol{W}\boldsymbol{Y})
\end{aligned}
\tag{3-14}
$$

式中，$\boldsymbol{E}$ 为单位矩阵。那么，令式 (3-14) 等于 0，可以得到式 (3-15)。

$$
\boldsymbol{X}^{\mathrm{T}} \boldsymbol{W}\boldsymbol{X}\boldsymbol{\theta} = \boldsymbol{X}^{\mathrm{T}} \boldsymbol{W}\boldsymbol{Y}
\tag{3-15}
$$

式 (3-15) 就被称为局部加权线性回归的正则方程，将其化简可得式 (3-16)。

$$
\boldsymbol{\theta} = (\boldsymbol{X}^{\mathrm{T}} \boldsymbol{W}\boldsymbol{X})^{-1} \boldsymbol{X}^{\mathrm{T}} \boldsymbol{W}\boldsymbol{Y}
\tag{3-16}
$$

　　然而与线性回归相比，在局部加权线性回归的正则方程中，权重矩阵 W 属于稀疏矩阵。因此，在大规模数据集下，权重矩阵 W 的存储将会造成极大的空间浪费，甚至导致内存溢出。同时权重矩阵 W 是方阵，其阶数为数据集规模，那么在大规模数据集的情况下，权重矩阵 W 也会给局部加权线性回归带来远高于线性回归的正则方程的时间复杂度。

　　因此在大规模数据集下，局部加权线性回归的正则方程可能不是效率最好、获取最佳模型参数的方法，甚至不如梯度下降算法。但是相比于线性回归需要优化较多参数，局部加权线性回归没有任何参数，即局部加权线性回归是一种无参回归算法，这给局部加权线性回归带来了较多便利。虽然这些权重因测试数据而异，但是给局部加权线性回归带来了较大时间与空间上的开销。

　　与线性回归一样，正则方程的使用必须满足 $X^{\mathrm{T}}WX$ 可逆，即 $X^{\mathrm{T}}WX$ 是满秩矩阵。但是在实际问题中，数据集的特征数 n 可能大于数据集规模 m，这也就导致 $X^{\mathrm{T}}WX$ 不可逆。因此，在实际编程过程中，通常在计算 $(X^{\mathrm{T}}WX)^{-1}$ 之前先将 $X^{\mathrm{T}}WX$ 加上一个较小的可逆矩阵，如 $0.001E$，与前文表述一样，E 也为单位矩阵。

3.3　局部加权线性回归的 Python 实现

　　在之后的两节，将主要介绍两个案例。第一个案例是利用局部加权线性回归预测波士顿房价，并将预测结果与线性回归进行比较。第二个案例是利用局部加权线性回归预测鲍鱼年龄。两个案例都必须使用局部加权线性回归。因此在本节中，首先利用 Python 结合面向对象思想来实现局部加权线性回归。

　　不同于线性回归，局部加权线性回归的实现主要是利用正则方程。因此相比于第 2 章的线性回归代码，局部加权线性回归的 Python 代码长度将会非常简短。下面首先给出局部加权线性回归的类定义，然后再对每个函数进行逐一介绍。

```
import numpy as np
class LocalWeightedLinearRegression(object):
    def __init__(self,train_data,train_result):
    def Gaussian_Weight(self,data,k):
    def predict_NormalEquation(self,test_data,k):
```

3.3.1　局部加权线性回归的构造函数

　　局部加权线性回归的构造函数 __init__ 的参数为训练数据集和训练结果集。在构造函数内主要完成训练数据集、训练结果集、训练数据对应的权重集和局部加权线性回归的模型参数初始化。同时还得遍历每组数据，并对其进行数据扩展，即增加一维常数属性 1。__init__ 函数的定义如下所示。

```python
import numpy as np

def __init__(self,train_data,train_result):
    """
    :param train_data: 输入训练数据
    :param train_result: 训练数据真实结果
    """
    # 获得输入数据集的形状
    row,col = np.shape(train_data)
    # 构造输入数据数组
    self.Train_Data = [0] * row
    # 给每组输入数据增添常数项 1
    for (index,data) in enumerate(train_data):
        Data = [1.0]
        # 把每组 data 拓展到 Data 内，即把每组 data 的每一维数据依次添加到 Data
        Data.extend(list(data))
        self.Train_Data[index] = Data
    self.Train_Data = np.array(self.Train_Data)
    # 构造输入数据对应的结果
    self.Train_Result = train_result
    # 定义数据权重
    self.weight = np.zeros((row,row))
    # 定义局部加权线性回归的模型参数
    self.Theta = []
```

3.3.2　高斯权重生成函数

局部加权线性回归中的权重计算函数 Gaussian_Weight，在这里选用了高斯核作为权重生成函数。Gaussian_Weight 函数的输入参数为输入数据和高斯核的带宽系数。Gaussian_Weight 函数的主要作用就是利用输入数据的平方和与带宽系数，结合指数函数生成高斯权重，输入数据通常是测试数据与训练数据之差。Gaussian_Weight 函数的定义如下所示。

```python
def Gaussian_Weight(self,data,k):
    """
    这是计算测试权重的函数
    :param data: 输入数据
    :param k: 带宽系数
    """
    # data 的数据类型是 np.array，那么利用 dot 方法
    # 进行矩阵运算的结果是矩阵，哪怕只有一个元素
    sum = np.sum(data * data)
    return np.exp(sum/(-2.0 * k ** 2))
```

3.3.3　正则方程函数

正则方程函数 predict_NormalEquation 是局部加权线性回归模型中最重要的一个函数。predict_NormalEquation 函数的输入参数为测试数据集和带宽系数。与构造函数中的训练数据一样，首先每组测试数据都必须扩展一维常数属性 1；然后为便利每组测试数据，利用 Gaussian_Weight 函数计算每组数据集的高斯权重；最后根据前文介绍的正则方程计算局部加权线性回归的模型参数，对测试数据集进行预测。predict_NormalEquation 函数的定义如下所示。

```python
def predict_NormalEquation(self,test_data,k):
    """
    这是利用正则方程对测试数据集的局部加权线性回归预测函数
    :param test_data: 测试数据集
    :param k: 带宽系数
    """
    # 对测试数据集全加入一维 1，以适应矩阵乘法
    data = []
    for test in test_data:
        # 对测试数据加入一维特征，以适应矩阵乘法
        tmp = [1.0]
        tmp.extend(test)
        data.append(tmp)
    test_data = np.array(data)
    # 计算 test_data 与训练数据集之间的权重矩阵
    for (index,train_data) in enumerate(self.Train_Data):
        diff = test_data – self.Train_Data[index]
        self.weight[index,index] = self.Gaussian_Weight(diff,k)
    # 计算 XTWX
    XTWX = self.Train_Data.T.dot(self.weight).dot(self.Train_Data)
    """
        0.001 * np.eye(np.shape(self.Train_Data.T)) 是
        防止出现原始 XT 的行列式为 0，即防止原始 XT 不可逆
    """
    # 获得输入数据数组形状
    row,col = np.shape(self.Train_Data)
    # 若 XTWX 的行列式为 0，即 XTWX 不可逆，对 XTWX 进行数学处理
    if np.linalg.det(XTWX) == 0.0:
        XTWX = XTWX + 0.001 * np.eye(col,col)
    # 计算矩阵的逆
    inv = np.linalg.inv(XTWX)
    # 计算模型参数 self.Theta
    XTWY = self.Train_Data.T.dot(self.weight).dot
                        (np.reshape(self.Train_Result,(len(self.Train_Result),1)))
    self.Theta = inv.dot(XTWY)
    # 对测试数据 test_data 进行预测
```

```
predict_result = test_data.dot(self.Theta).T[0]
return predict_result
```

 ## 3.4 案例：再看预测波士顿房价

为了更好地理解局部加权线性回归，本节将重新回到预测波士顿房价的例子——将重新利用波士顿房价数据集，来对线性回归与局部加权线性回归算法进行对比。

在本节中，首先将用 Python 来实现局部加权线性回归，然后再用局部加权线性回归来预测波士顿郊区房价。与第 2 章的案例一样，在本次案例中也只用平均房间数目这一维特征来预测波士顿郊区房价，对于其他 12 维特征不做考虑。与线性回归类似，局部加权线性回归算法也是结合面向对象思想来实现的。其中包含了 BGD、SGD、MBGD 和正则方程 4 种调整模型的调优算法。本章案例的主要流程如图 3.3 所示。

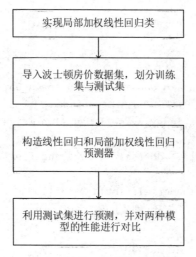

图 3.3　波士顿房价案例流程

在 3.3.1 小节中，利用 Python 实现了局部加权线性回归算法。接下来重新导入波士顿房价数据集，来对比线性回归与局部加权线性回归两种模型的性能。为了方便模型对比，在本节的预测波士顿房价案例中，只采用正则方程来求解两种模型的模型参数。

在这个案例中，导入波士顿房价数据后，将该数据集分成训练集与测试集，其中测试集只占总数据集的 10%。由于该案例没有利用梯度下降算法求解模型参数，因此在案例中只定义了一组局部加权线性回归的带宽系数；然后生成了线性回归与局部加权线性回归的实例；最后将整个数据集划分为训练集和测试集，并对测试集进行了数据可视化。这部分初始化代码如下所示。

```
# 导入数据及划分训练数据与测试数据
InputData,Result = load_boston(return_X_y=True)
# 为了方便实验，只取第 6 维特征。第 6 列为平均房间数目
InputData = np.array(InputData)[:,5]
# 保存原始数据集
Data = Merge([InputData,Result],[' 平均房间数目 ',' 房价 '])
Data.to_excel('./ 原始数据 .xlsx')
# 改变数据集与真实房价数组的形状
InputData = InputData.reshape((len(InputData),1))
Result = np.array(Result).reshape((len(Result),1))

# 定义正则方程优化的线性回归模型
linearregression = LinearRegression(train_data,train_result)
# 定义局部加权线性回归模型
lwlr = LocalWeightedLinearRegression(train_data,train_result)

# 解决 matplotlib 中的中文乱码问题，以便于后面实验结果可视化
mpl.rcParams['font.sans-serif'] = [u'simHei']
mpl.rcParams['axes.unicode_minus'] = False

# 将数据集分成训练数据集和测试数据集，测试集只占总数据集的 10%
train_data,test_data,train_result,test_result = \
        train_test_split(InputData,Result,test_size=0.1,random_state=10)

# 利用散点图可视化测试数据集，并保存可视化结果
col = [' 真实房价 ']
plt.scatter(test_data,test_result,alpha=0.5,c='b',s=10)
plt.grid(True)
plt.legend(labels=col,loc='best')
plt.xlabel(" 房间数 ")
plt.ylabel(" 真实房价 ")
plt.savefig("./ 测试集可视化 .jpg",bbox_inches='tight')
#plt.show()
plt.close()
```

　　在上述代码中，出现了一个名为 Merge 的函数。该函数的输入参数为输入数据和行列名称，其主要作用是生成输入数据 DataFrame 的结构化数据。Merge 函数的定义如下所示。

```
import pandas as pd

def Merge(data,col):
    """
    这是生成 DataFrame 数据的函数
    :param data: 输入数据
    :param col: 列名称数组
    """
```

```
    Data = np.array(data).T
    return pd.DataFrame(Data,columns=col)
```

测试数据集可视化结果如图 3.4 所示。

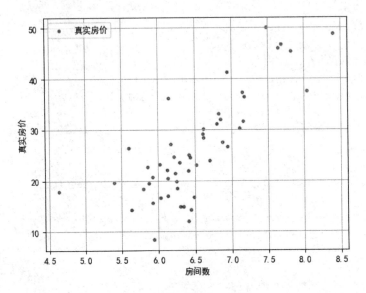

图 3.4　测试数据集可视化

首先将测试集按照真实房价进行从小到大的排序；然后分别利用线性回归和不同带宽系数的局部加权线性回归来预测房价，并计算了不同模型的测试误差，其中线性回归和局部加权线性回归都是利用正则方程来求解模型参数的；最后将预测结果及其统计信息进行可视化并保存为 Excel 文档。这个过程的代码如下所示。

```
# 对测试数据集及其真实房价输出进行排序
index = np.argsort(test_data.T[0])
test_data_ = test_data[index]
test_result_ = test_result[index]

# 构建线性回归模型与局部加权线性回归模型
# 定义带宽系数
K = [0.001,0.01,0.1,0.5]
K.extend(list(np.arange(1,201)))
K = np.array(K)
# 定义正则方程优化的线性回归模型
linearregression = LinearRegression(train_data,train_result)
# 定义局部加权线性回归模型
lwlr = LocalWeightedLinearRegression(train_data,train_result)

# 利用测试数据集进行预测
# 线性回归利用正则方程求解模型参数
linearregression.getNormalEquation()
```

```
# 得到线性回归模型最佳参数后，利用测试数据集进行预测，
# 预测结果保存在 predict_linearregression 中，并计算线性回归的预测误差 loss_LR
predict_LR = linearregression.predict(test_data_)
loss_LR = ((predict_LR - test_result_) ** 2).T[0]
# 由于局部加权线性回归算法对于每一组测试数据集，其权重都不一样，因此
# 局部加权线性回归的最佳模型参数与测试数据相关，在遍历测试数据集的同时
# 求解最佳参数并与预测同时进行。利用测试数据集，进行局部加权线性回归预测，
# 回归预测结果保存在 predict_LWLR 中，预测误差为 loss_LWLR
predict_LWLR = []
loss_LWLR = []
for k in K:
    predict = lwlr.predict_NormalEquation(test_data_,k)
    predict_LWLR.append(predict)
    loss_LWLR.append(((predict - test_result_.T[0]) ** 2))


# 不同带宽系数的局部加权线性回归和线性回归模型预测结果的可视化
plt.scatter(test_data,test_result,alpha=0.5,c='b',s=10)
plt.grid(True)
plt.plot(test_data_.T[0],predict_LR,'r')
plt.legend(labels=[' 线性回归 '],loc='best')
plt.xlabel(" 房间数 ")
plt.ylabel(" 房价 ")
plt.savefig("./ 测试集可视化 " + " 线性回归 .jpg",bbox_inches='tight')
plt.show()
plt.close()
# 遍历每组不同局部加权线性回归算法的预测误差
for (predict_lwlr,k) in zip(predict_LWLR,K):
    plt.scatter(test_data,test_result,alpha=0.5,c='b',s=10)
    plt.plot(test_data_.T[0],predict_lwlr,'r')
    plt.grid(True)
    plt.legend(labels=["k=" + str(k)],loc='best')
    plt.xlabel(" 房间数 ")
    plt.ylabel(" 房价 ")
    plt.savefig("./ 测试集可视化局部加权线性回归 " + str(k) + ".jpg",bbox_inches='tight')
    plt.close()
```

上述过程中，得到了线性回归和不同带宽系数的局部加权线性回归的预测结果及其预测均方误差和标准差的数据。由于上述代码生成的结果过多，不方便表述，因此为了更好地分析结果，也对线性回归和不同带宽系数的局部加权线性回归的预测房价的部分结果进行了数据可视化与数据分析。这个过程的代码如下所示。

```
# 可视化预测部分结果
# 定义需要可视化的不同带宽系数的局部加权线性回归模型
K_ = np.array([0.1,0.5,2,5,12,25,50,200])
predict_LWLR_tmp = [predict_LWLR[3],predict_LWLR[4],predict_LWLR[6],predict_LWLR[9],
```

```
                    predict_LWLR[16],predict_LWLR[29],predict_LWLR[54],predict_LWLR[203]]
# 在第一个子图可视化线性回归预测结果
fig = plt.figure()
ax = fig.add_subplot(331)
ax.scatter(test_data,test_result,alpha=0.5,c='b',s=10)
ax.grid(True)
ax.plot(test_data_,predict_LR,'r')
ax.legend(labels = [' 线性回归 '],loc='best')
plt.xlabel(" 房间数 ")
plt.ylabel(" 房价 ")
# 遍历局部加权线性回归算法的预测结果
for (index,(predict_lwlr,k)) in enumerate(zip(predict_LWLR_tmp,K_)):
    # 在第 index + 1 个子图可视化预测结果
    ax = fig.add_subplot(331 + index + 1)
    ax.scatter(test_data,test_result,alpha=0.5,c='b',s=10)
    ax.grid(True)
    ax.plot(test_data_.T[0],predict_lwlr,'r')
    ax.legend(labels=['k=' + str(k)],loc='best')
    plt.xlabel(" 房间数 ")
    plt.ylabel(" 房价 ")
    # 子图之间使用紧致布局
    plt.tight_layout()
plt.savefig("./ 部分预测结果 .jpg",bbox_inches='tight')
plt.close()


# 保存不同带宽系数的局部加权线性回归和线性回归模型的预测结果
# 定义列名称数组
col = [' 真实房价 ','LinearRegression']
# 遍历带宽系数数组, 补全列名称数组
for k in K:
    col.append('K=' + str(k))
data = [test_result_.T[0],predict_LR]
# 遍历每种不同带宽系数的局部加权线性回归模型的预测结果
for predict_lwlr in predict_LWLR:
    data.append(predict_lwlr)
result = Merge(data,col)
# 保存线性回归与局部加权线性回归的预测结果为 Excel 文档
result.to_excel("./ 线性回归与局部加权线性回归预测对比 .xlsx")
# 保存线性回归与局部加权线性回归的预测结果统计信息为 Excel 文档
result.describe().to_excel("./ 线性回归与局部加权线性回归预测对比统计信息 .xlsx")


# 计算两种模型的均方误差
# 定义列名称数组
col = ['LinearRegression']
# 遍历带宽系数数组, 补全列名称数组
for k in K:
```

```
        col.append('K=' + str(k))
# 定义线性回归与不用带宽系数的局部加权模型误差数组
MSE = [loss_LR]
# 遍历每种不同带宽系数的局部加权线性回归模型的预测结果
for loss in loss_LWLR:
    MSE.append(loss)
# 构造 DataFrame 数据
result = Merge(MSE,col)
# 保存线性回归与局部加权线性回归预测的均方误差为 Excel 文档
result.to_excel("./ 线性回归与局部加权线性回归预测的均方误差 .xlsx")
# 保存线性回归与局部加权线性回归预测的均方误差的统计信息为 Excel 文档
information = result.describe()
information.to_excel("./ 线性回归与局部加权线性回归预测的均方误差对比统计信息 .xlsx")

# 可视化不同带宽系数的局部加权线性回归模型在测试集上的均方误差和预测标准差
K = list(np.arange(1,201))
col = ["LWLR-MSE","LWLR-std"]
LWLR_MSE = list(information.loc['mean'])[5:]
LWLR_std = list(information.loc['std'])[5:]
plt.plot(K,LWLR_MSE,'b')
plt.plot(K,LWLR_std,'c-.')
plt.grid(True)
plt.legend(labels=col,loc='best')
plt.xlabel(" 带宽系数 ")
plt.savefig("./ 局部加权线性回归的预测均方误差和标准差 .jpg",bbox_inches='tight')
#plt.show()
plt.close()
```

只选取部分结果的数据可视化结果如图 3.5 所示。部分线性回归和局部加权线性回归在测试集上的预测结果误差的统计信息如表 3.2 所示。

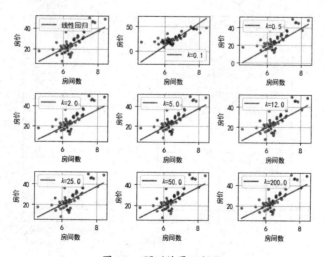

图 3.5　预测结果可视化

表3.2　线性回归和局部加权线性回归的预测结果误差的统计信息

性能指标 算法	预测均方误差	预测标准差
线性回归	435.2	456.4
$\tau = 0.1$	784.0	610.1
$\tau = 0.5$	128.7	269.7
$\tau = 2$	54.1	77.3
$\tau = 5$	46.2	65.2
$\tau = 10$	43.6	62.8
$\tau = 12$	43.5	62.7
$\tau = 25$	43.8	63.0
$\tau = 50$	44.0	63.3
$\tau = 100$	44.0	63.4
$\tau = 150$	44.0	63.4
$\tau = 200$	44.0	64.3

在图 3.5 中，第一行的第一个图代表线性回归算法的预测结果，其余 8 张图分别代表带宽系数 $\tau = 0.1, 0.5, 2, 5, 12, 25, 50, 200$ 时局部加权线性回归算法的预测结果。显然，结合图 3.5 和表 3.2 可以看出，当带宽系数 $\tau \leqslant 0.1$ 时，局部加权线性回归的预测均方误差和预测标准差与线性回归的相比相差很大，明显是欠拟合的。

同时，从表 3.2 中可以看出，当 $\tau \geqslant 0.5$ 时，局部加权线性回归模型的预测均方误差和预测标准差远小于线性回归，并且在 $\tau = 12$ 时，局部加权线性回归算法的均方误差达到最小，可以肯定的是，$\tau = 12$ 为局部加权线性回归模型在波士顿房价数据集上的最佳带宽系数，即合适拟合。

为了说明局部加权线性回归当带宽系数 $\tau \geqslant 12$ 时预测曲线相差无几的原因，可视化了局部加权线性回归在带宽系数下的预测均方误差和预测标准差，其结果如图 3.6 所示。

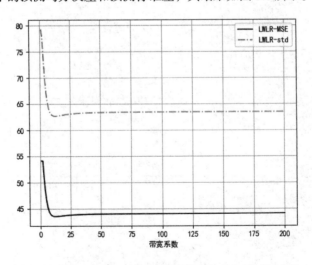

图 3.6　局部加权线性回归的预测均方误差和预测标准差

在图 3.6 中，点画线代表局部加权线性回归算法的预测标准差，实线代表预测均方误差。从图 3.6 中可以看出，局部加权线性回归算法在 $\tau \geqslant 12$ 时，局部加权线性回归算法的预测均方误差开始慢慢增大，出现了一点过拟合现象。虽然 $\tau \geqslant 12$ 时的预测均方误差和预测标准差相比于 $\tau = 12$ 时较大，但是也远小于线性回归的预测均方误差和预测标准差。可以肯定的是，局部加权线性回归算法的性能远好于线性回归，同时，从图 3.6 中也可以看出，合适的带宽系数能够带来优于线性回归算法且稳定的性能，因此局部加权线性回归算法相比于线性回归有着较好的泛化能力。

从 3.2 节的理论叙述可以看出，局部加权线性回归其实是一个无参回归算法。局部加权线性回归算法赋予预测数据一组权重，通过这组权重来衡量其与其他训练数据的远近关系，即重要程度。在这组权重下进行普通线性回归预测，求解最佳模型参数。即模型参数与具体的预测数据有关。但是线性回归模型参数大多数时候需要通过梯度下降算法进行调优，参数初始化的好坏决定了调优的好坏，若初始化不是很准确，则可能导致模型最终性能较低。

3.5 案例：利用局部加权线性回归预测鲍鱼年龄

为了加深对局部加权线性回归的理解，接下来利用 UCI 数据库中的鲍鱼数据集进行举例。在这个案例中将用局部加权线性回归算法来预测鲍鱼的年龄。

鲍鱼数据集也是 UCI 数据库中很受欢迎的数据集。鲍鱼数据集共有 9 个特征，分别为性别 (M,F,I)、长度、直径、高度、总重量、剥壳重量、内脏重量、壳重和环的数量。其中由于鲍鱼年幼时分辨不出性别，所以性别有 3 个类别。但是性别这一属性属于离散型数据，因此在预测时将这一属性抛开不做考虑。

长度、直径和高度这 3 个属性的单位是毫米，总重量、剥壳重量、内脏重量和壳重这 4 个属性的单位是克。鲍鱼的年龄是通过切割贝壳锥体，然后染色，最后通过显微镜计数环数来确定的，环的数量加上 1.5 就是鲍鱼年龄。因此在导入数据时，最后一列加上 1.5 后作为真实鲍鱼年龄，其余 7 个属性构成数据集。

由于 Python 的第三方工具库中没有保存鲍鱼数据集，因此必须先去 UCI 数据库网站下载该数据集，然后编写导入鲍鱼数据集的代码。该案例的主要流程如图 3.7 所示。

鲍鱼数据集的下载网址为 http://archive.ics.uci.edu/ml/machine-learning-databases/abalone/。下载该数据集保存为 txt 文件后，编写从 txt 文件导入鲍鱼数据集的函数。该导

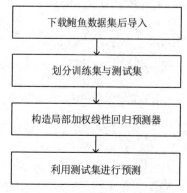

图 3.7　预测鲍鱼年龄案例流程

入鲍鱼数据集的函数代码如下所示。

```python
def Load_Abalone(path):
    """
    这是导入鲍鱼数据集的函数
    :param path: 文件路径
    """
    # 定义鲍鱼数据和结果数组
    data = []
    result = []
    # 打开路径为 path 的文件
    with open(path) as f:
        # 遍历文件中的每一行
        for line in f.readlines():
            str = line.strip().split(',')
            tmp = []
            length = len(str[1:])
            # 鲍鱼数据集中的第一个属性是性别，该属性属于离散型数据，
            # 因此导入数据时必须抛开这一列，最后一列是环数，加 1.5 即为鲍鱼年龄
            for (index,s) in enumerate(str[1:]):
                # 最后一个数据追加到 result
                if index == length - 1:
                    result.append(float(s) + 1.5)
                # 否则剩下的数据追加到 tmp 临时数组
                else:
                    tmp.append(float(s))
            # 一组数据追加到数据集中
            data.append(tmp)
        data = np.array(data)
        result = np.array(result)
    return data,result
```

将数据集分成训练集和测试集两部分，由于整个鲍鱼数据集有 4177 组数据，为了方便数据可视化，因此在这个案例中取测试集占总数据集的 10%，即有 42 组测试数据；然后分别利用每个属性来可视化测试数据集的结果。这个过程的代码如下所示。

```python
# 导入鲍鱼数据集
path = "./abalone_data.txt"
Data,Result = Load_Abalone(path)

# 将数据集分成训练集和测试集
Train_Data,Test_Data,Train_Result,Test_Result = train_test_split \
        (Data,Result,test_size=0.01,random_state=10)

# 解决 matplotlib 中的中文乱码问题，以便于后面实验结果可视化
mpl.rcParams['font.sans-serif'] = [u'simHei']
mpl.rcParams['axes.unicode_minus'] = False
```

```
# 可视化测试集
col = [' 长度 ',' 直径 ',' 高度 ',' 总重量 ',' 剥壳重量 ',' 内脏重量 ',' 壳重 ']

# 遍历局部加权线性回归算法的预测结果
fig = plt.figure()
for (index,c) in enumerate(col):
    if index == 0:
        ax = fig.add_subplot(311)
    else:
        ax = fig.add_subplot(334 + index − 1)
    ax.scatter(Test_Data[:,index],Test_Result,alpha=0.5,c='b',s=10)
    ax.grid(True)
    plt.xlabel(c)
    plt.ylabel(" 鲍鱼年龄 ")
    # 子图之间使用紧致布局
    plt.tight_layout()
plt.savefig("./ 测试结果可视化 .jpg",bbox_inches='tight')
plt.close()

for (index,c) in enumerate(col):
    plt.scatter(Test_Data[:,index],Test_Result,alpha=0.5,c='b',s=10)
    plt.grid(True)
    plt.xlabel(c)
    plt.ylabel(" 鲍鱼年龄 ")
    plt.savefig("./" + c + " 可视化 .jpg",bbox_inches='tight')
    #plt.show()
    plt.close()
```

鲍鱼测试数据集可视化结果如图 3.8 所示。从图 3.w8 中可以明显看出，抛开少数离群点，长度、直径、高度、总重量、剥壳重量、内脏重量和壳重这 7 个属性与鲍鱼年龄存在正相关关系。

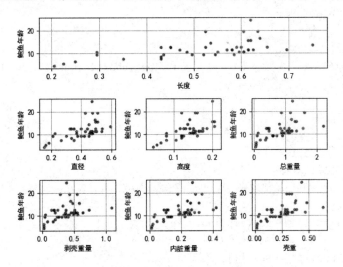

图 3.8　鲍鱼测试数据集可视化

接下来初始化局部加权线性回归实例，并给出一系列带宽系数；然后在不同的带宽系数下，利用局部加权线性回归对鲍鱼测试集进行预测，并挑选了部分预测结果集中进行了可视化。这个过程的代码如下所示。

```python
# 初始化局部加权线性回归模型
lwlr = LWLR(Train_Data,Train_Result)

# 初始化局部加权线性回归带宽系数参数
K = [0.0001,0.001,0.003,0.005,0.01,0.05,0.1,0.3,0.5]
tmp = list(np.arange(1,101))
K.extend(tmp)
predict_result = []
Loss = []
# 把测试集进行从小到大排序
sort = np.argsort(Test_Data[:,1])
Test_Data_ = Test_Data[sort]
Test_Result_ = Test_Result[sort]
# 遍历每个带宽系数，利用局部加权线性回归算法进行预测，并计算预测误差
for k in K:
    # 在带宽系数 k 下，利用局部加权线性回归进行预测
    predict = lwlr.predict_NormalEquation(Test_Data_,k)
    #print(np.shape(predict))
    # 计算每组数据的预测误差
    loss = (Test_Result_ - predict) ** 2
    print("k=%f 时的误差：%f"%(k,np.sum(loss)))
    predict_result.append(predict)
    Loss.append(loss)
    # 可视化预测结果
    plt.scatter(Test_Data[:,1],Test_Result,alpha=0.5,c='b',s=10)
    plt.plot(Test_Data_[:,1],predict,'r')
    plt.grid(True)
    plt.xlabel(' 直径 ')
    plt.ylabel(" 鲍鱼年龄 ")
    plt.savefig("./k=" + str(k) + " 可视化 .jpg",bbox_inches='tight')
    plt.close()

# 部分预测结果可视化
# k = [0.1,0.3,1,3,10,100]
k = [0.1,0.3,1,3,10,100]
index= [6,7,9,11,18,108]
# 遍历每个带宽系数，利用局部加权线性回归算法进行预测，并计算预测误差
fig = plt.figure()
for (j,(i,k_)) in enumerate(zip(index,k)):
    # 在带宽系数 k 下，利用局部加权线性回归进行预测
    predict = predict_result[i]
    # 可视化预测结果
```

```
        ax = fig.add_subplot(230 + j + 1)
        ax.scatter(Test_Data[:,1],Test_Result,alpha=0.5,c='b',s=10)
        ax.plot(Test_Data_[:,1],predict,'r')
        ax.grid(True)
        ax.legend(labels=["k=" + str(k_)],loc="best")
        plt.xlabel(' 直径 ')
        plt.ylabel(" 鲍鱼年龄 ")
        plt.tight_layout()
plt.savefig("./ 部分预测结果 .jpg")
```

上述鲍鱼数据集的预测结果如图 3.9 所示。从实验结果可以看出，在鲍鱼数据集中带宽系数小于等于 0.1 时，预测误差极大，且不同带宽系数之间没有变化，模型明显欠拟合；当带宽系数逐渐增大时，鲍鱼测试集的预测误差开始逐渐降低，并在带宽系数为 3 时获得了最低预测误差，可以确定带宽系数为 3 时是合适拟合；当带宽系数大于 3 时，虽然预测误差相比于带宽系数小于等于 0.1 的误差小了很多，但是与带宽系数为 3 时相比，略微偏高，即模型有点过拟合。

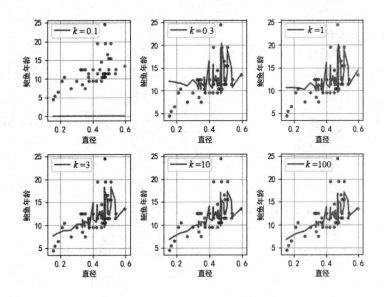

图 3.9　不同带宽系数下的预测结果

首先统计测试集的预测误差及其统计信息；然后将测试集的预测结果、测试集的预测误差及其统计信息保存为 Excel 文档；最后为了更好地比较不同带宽系数下局部加权线性回归算法的性能，需要将每个带宽系数下预测结果的均方误差和预测标准差进行可视化。这个过程的代码如下所示。

```
# 保存预测数据
data = [Test_Result]
col = [" 真实结果 "]
for (index,k) in enumerate(K):
    data.append(predict_result[index])
    col.append("k=" + str(k))
Data = Merge(data,col)
```

```
Data.to_excel("./ 真实结果与预测结果 .xlsx")

# 保存预测误差结果及其统计信息
data = []
col = []
for (index,k) in enumerate(K):
    data.append(Loss[index])
    col.append("k=" + str(k))
Data = Merge(data,col)
Data.to_excel("./ 预测误差 .xlsx")
information = Data.describe()
information.to_excel("./ 预测误差统计信息 .xlsx")

# 可视化不同带宽系数的局部加权线性回归模型在测试集下的均方误差和预测标准差
K = list(np.arange(1,101))
col = ["LWLR-MSE","LWLR-std"]
LWLR_MSE = list(information.loc['mean'])[9:]
LWLR_std = list(information.loc['std'])[9:]
plt.plot(K,LWLR_MSE,'b')
plt.plot(K,LWLR_std,'c-.')
plt.grid(True)
plt.legend(labels=col,loc='best')
plt.xlabel(" 带宽系数 ")
plt.savefig("./ 局部加权线性回归的预测均方误差和标准差 .jpg",bbox_inches='tight')
plt.show()
plt.close()
```

不同带宽系数下预测结果的预测均方误差和预测标准差的可视化结果如图 3.10 所示。同时也列出了部分预测结果的预测均方误差和预测标准差，如表 3.3 所示。

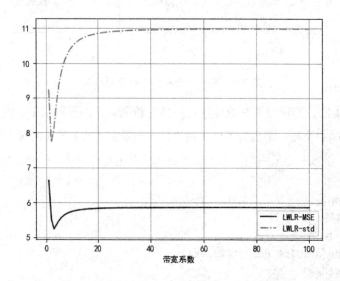

图 3.10　不同带宽系数下的预测均方误差和预测标准差

表3.3　部分不同带宽系数下的预测均方误差和预测标准差

性能指标 算法	预测均方误差	预测标准差
$\tau = 0.1$	155.2	110.0
$\tau = 0.3$	8.2	12.5
$\tau = 0.5$	7.3	10.5
$\tau = 1$	6.6	9.23
$\tau = 2$	5.5	7.7
$\tau = 3$	5.2	8.1
$\tau = 10$	5.7	10.5
$\tau = 25$	5.8	10.9
$\tau = 50$	5.9	11.0
$\tau = 100$	5.9	11.0

由图 3.10 和表 3.3 可以得知，带宽系数在 2～3 时，局部加权线性回归算法能获得较低的预测均方误差和预测标准差。因此，局部加权线性回归算法的带宽系数设置在 2～3 可以在鲍鱼数据集上获得较好的偏差 - 方差平衡，以及较好且稳定的性能。

3.6　本章小结

在 3.1 节中，介绍了欠拟合和过拟合的概念，然后引出了线性回归算法的一种改进算法——局部加权线性回归。在 3.2 节中，重点介绍了局部加权线性回归算法及其参数求解过程。简单来说，局部加权线性回归算法就是利用预测数据与每组训练数据之间的距离，并结合高斯核函数来确定权重，然后在权重的基础上进行普通线性回归。也就是说，权重就是用来描述预测数据与训练集的远近关系的。

在 3.3 节中，利用 Python 结合面向对象思想实现了局部加权线性回归算法，并对整个算法的 Python 代码进行了深度剖析。

在 3.4 节中，重新利用波士顿房价数据集作为案例，对比线性回归和局部加权线性回归两者之间的性能。在 3.5 节中，利用一个新的数据集——UCI 数据库中的鲍鱼数据集来继续实现局部加权线性回归，从而帮助读者加强对局部加权线性回归算法的理解。

从案例讲解和代码实现过程中可以看出，局部加权线性回归算法的性能优于线性回归算法。但是从模型理论和代码实现过程中也很容易发现局部加权线性回归算法的缺点。局部加权线性回归算法虽然利用权重描述了预测数据与训练集的远近关系，但是这个权重的计算依赖于训练集，因此局部加权线性回归算法不像线性回归算法那样经过大量的迭代训练调整模型参数后，只保留最佳模型参数就能进行预测。

由于局部加权线性回归是一个无参回归算法，因此它无法保留模型参数，必须根据训练集与测试集来求解最佳参数，那么为了保存训练集必然会造成大量的内存消耗。因此，在大规模数据集下，局部加权线性回归将不再适合，必须寻找更加好的算法来进行回归预测。

在第 4 章中，将会暂时绕开回归这个话题，讲解机器学习的另一个重要任务——分类，并且重点介绍两大常用的分类算法——Logistic 回归和 Softmax 回归。

第 4 章
Logistic 回归与 Softmax 回归

　　本章是全新的一章，主要讲解机器学习中的分类问题。虽然题目是 Logistic 回归和 Softmax 回归，但是不同于前两章讲述的线性回归和局部加权线性回归，这两种算法主要不是用于回归预测问题，而是用于分类问题。其中 Logistic 回归主要用于二分类问题，Softmax 回归主要用于多分类问题。

本章主要涉及的内容

- 监督学习
- Logistic 回归
- 广义线性模型
- Softmax 回归
- Logistic 回归的 Python 实现
- 案例：利用 Logistic 回归对乳腺癌数据集进行分类
- Softmax 回归的 Python 实现
- 案例：利用 Softmax 回归对语音信号数据集进行分类

4.1 监督学习

无论是 Logistic 回归，还是 Softmax 回归，甚至是后面章节要详细讲述的神经网络模型都是机器学习中经常用到的分类算法。分类问题属于监督学习的范畴，为了更好地理解分类算法，首先必须了解监督学习的概念。

监督学习 (Supervised Learning) 是指利用一组已知类别的样本调整分类器的参数，使其达到所要求性能的过程。具体来说，监督学习就是利用带有标签的训练数据进行的学习，利用学习器的结果与真实结果之间的差异来调整学习器的模型参数，最终使得学习器性能逐步提高。

在监督学习中，每个实例都是由一个输入对象 (通常为矢量即向量形式) 和一个期望的输出值 (也称为监督信号) 组成。监督学习算法是分析该训练数据，并产生一个推断的功能，其可以用于映射出新的实例。

4.2 Logistic 回归

Logistic 回归算法是机器学习中非常常见的二分类算法。该算法也是在数据挖掘、机器学习领域中运用广泛的一种算法，常用于数据挖掘、疾病自动诊断和经济预测等。例如，探讨引发疾病的危险因素，并根据危险因素预测疾病发生的概率等。

下面首先介绍 Sigmoid 函数及其性质，然后重点介绍 Logistic 回归算法。同时在本章末尾也会利用 Logistic 回归算法来预测乳腺癌疾病。

4.2.1 Sigmoid 函数

为了更好地介绍 Logistic 回归，必须首先对 Sigmoid 函数及其相关性质进行详细介绍。对于分类问题，任务就是定义一种函数，该函数能够接受所有的输入，然后预测出类别。Logistic 回归是解决二分类问题的算法，把类别定义为 0 和 1，那么必须定义一种函数能够实现 0 与 1 的跳跃，即该函数必须是一种单位阶跃函数。由于 Logistic 回归算法输入的是连续型数据，因此定义的阶跃函数必须也是连续型函数。Sigmoid 函数刚好符合这样的要求。

Sigmoid 函数解析式如式 (4-1) 所示。

$$f(x) = \frac{1}{1+\mathrm{e}^{-x}} \tag{4-1}$$

Sigmoid 函数有一个非常实用的性质，其导数为式 (4-2)。

$$f'(x) = f(x)\left[1 - f(x)\right] \tag{4-2}$$

显然，从式 (4-2) 中可以看出，Sigmoid 函数的求导是极其方便的，且也易于编程实现。Sigmoid 函数图像如图 4.1 所示，从图中可以得知，Sigmoid 函数的值域为 (0,1)，当 x 增大时，Sigmoid 函数值趋向于 1；当 x 减小时，Sigmoid 函数值趋向于 0。因此，Sigmoid 函数可以看成是阶跃函数。并且 Sigmoid 函数在实数范围内连续可导，优化稳定。

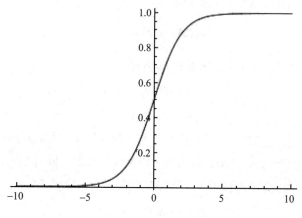

图 4.1　Sigmoid 函数图像

任意自变量经过 Sigmoid 函数映射后得到的结果可以看成是一个概率。Sigmoid 函数值是以 0.5 为中心的，在 Logistic 回归算法中，可以将经过 Sigmoid 函数映射得到大于 0.5 的数据归为 1 类，小于 0.5 的数据归为 0 类。

4.2.2　Logistic 回归模型推导

下面开始介绍 Logistic 回归算法。与线性回归一样，首先需要定义数据集及其标签。虽然相关定义与线性回归算法类似，但是为了方便表述，仍利用少量篇幅进行说明。给定输入数据集 $\mathcal{D}$，其表示如式 (4-3) 所示。

$$\mathcal{D} = \left\{ (\boldsymbol{x}^{(1)}, y^{(1)}), (\boldsymbol{x}^{(2)}, y^{(2)}), \cdots, (\boldsymbol{x}^{(m)}, y^{(m)}) \right\} \tag{4-3}$$

式中，m 表示输入数据集大小；$\boldsymbol{x}^{(i)}$ 表示一组输入数据，如式 (4-4) 所示。

$$\boldsymbol{x}^{(i)} = (x_1^{(i)}, x_2^{(i)}, \cdots, x_n^{(i)}) \tag{4-4}$$

也就是说，$\boldsymbol{x}^{(i)} \in \mathbb{R}^n$，即 $\boldsymbol{x}^{(i)}$ 有 n 个属性；$y^{(i)} \in \{0,1\}$，即 $y^{(i)}$ 只能等于 0 或 1。接下来开始构建 Logistic 回归模型。与线性回归类似，Logistic 回归也需要定义一组模型参数来对数据进行线性组合，然后将这种线性组合利用 Sigmoid 函数进行映射并获得对应的模型分类。结合式 (4-1) 和式 (4-4) 将上述过程公式化，公式化结果如式 (4-5) 和式 (4-6) 所示。

$$z = \theta_0 x_0 + \theta_1 x_1 + \theta_2 x_2 + \cdots + \theta_n x_n \tag{4-5}$$

$$h_\theta(\boldsymbol{x}) = f(\boldsymbol{z}) = \frac{1}{1 + \mathrm{e}^{-\boldsymbol{z}}} \tag{4-6}$$

式中，θ_i 表示线性回归参数；x_i 表示输入数据特征，其中 $x_0 = 1$。结合式 (4-4)，可以将式 (4-5) 向量化为式 (4-7)。

$$z = \sum_{i=0}^{n} \theta_i x_i = \boldsymbol{\theta}^{\mathrm{T}} \boldsymbol{x} \tag{4-7}$$

相应地，式 (4-6) 也就可以改写成式 (4-8)。

$$h_\theta(\boldsymbol{x}) = f(\boldsymbol{z}) = \frac{1}{1 + \mathrm{e}^{-\theta^{\mathrm{T}} x}} \tag{4-8}$$

式中，$\boldsymbol{\theta} \in \mathbb{R}^{(n+1)\times 1}, \boldsymbol{x} \in \mathbb{R}^{(n+1)\times 1}$，$\boldsymbol{\theta}$ 与 $\boldsymbol{x}$ 表示如式 (4-9) 所示。

$$\boldsymbol{\theta} = (\theta_0, \theta_1, \cdots, \theta_n)^{\mathrm{T}}$$
$$\boldsymbol{x} = (x_0, x_1, \cdots, x_n)^{\mathrm{T}} \tag{4-9}$$

与线性回归一样，任务就是寻找最佳的参数 $\boldsymbol{\theta}$ 来获得最佳分类。同样地，利用极大似然估计来寻求最佳模型参数。由于 Sigmoid 函数输出值可以看成是概率，同时 Logistic 回归是一个二分类问题，$y \in \{0,1\}$，因此可以做出如式 (4-10) 所示的假设。

$$p(y = 1 | \boldsymbol{x}; \boldsymbol{\theta}) = h_\theta(\boldsymbol{x})$$
$$p(y = 0 | \boldsymbol{x}; \boldsymbol{\theta}) = 1 - h_\theta(\boldsymbol{x}) \tag{4-10}$$

将式 (4-10) 也可以改写成式 (4-11) 所示形式。

$$p(y | \boldsymbol{x}; \boldsymbol{\theta}) = \left[h_\theta(\boldsymbol{x}) \right]^y \left[1 - h_\theta(\boldsymbol{x}) \right]^{1-y} \tag{4-11}$$

也就是说，样本分类 $y \sim B(p)$，即样本分类服从伯努利 (0-1) 分布。同时，假设训练样本之间是独立同分布的，那么结合式 (4-11)，所要做的就是在训练过程中使训练集的分类概率尽可能大，如式 (4-12) 所示。

$$\arg\max \prod_{i=1}^{m} p(y^{(i)} | \boldsymbol{x}^{(i)}; \boldsymbol{\theta}) \tag{4-12}$$

那么，利用极大似然估计并结合式 (4-11) 和式 (4-12) 有式 (4-13)。

$$\begin{aligned}
\ell(\boldsymbol{\theta}) &= \log \prod_{i=1}^{m} p(y^{(i)} | \boldsymbol{x}^{(i)}; \boldsymbol{\theta}) \\
&= \sum_{i=1}^{m} \log p(y^{(i)} | \boldsymbol{x}^{(i)}; \boldsymbol{\theta}) \\
&= \sum_{i=1}^{m} \log \left[h_\theta(\boldsymbol{x}^{(i)}) \right]^{y^{(i)}} \left[1 - h_\theta(\boldsymbol{x}^{(i)}) \right]^{1-y^{(i)}} \\
&= \sum_{i=1}^{m} y^{(i)} \log h_\theta(\boldsymbol{x}^{(i)}) + (1 - y^{(i)}) \log(1 - h_\theta(\boldsymbol{x}^{(i)}))
\end{aligned} \tag{4-13}$$

对式 (4-13) 求导有式 (4-14)。

$$
\begin{aligned}
\frac{\partial}{\partial \theta_j} \ell(\boldsymbol{\theta}) &= \sum_{i=1}^{m} \left[y^{(i)} \frac{1}{h_{\boldsymbol{\theta}}(\boldsymbol{x}^{(i)})} - (1-y^{(i)}) \frac{1}{1-h_{\boldsymbol{\theta}}(\boldsymbol{x}^{(i)})} \right] \frac{\partial}{\partial \theta_j} h_{\boldsymbol{\theta}}(\boldsymbol{x}^{(i)}) \\
&= \sum_{i=1}^{m} \left[y^{(i)} \frac{1}{h_{\boldsymbol{\theta}}(\boldsymbol{x}^{(i)})} - (1-y^{(i)}) \frac{1}{1-h_{\boldsymbol{\theta}}(\boldsymbol{x}^{(i)})} \right] h_{\boldsymbol{\theta}}(\boldsymbol{x}^{(i)}) \left[1-h_{\boldsymbol{\theta}}(\boldsymbol{x}^{(i)}) \right] \frac{\partial}{\partial \theta_j} \boldsymbol{\theta}^{\mathrm{T}} \boldsymbol{x}^{(i)} \\
&= \sum_{i=1}^{m} \left\{ y^{(i)} \left[1-h_{\boldsymbol{\theta}}(\boldsymbol{x}^{(i)}) \right] - (1-y^{(i)}) h_{\boldsymbol{\theta}}(\boldsymbol{x}^{(i)}) \right\} x_j^{(i)} \\
&= \sum_{i=1}^{m} \left[y^{(i)} - h_{\boldsymbol{\theta}}(\boldsymbol{x}^{(i)}) \right] x_j^{(i)}
\end{aligned}
\tag{4-14}
$$

可以看出，Logistic 回归与线性回归的梯度增量在形式上一样，不同的是，定义的映射函数不同。那么，将 Logistic 回归的损失函数定义为式 (4-15)。

$$
J(\boldsymbol{\theta}) = -\sum_{i=1}^{m} y^{(i)} \log h_{\boldsymbol{\theta}}(\boldsymbol{x}^{(i)}) + (1-y^{(i)}) \log(1-h_{\boldsymbol{\theta}}(\boldsymbol{x}^{(i)}))
\tag{4-15}
$$

结合式 (4-14) 和式 (4-15)，下面给出 Logistic 回归算法中批量梯度下降算法 (BGD)、随机梯度下降算法 (SGD) 和小批量梯度下降算法 (MBGD) 3 种算法的伪代码。在 BGD 算法中，对式 (4-15) 的损失函数进行修正，可得 $J(\boldsymbol{\theta}) = -\dfrac{1}{m} \sum_{i=1}^{m} \left[y^{(i)} \log h_{\boldsymbol{\theta}}(\boldsymbol{x}^{(i)}) + (1-y^{(i)}) \log(1-h_{\boldsymbol{\theta}}(\boldsymbol{x}^{(i)})) \right]$。那么，BGD 算法的伪代码如表 4.1 所示。

表4.1　Logistic回归的BGD算法

Repeat until convergence {

$$
\theta_j := \theta_j + \frac{\alpha}{m} \sum_{i=1}^{m} \left[y^{(i)} - h_{\boldsymbol{\theta}}(\boldsymbol{x}^{(i)}) \right] x_j^{(i)} \qquad (\textit{for every } j)
$$

}

在 SGD 算法中，直接将式 (4-15) 作为 SGD 算法的损失函数。那么，SGD 算法的伪代码如表 4.2 所示。

表4.2　Logistic回归的SGD算法

Loop {

　　for i = 1 to m {

$$
\theta_j := \theta_j + \alpha \left[y^{(i)} - h_{\boldsymbol{\theta}}(\boldsymbol{x}^{(i)}) \right] x_j^{(i)} \qquad (\textit{for every } j)
$$

　　}

}

与 BGD 算法一样，在 MBGD 算法中，也对式 (4-15) 的损失函数进行修正。在每个规模为 n 的小批量样本中，有 $J(\boldsymbol{\theta}) = -\dfrac{1}{n} \sum_{i=1}^{m} \left[y^{(i)} \log h_{\boldsymbol{\theta}}(\boldsymbol{x}^{(i)}) + (1-y^{(i)}) \log(1-h_{\boldsymbol{\theta}}(\boldsymbol{x}^{(i)})) \right]$。那么，MBGD 算法的伪代码如表 4.3 所示。

表4.3　Logistic回归的MBGD算法

$m = Data\ Size$

$n = Mini\ Batch\ Size$

$Repeat\ until\ convergence$ {

$\quad for\ i = 1\ to\ \dfrac{m}{n}:$

$$\theta_j := \theta_j + \frac{\alpha}{n}\sum_{k=1}^{n}\Big[y^{(i)} - h_{\boldsymbol{\theta}}(\boldsymbol{x}^{(i)}) \Big] x_j^{(i)} \qquad\qquad (for\ every\ j)$$

}

4.3 广义线性模型

在 4.2 节中，介绍了典型的二分类算法——Logistic 回归。然而，在实际的分类问题中类别不止有两个，因此必须将二分类问题推广到多分类问题。那么 Logistic 回归算法将不再适用于多分类问题，所以必须利用新的多分类算法解决多分类问题。为了引出 Softmax 回归算法，必须对广义线性回归算法给出详细说明。

4.3.1 指数家族分布

为了更好地介绍 Softmax 回归算法，有必要先介绍一下指数家族分布的概念。定义指数家族分布必须满足式 (4-16)。

$$p(y;\boldsymbol{\eta}) = b(y)\exp\Big[\boldsymbol{\eta}^{\mathrm{T}} T(y) - a(\boldsymbol{\eta}) \Big] \tag{4-16}$$

式中，$\boldsymbol{\eta}$ 为分布的自然参数，或者正则参数；$T(y)$ 为充分统计量，通常 $T(y) = y$；$a(\boldsymbol{\eta})$ 为对数划分函数；$\mathrm{e}^{-a(\boldsymbol{\eta})}$ 起正则化作用，它使 $p(y;\boldsymbol{\eta})$ 在 (0,1) 内浮动。

为了更好地理解指数家族，下面利用伯努利分布来做实例。均值为 ϕ 的伯努利分布记作 Bernoulli(ϕ)，特别是 y 的取值为 {0,1}，如式 (4-17) 所示。

$$\begin{aligned} p(y=1;\phi) &= \phi \\ p(y=0;\phi) &= 1-\phi \end{aligned} \tag{4-17}$$

当我们改变 ϕ，就得到了不同均值的伯努利分布。其实伯努利分布就是 0-1 分布，是二项分布的特殊情况。记伯努利分布为式 (4-18)。

$$\begin{aligned} p(y;\phi) &= \phi^{y}(1-\phi)^{(1-y)} = \exp\Big[\log \phi^{y}(1-\phi)^{(1-y)} \Big] \\ &= \exp\big[y\log\phi + (1-y)\log(1-\phi) \big] \\ &= \exp\Big[y\log\frac{\phi}{1-\phi} + \log(1-\phi) \Big] \end{aligned} \tag{4-18}$$

记式 (4-19)

$$\boldsymbol{\eta} = \log\frac{\phi}{1-\phi} \tag{4-19}$$

可以得出式 (4-20)。

$$\phi = \frac{1}{1+\mathrm{e}^{-\eta}} \tag{4-20}$$

那么伯努利分布的指数家族数学表达形式中的参数如式 (4-21) 所示。

$$
\begin{aligned}
&T(y) = y \\
&\boldsymbol{\eta} = \log\frac{\phi}{1-\phi} \\
&a(\boldsymbol{\eta}) = -\log(1-\phi) = \log(1+\mathrm{e}^{\eta}) \\
&b(y) = 1
\end{aligned}
\tag{4-21}
$$

4.3.2　广义线性模型

为了更好地引入 Softmax 回归算法，接下来对广义线性回归进行详细说明。在很多时候，大多数分类和回归问题可以看成是关于 $\boldsymbol{x}$ 函数的随机变量 y 的预测问题。利用广义线性模型 (GLM) 来推导这些问题，必须满足如下 3 个假设。

(1) $y|\boldsymbol{x};\boldsymbol{\theta} \sim ExponentialFamily(\boldsymbol{\eta})$。

(2) 对于给定的 $\boldsymbol{x}$，想要预测在其上的 $T(y)$ 的值。大多数情况下 $T(y) = y$，这就意味着根据假设函数 h 预测输出的 $h(\boldsymbol{x})$ 满足：$h(\boldsymbol{x}) = E(y|\boldsymbol{x})$。例如，在 Logistic 回归中，$h_{\boldsymbol{\theta}}(\boldsymbol{x}) = p(y=1|\boldsymbol{x};\boldsymbol{\theta}) = E(y|\boldsymbol{x})$。

(3) 自然参数 $\boldsymbol{\eta}$ 和输入 $\boldsymbol{x}$ 是线性相关的，即 $\boldsymbol{\eta}_i = \boldsymbol{\theta}_i^{\mathrm{T}}\boldsymbol{x}$。

下面以 Logistic 回归为例来说明构建广义线性模型的过程。由于 Logistic 回归是用于二分类问题的，那么 $y \in \{0,1\}$，因此很自然地以伯努利分布为基础来构建 Logistic 回归。在 4.3.1 小节中，得出伯努利分布是指数家族分布中的一种。由式 (4-20) 和式 (4-21) 可知，$E(y|\boldsymbol{x};\boldsymbol{\theta}) = \phi = \frac{1}{1+\mathrm{e}^{-\eta}}$，那么有式 (4-22)。

$$
\begin{aligned}
h_{\boldsymbol{\theta}}(\boldsymbol{x}) &= E(y|\boldsymbol{x};\boldsymbol{\theta}) = \phi = \frac{1}{1+\mathrm{e}^{-\eta}} \\
&= \frac{1}{1+\mathrm{e}^{-\boldsymbol{\theta}^{\mathrm{T}}\boldsymbol{x}}}
\end{aligned}
\tag{4-22}
$$

由式 (4-22) 可以解释为什么在 Logistic 回归中必须使用 Sigmoid 函数。这是由于在 Logistic 回归中需要假设数据服从伯努利分布，因此根据指数分布的数学推导，Logistic 回归必须使用 Sigmoid 函数。或者说 Sigmoid 选择了 Logistic 回归，而不是 Logistic 回归选择了 Sigmoid 函数。

4.4 Softmax 回归

在 4.3 节中，详细介绍了指数家族分布和广义线性模型。接下来重点介绍一种特殊的广义线性模型——Softmax 回归。Softmax 回归是 Logistic 回归的推广，用于解决多分类问题。下面将重点介绍 Softmax 回归的理论推导。

Softmax 回归用于多分类问题。也就是说，目标变量 y 可以取任意一个 k 值，即 $y \in \{1, 2, \cdots, k\}$。因此，假设目标变量 y 服从多项分布，使用 k 个参数 $\phi_1, \phi_2, \cdots, \phi_k$ 指定每种结果的概率，即 $\phi_i = p(y = i; \phi)$，并且满足 $\sum_{i=1}^{k} \phi_i = 1$。为了后面的数学推导方便，令 $\phi_k = 1 - \sum_{i=1}^{k-1} \phi_i$。

接下来利用指数家族分布将多项分布重写。首先定义 $T(y) \in \mathbb{R}^{k-1}$，即将目标变量 y 表示为式 (4-23)。

$$T(1) = \begin{pmatrix} 1 \\ 0 \\ 0 \\ \vdots \\ 0 \end{pmatrix}, T(2) = \begin{pmatrix} 0 \\ 1 \\ 0 \\ \vdots \\ 0 \end{pmatrix}, T(3) = \begin{pmatrix} 0 \\ 0 \\ 1 \\ \vdots \\ 0 \end{pmatrix}, \cdots, T(k-1) = \begin{pmatrix} 0 \\ 0 \\ 0 \\ \vdots \\ 1 \end{pmatrix}, T(k) = \begin{pmatrix} 0 \\ 0 \\ 0 \\ \vdots \\ 0 \end{pmatrix} \tag{4-23}$$

同时，用 $T(y)_i$ 表示向量 $T(y)$ 的第 i 个分量。为了后面的数学推导方便，定义一种特殊的函数——指示函数，如式 (4-24) 所示。

$$1\{x\} = \begin{cases} 1 & x \text{ is True} \\ 0 & x \text{ is False} \end{cases} \tag{4-24}$$

即指标函数 $1\{x\}$ 在其参数 x 为真时取值为 1，否则为 0。那么，多项分布可以表示为式 (4-25)。

$$\begin{aligned}
p(y; \phi) &= \phi_1^{1\{y=1\}} \phi_2^{1\{y=2\}} \cdots \phi_k^{1\{y=k\}} = \phi_1^{1\{y=1\}} \phi_2^{1\{y=2\}} \cdots \phi_k^{1 - \sum_{i=1}^{k-1} 1\{y=i\}} \\
&= \phi_1^{T(y)_1} \phi_2^{T(y)_2} \cdots \phi_k^{1 - \sum_{i=1}^{k-1} T(y)_i} \\
&= \exp\left[T(y)_1 \log \phi_1 + T(y)_2 \log \phi_2 + \cdots + \left(1 - \sum_{i=1}^{k-1} T(y)_i\right) \log \phi_k \right] \\
&= \exp\left[T(y)_1 \log \frac{\phi_1}{\phi_k} + T(y)_2 \log \frac{\phi_2}{\phi_k} + \cdots + T(y)_{k-1} \log \frac{\phi_{k-1}}{\phi_k} + \log \phi_k \right] \\
&= b(y) \exp\left[\boldsymbol{\eta}^{\mathrm{T}} T(y) - a(\boldsymbol{\eta}) \right]
\end{aligned} \tag{4-25}$$

其中，

$$\begin{aligned}
\boldsymbol{\eta} &= \left(\log \frac{\phi_1}{\phi_k}, \log \frac{\phi_2}{\phi_k}, \cdots, \log \frac{\phi_{k-1}}{\phi_k} \right)^{\mathrm{T}} \\
a(\boldsymbol{\eta}) &= -\log \phi_k \\
b(y) &= 1
\end{aligned} \tag{4-26}$$

式 (4-25) 和式 (4-26) 就是多项分布的指数家族分布的表述。那么，由式 (4-26) 可以得知 $\boldsymbol{\eta}_i = \log \dfrac{\phi_i}{\phi_k}$，

即有 $\phi_k \mathrm{e}^{\boldsymbol{\eta}_i} = \phi_i$，又因为 $\displaystyle\sum_{i=1}^{k} \phi_i = 1$，则有 $\phi_k \displaystyle\sum_{i=1}^{k} \mathrm{e}^{\boldsymbol{\eta}_i} = \displaystyle\sum_{i=1}^{k} \phi_i = 1$，也就可以得出 $\phi_k = \dfrac{1}{\displaystyle\sum_{i=1}^{k} \mathrm{e}^{\boldsymbol{\eta}_i}}$，再代

入 $\phi_k \mathrm{e}^{\boldsymbol{\eta}_i} = \phi_i$ 中，可得 $\phi_i = \dfrac{\mathrm{e}^{\boldsymbol{\eta}_i}}{\displaystyle\sum_{j=1}^{k} \mathrm{e}^{\boldsymbol{\eta}_j}}$。结合广义线性模型的第 3 个假设：$\boldsymbol{\eta}_i = \boldsymbol{\theta}_i^{\mathrm{T}} \boldsymbol{x}$，可以得出式 (4-27)。

$$
\begin{aligned}
p(y = i \mid \boldsymbol{x}; \boldsymbol{\theta}) = \phi_i &= \frac{\mathrm{e}^{\boldsymbol{\eta}_i}}{\displaystyle\sum_{j=1}^{k} \mathrm{e}^{\boldsymbol{\eta}_j}} \\
&= \frac{\mathrm{e}^{\boldsymbol{\theta}_i^{\mathrm{T}} \boldsymbol{x}}}{\displaystyle\sum_{j=1}^{k} \mathrm{e}^{\boldsymbol{\theta}_j^{\mathrm{T}} \boldsymbol{x}}}
\end{aligned}
\tag{4-27}
$$

式中，$\boldsymbol{\theta} = (\boldsymbol{\theta}_1, \boldsymbol{\theta}_2, \cdots, \boldsymbol{\theta}_k)$，$\boldsymbol{\theta}_i \in \mathbb{R}^{(n+1) \times 1}$，即 $\boldsymbol{\theta} \in \mathbb{R}^{(n+1) \times k}$，$\boldsymbol{x} \in \mathbb{R}^{(n+1) \times 1}$。式 (4-27) 表示的模型适用于分类问题，其中 $y \in \{1, 2, \cdots, k\}$，这就是 Softmax 回归。特别指出的是，形如式 (4-27) 表示的函数被称为 Softmax 函数。即对于自变量 $\boldsymbol{x} = (x_1, x_2, \cdots, x_k)$，Softmax 函数可写为式 (4-28)。

$$
f(x_i) = \frac{\mathrm{e}^{x_i}}{\displaystyle\sum_{j=1}^{k} \mathrm{e}^{x_j}}
\tag{4-28}
$$

根据广义线性模型的第 2 个假设，可以得知 Softmax 回归的假设函数为式 (4-29)。

$$
\begin{aligned}
h_{\boldsymbol{\theta}}(\boldsymbol{x}) &= E\left(\boldsymbol{T}(y) \mid \boldsymbol{x}; \boldsymbol{\theta}\right) \\
&= E\left(\left.\begin{bmatrix} 1\{y=1\} \\ 1\{y=2\} \\ \vdots \\ 1\{y=k-1\} \end{bmatrix} \right| \boldsymbol{x}; \boldsymbol{\theta}\right) = \begin{bmatrix} \phi_1 \\ \phi_2 \\ \vdots \\ \phi_{k-1} \end{bmatrix} \\
&= \left(\frac{\exp(\boldsymbol{\theta}_1^{\mathrm{T}} \boldsymbol{x})}{\displaystyle\sum_{j=1}^{k-1} \exp(\boldsymbol{\theta}_j^{\mathrm{T}} \boldsymbol{x})}, \frac{\exp(\boldsymbol{\theta}_2^{\mathrm{T}} \boldsymbol{x})}{\displaystyle\sum_{j=1}^{k-1} \exp(\boldsymbol{\theta}_j^{\mathrm{T}} \boldsymbol{x})}, \cdots, \frac{\exp(\boldsymbol{\theta}_{k-1}^{\mathrm{T}} \boldsymbol{x})}{\displaystyle\sum_{j=1}^{k-1} \exp(\boldsymbol{\theta}_j^{\mathrm{T}} \boldsymbol{x})}\right)^{\mathrm{T}}
\end{aligned}
\tag{4-29}
$$

与 Logistic 回归一样，Softmax 回归最终要做的是寻找到最佳的参数 $\boldsymbol{\theta}$。同样地，利用极大似然估计结合梯度下降算法来寻找最佳参数。结合式 (4-25) 和式 (4-27)，可以得出多项分布的对数似然函数为式 (4-30)。

$$
\begin{aligned}
\ell(\boldsymbol{\theta}) &= \log\left\{\prod_{i=1}^{k} \left(\frac{\exp(\boldsymbol{\theta}_i^{\mathrm{T}} \boldsymbol{x})}{\displaystyle\sum_{l=1}^{k} \exp(\boldsymbol{\theta}_l^{\mathrm{T}} \boldsymbol{x})}\right)^{1\{y=i\}}\right\} \\
&= \sum_{i=1}^{k} 1\{y=i\} \log \frac{\exp(\boldsymbol{\theta}_i^{\mathrm{T}} \boldsymbol{x})}{\displaystyle\sum_{l=1}^{k} \exp(\boldsymbol{\theta}_l^{\mathrm{T}} \boldsymbol{x})}
\end{aligned}
\tag{4-30}
$$

为了求导方便，给出如式 (4-31) 所示定义。

$$y_i = 1\{y = i\} = T(y)_i$$

$$\boldsymbol{O}_j = \boldsymbol{\theta}_i^{\mathrm{T}} \boldsymbol{x} = \sum_{i=1}^{n} \theta_{ij} x_i$$

$$\hat{y}_j = \frac{\exp(\boldsymbol{\theta}_j^{\mathrm{T}} \boldsymbol{x})}{\sum_{l=1}^{k} \exp(\boldsymbol{\theta}_l^{\mathrm{T}} \boldsymbol{x})} = \frac{\exp(\boldsymbol{O}_j)}{\sum_{l=1}^{k} \exp(\boldsymbol{O}_l)}$$

(4-31)

那么，式 (4-30) 可以改写成式 (4-32)。

$$\ell(\boldsymbol{\theta}) = \sum_{j=1}^{k} y_j \log \hat{y}_j$$

(4-32)

结合式 (4-30) 和式 (4-31) 对式 (4-32) 求导有式 (4-33)。

$$\frac{\partial \ell(\boldsymbol{\theta})}{\partial \theta_{ij}} = \frac{\partial \ell(\boldsymbol{\theta})}{\partial \boldsymbol{O}_j} \frac{\partial \boldsymbol{O}_j}{\partial \theta_{ij}} = \frac{\partial \ell(\boldsymbol{\theta})}{\partial \boldsymbol{O}_j} x_i$$

$$\frac{\partial \ell(\boldsymbol{\theta})}{\partial \boldsymbol{O}_j} = \sum_{i=1}^{k} \frac{\partial \ell(\boldsymbol{\theta})}{\partial \hat{y}_i} \frac{\partial \hat{y}_i}{\partial \boldsymbol{O}_j} = \sum_{i=1}^{k} y_i \frac{1}{y_i} \frac{\partial \hat{y}_i}{\partial \boldsymbol{O}_j}$$

$$\frac{\partial \hat{y}_i}{\partial \boldsymbol{O}_j} = \frac{\exp(\boldsymbol{O}_i) \dfrac{\partial \boldsymbol{O}_i}{\partial \boldsymbol{O}_j} \sum_{l=1}^{k} \exp(\boldsymbol{O}_l) - \exp(\boldsymbol{O}_i) \exp(\boldsymbol{O}_l)}{\left[\sum_{l=1}^{k} \exp(\boldsymbol{O}_l) \right]^2}$$

(4-33)

$$= \hat{y}_i \left(\frac{\partial \boldsymbol{O}_i}{\partial \boldsymbol{O}_j} - \hat{y}_j \right)$$

则可以得出式 (4-34)。

$$\frac{\partial \ell(\boldsymbol{\theta})}{\partial \theta_{ij}} = \frac{\partial \ell(\boldsymbol{\theta})}{\partial \boldsymbol{O}_j} \frac{\partial \boldsymbol{O}_j}{\partial \theta_{ij}} = \frac{\partial \ell(\boldsymbol{\theta})}{\partial \boldsymbol{O}_j} x_i$$

$$= \left[\sum_{i=1}^{k} y_i \frac{1}{\hat{y}_i} \hat{y}_i \left(\frac{\partial \boldsymbol{O}_i}{\partial \boldsymbol{O}_j} - \hat{y}_j \right) \right] x_i$$

(4-34)

$$= \left(\sum_{i=1}^{k} y_i \frac{\partial \boldsymbol{O}_i}{\partial \boldsymbol{O}_j} - \sum_{i=1}^{k} \hat{y}_j y_i \right) x_i$$

$$= (y_j - \hat{y}_j) x_i$$

最后可以得出式 (4-35)。

$$\frac{\partial \ell(\boldsymbol{\theta})}{\partial \boldsymbol{\theta}} = \boldsymbol{x}(\boldsymbol{y} - \hat{\boldsymbol{y}})^{\mathrm{T}}$$

(4-35)

很容易可以定义 Softmax 回归算法的损失函数为式 (4-36)。

$$J(\boldsymbol{\theta}) = -\sum_{i=1}^{m} \sum_{j=1}^{k} y_j^{(i)} \log \hat{y}_j^{(i)} = -\sum_{i=1}^{m} \ell(\boldsymbol{y}^{(i)}; \boldsymbol{\theta})$$

(4-36)

结合式 (4-35)，接下来就能很容易地得出批量梯度下降算法 (BGD)、随机梯度下降算法 (SGD) 和小批量梯度下降算法 (MBGD) 的参数更新公式。在 BGD 算法中，对式 (4-36) 的损失函数进行修正，可得 $J(\boldsymbol{\theta}) = -\dfrac{1}{m}\sum\limits_{i=1}^{m}\sum\limits_{j=1}^{k} y_j^{(i)} \log \hat{y}_j^{(i)}$。那么，BGD 算法的伪代码如表 4.4 所示。

表4.4　Softmax回归的BGD算法

Repeat until convergence {

$$\theta_{ij} := \theta_{ij} + \frac{\alpha}{m}\sum_{k=1}^{m}(\hat{y}_j^{(k)} - y_j^{(k)})x_i^{(k)} \qquad (\textit{for every } j)$$

}

在 SGD 算法中，直接将式 (4-36) 作为 SGD 算法的损失函数。那么，SGD 算法的伪代码如表 4.5 所示。

表4.5　Softmax回归的SGD算法

Loop {

　　for k = 1 to m {

$$\theta_{ij} := \theta_{ij} + \alpha(\hat{y}_j^{(k)} - y_j^{(k)})x_i^{(k)} \qquad (\textit{for every } j)$$

　　}

}

与 BGD 算法一样，在 MBGD 算法中，也对式 (4-36) 的损失函数进行修正。在每个规模为 n 的小批量样本中，有 $J(\boldsymbol{\theta}) = -\dfrac{1}{n}\sum\limits_{i=1}^{n}\sum\limits_{j=1}^{k} y_j^{(i)} \log \hat{y}_j^{(i)}$。那么，MBGD 算法的伪代码如表 4.6 所示。

表4.6　Softmax回归的MBGD算法

m = Data Size

n = Mini Batch Size

Repeat until convergence {

　　for k = 1 to $\dfrac{m}{n}$:

$$\theta_{ij} := \theta_{ij} + \frac{\alpha}{n}\sum_{p=1}^{n}(\hat{y}_j^{(p)} - y_j^{(p)})x_i^{(p)} \qquad (\textit{for every } j)$$

}

Logistic 回归的 Python 实现

为了更好地在 4.6 节中利用 Logistic 回归对乳腺癌数据集进行分类，本节利用 Python 结合面向对象思想来实现 Logistic 回归。首先给出 Logistic 回归的类定义，然后对类中的所有函数与函数之间的调用关系进行逐一剖析。Logistic 回归的类定义如下所示。

```
class LogisticRegression(object):
    def __init__(self,Train_Data,Train_Label,theta=None):
    def Sigmoid(self,x):
    def Shuffle_Sequence(self):
    def BGD(self,alpha):
    def SGD(self,alpha):
    def MBGD(self,alpha,batch_size):
    def Cost(self):
    def train_BGD(self,iter,alpha):
    def train_SGD(self,iter,alpha):
    def train_MBGD(self,iter,mini_batch,alpha):
    def predict(self,test_data):
    def test(self,test_data):
```

4.5.1 Logistic 回归的构造函数

下面介绍 Logistic 回归的构造函数 __init__。__init__ 函数的参数为训练数据集 Train_Data、训练标签集 Train_Label 和参数 theta。__init__ 函数的主要功能是定义训练数据集、定义训练标签集和构造 Logistic 回归的模型参数。当参数 theta 不为 None 时，利用 theta 构造模型参数，否则随机生成服从标准正态分布的模型参数。__init__ 函数的定义如下所示。

```
def __init__(self,Train_Data,Train_Label,theta=None):
    """
    这是 Logistic 回归的初始化函数
    :param Train_Data: 训练数据集，类型为 numpy.ndarray
    :param Train_Label: 训练标签集，类型为 numpy.ndarray
    :param theta: Logistic 回归的参数，类型为 numpy.ndarray，默认为 None
    """
    self.Train_Data = []                    # 定义训练数据集
    self.Train_Label = Train_Label          # 定义训练标签集
    # 给每组输入数据增添常数项 1
    for train_data in Train_Data:
        data = [1.0]
        # 把 data 拓展到 Data 内，即把 data 的每一维数据添加到 Data
        data.extend(list(train_data))
```

```
        self.Train_Data.append(data)
    self.Train_Data = np.array(self.Train_Data)
    # 参数 theta 不为 None 时，利用 theta 构造模型参数
    if theta is not None:
        self.Theta = theta
    else:
        # 随机生成服从标准正态分布的参数
        size = np.shape(self.Train_Data)[1]
        self.Theta = np.random.randn(size)
```

4.5.2　梯度下降算法函数

在 Logistic 回归算法中优化参数的梯度下降算法函数，分别为批量梯度下降 (BGD) 算法函数、随机梯度下降 (SGD) 算法函数和小批量梯度下降 (MBGD) 算法函数。

首先介绍的是批量梯度下降 (BGD) 算法函数。BGD 函数的参数只有一个——学习率 alpha。在 BGD 函数中首先定义梯度增量数组，然后遍历整个训练数据集，计算每组数据对应的模型参数的梯度增量并放入梯度增量数组。遍历结束后，利用所有梯度增量的平均值并结合学习率 alpha 来更新模型参数 self.Theta。BGD 函数的定义如下所示。

```
def BGD(self,alpha):
    """
    这是利用 BGD 算法进行一次迭代调整参数的函数
    :param alpha: 学习率
    """
    # 定义梯度增量数组
    gradient_increasment = []
    # 对输入的训练数据及其真实结果进行依次遍历
    for (train_data,train_label) in zip(self.Train_Data,self.Train_Label):
        # 首先计算 train_data 在当前模型的预测结果
        predict = self.Sigmoid(self.Theta.dot(train_data.T))
        # 之后计算每组 train_data 的梯度增量，并放入梯度增量数组
        g = (train_label - predict) * train_data
        gradient_increasment.append(g)
    # 按列计算属性的平均梯度增量
    avg_g = np.average(gradient_increasment,0)
    # 更新模型参数 self.Theta
    self.Theta = self.Theta + alpha * avg_g
```

然后介绍的是随机梯度下降 (SGD) 算法函数。SGD 函数的参数与 BGD 函数的参数一样。但是与 BGD 函数不同的是，SGD 函数首先利用 Shuffle_Sequence 函数将数据集随机打乱，减少数据集顺序对参数调优的影响；然后遍历整个训练集，利用每组训练数据对应的梯度增量集和学习率 alpha 对模型参数 self.Theta 进行更新。SGD 函数的定义如下所示。

```
def SGD(self,alpha):
```

```
    """
    这是利用 SGD 算法进行一次迭代调整参数的函数
    :param alpha: 学习率
    """
    # 首先将数据集随机打乱，减少数据集顺序对参数调优的影响
    shuffle_sequence = self.Shuffle_Sequence()
    # 对训练数据集进行遍历，利用每组训练数据对参数进行调整
    for index in shuffle_sequence:
        # 获取训练数据及其标签
        train_data = self.Train_Data[index]
        train_label = self.Train_Label[index]
        # 首先计算 train_data 在当前模型的预测结果
        predict = self.Sigmoid(self.Theta.dot(train_data.T))
        # 之后计算每组 train_data 的梯度增量，并放入梯度增量数组
        g = (train_label - predict) * train_data
        # 更新模型参数 self.Theta
        self.Theta = self.Theta + alpha * g
```

最后介绍的是小批量梯度下降 (MBGD) 算法函数。MBGD 函数的参数比 BGD 函数和 SGD 函数的参数多一个小批量样本规模 batch_size。与 SGD 函数一样，MBGD 函数首先利用 Shuffle_Sequence 函数将训练数据集随机打乱；然后根据小批量样本规模 batch_size 将训练数据集划分为多个小批量训练样本；最后遍历这些小样本训练集，与 BGD 函数类似，计算每个小批量样本上的平均梯度增量并结合学习率 alpha 来更新模型参数 self.Theta。MBGD 函数的定义如下所示。

```
def MBGD(self,alpha,batch_size):
    """
    这是利用 MBGD 算法进行一次迭代调整参数的函数
    :param alpha: 学习率
    :param batch_size: 小批量样本规模
    """
    # 首先将数据集随机打乱，减少数据集顺序对参数调优的影响
    shuffle_sequence = self.Shuffle_Sequence()
    # 遍历每个小批量样本数据集及其标签
    for start in np.arange(0,len(shuffle_sequence),batch_size):
        # 判断 start + batch_size 是否大于数组长度，
        # 防止最后一组小批量样本规模可能小于 batch_size 的情况
        end = np.min([start + batch_size,len(shuffle_sequence)])
        # 获取训练小批量样本集及其标签
        mini_batch = shuffle_sequence[start:end]
        Mini_Train_Data = self.Train_Data[mini_batch]
        Mini_Train_Label = self.Train_Label[mini_batch]
        # 定义小批量训练数据集梯度增量数组
        gradient_increasement = []
        # 遍历每个小批量训练数据集
        for (train_data,train_label) in zip(Mini_Train_Data,Mini_Train_Label):
            # 首先计算 train_data 在当前模型的预测结果
```

```
predict = self.Sigmoid(self.Theta.dot(train_data.T))
# 之后计算每组 train_data 的梯度增量，并放入梯度增量数组
g = (train_label - predict) * train_data
gradient_increasment.append(g)
# 按列计算属性的平均梯度增量
avg_g = np.average(gradient_increasment,0)
# 更新模型参数 self.Theta
self.Theta = self.Theta + alpha * avg_g
```

4.5.3 迭代训练函数

迭代训练函数 train_BGD、train_SGD 和 train_MBGD 分别通过梯度下降法来迭代优化损失函数。这 3 个函数的参数为迭代次数 iter 和学习率 alpha，只是 train_MBGD 函数多了一个小批量样本规模，其余函数的参数与前文介绍的梯度下降算法函数的参数一一对应。

3 个迭代训练函数的主要功能全部都一样，都是进行迭代训练并返回每次迭代后的训练集的平均训练损失。不同的是，这 3 个迭代训练函数使用的参数优化算法有区别。train_BGD 函数利用的是 BGD 函数；train_SGD 函数利用的是 SGD 函数；train_MBGD 函数利用的是 MBGD 函数。上述 3 个迭代训练函数的定义如下所示。

```
def train_BGD(self,iter,alpha):
    """
    这是利用 BGD 算法迭代优化的函数
    :param iter: 迭代次数
    :param alpha: 学习率
    """
    # 定义平均训练损失数组，记录每轮迭代的训练数据集的损失
    Cost = []
    # 追加未开始训练的模型平均训练损失
    Cost.append(self.Cost())
    # 开始进行迭代训练
    for i in range(iter):
        # 利用学习率 alpha，结合 BGD 算法对模型进行训练
        self.BGD(alpha)
        # 记录每次迭代的平均训练损失
        Cost.append(self.Cost())
    Cost = np.array(Cost)
    return Cost

def train_SGD(self,iter,alpha):
    """
    这是利用 SGD 算法迭代优化的函数
    :param iter: 迭代次数
    :param alpha: 学习率
```

```python
        """
        # 定义平均训练损失数组，记录每轮迭代的训练数据集的损失
        Cost = []
        # 追加未开始训练的模型平均训练损失
        Cost.append(self.Cost())
        # 开始进行迭代训练
        for i in range(iter):
            # 利用学习率 alpha，结合 SGD 算法对模型进行训练
            self.SGD(alpha)
            # 记录每次迭代的平均训练损失
            Cost.append(self.Cost())
        Cost = np.array(Cost)
        return Cost

    def train_MBGD(self,iter,batch_size,alpha):
        """
        这是利用 MBGD 算法迭代优化的函数
        :param iter: 迭代次数
        :param batch_size: 小批量样本规模
        :param alpha: 学习率
        """
        # 定义平均训练损失数组，记录每轮迭代的训练数据集的损失
        Cost = []
        # 追加未开始训练的模型平均训练损失
        Cost.append(self.Cost())
        # 开始进行迭代训练
        for i in range(iter):
            # 利用学习率 alpha，结合 MBGD 算法对模型进行训练
            self.MBGD(alpha,batch_size)
            # 记录每次迭代的平均训练损失
            Cost.append(self.Cost())
        Cost = np.array(Cost)
        return Cost
```

4.5.4　预测与测试函数

下面介绍 Logistic 回归的预测与测试函数。首先介绍的是 Logistic 回归的测试函数 test。test 函数的参数为一组测试数据，其主要功能是预测输入的测试数据的分类。与训练过程一样，在进行预测分类之前，测试数据必须对数据进行属性扩展，加入一维常数属性 1，以适应矩阵乘法。计算 test_data 在当前模型的预测结果，当 Sigmoid 函数值大于等于 0.5 时，视分类结果为 1；当 Sigmoid 函数值小于 0.5 时，视分类结果为 0。test 函数的定义如下所示。

```python
    def test(self,test_data):
        """
        这是对一组测试数据预测的函数
```

```
    :param test_data: 测试数据
    """
    # 对测试数据加入一维特征，以适应矩阵乘法
    tmp = [1.0]
    tmp.extend(test_data)
    # 计算 test_data 在当前模型的预测结果
    test_data = np.array(tmp)
    predict = self.Sigmoid(self.Theta.dot(test_data.T))
    if predict >= 0.5:
        # Sigmoid 函数值大于等于 0.5，视分类结果为 1
        return 1
    else:
        # Sigmoid 函数值小于 0.5，视分类结果为 0
        return 0
```

然后介绍的是 Logistic 回归的预测函数 predict。predict 函数的参数为测试数据集 test_data，其主要功能是遍历整个测试数据集，对每组测试数据调用 test 函数，获取对应的分类，最后将测试分类标签集作为结果返回。predict 函数的定义如下所示。

```
def predict(self,test_data):
    """
    这是对测试数据集的线性回归预测函数
    :param test_data: 测试数据集
    """
    # 定义预测结果数组
    predict_result = []
    # 对测试数据进行遍历，依次预测结果
    for data in test_data:
        # 预测每组 data 的结果
        predict_result.append(self.test(data))
    predict_result = np.array(predict_result)
    return predict_result
```

4.5.5　辅助函数

下面介绍在前文所述函数中调用较为频繁的 3 个辅助函数。首先介绍的是 Shuffle_Sequence 函数。Shuffle_Sequence 函数的主要功能是生成训练数据集规模的随机序列。Shuffle_Sequence 函数首先获得训练集规模，然后按照规模生成自然数序列，利用 numpy 的随机打乱函数打乱训练数据下标，返回数据集随机打乱后的数据序列。Shuffle_Sequence 函数主要是在运行 SGD 算法或 MBGD 算法之前，随机打乱原始训练数据集。Shuffle_Sequence 函数的定义如下所示。

```
def Shuffle_Sequence(self):
    """
    这是在运行 SGD 算法或 MBGD 算法之前，随机打乱后原始数据集的函数
    """
```

```
   # 首先获得训练集规模，然后按照规模生成自然数序列
   length = len(self.Train_Label)
   random_sequence = list(range(length))
   # 利用 numpy 的随机打乱函数打乱训练数据下标
   random_sequence = np.random.permutation(random_sequence)
   return random_sequence              # 返回数据集随机打乱后的数据序列
```

然后介绍的是 Logistic 回归分类的激活函数——Sigmoid 函数。Sigmoid 函数的主要功能是将输入数据映射成 0~1 的自然数。该函数主要在 test 函数中被调用。Sigmoid 函数的定义如下所示。

```
def Sigmoid(self,x):
    """
    计算 Sigmoid 函数值
    :param x: 输入数据
    """
    return 1.0 / (1.0 + np.exp(-x))
```

最后介绍的是 Logistic 回归计算模型平均训练损失的函数 Cost。损失函数是用来表现预测与实际数据的差距程度的函数，它是一个非负实值函数，通常使用 $L(Y, f(x))$ 来表示，损失函数越小，模型的鲁棒性就越好。首先计算 train_data 在当前模型的预测结果，在运算中加入 1e − 6 是为了防止 predict 或 1 − predict 出现 0 的情况，从而防止对数运算出错，然后返回每组训练数据平均训练损失之和。Cost 函数主要应用在上述 3 个迭代训练函数中，在每次迭代训练后，计算当前的平均训练损失。Cost 函数的定义如下所示。

```
def Cost(self):
    """
    这是计算模型平均训练损失的函数
    """
    Cost = []
    for (train_data,train_label) in zip(self.Train_Data,self.Train_Label):
        # 首先计算 train_data 在当前模型的预测结果
        predict = self.Sigmoid(self.Theta.dot(train_data.T))
        # 加入 1e − 6 是为了防止 predict 或 1 − predict 出现 0 的情况，从而防止对数运算出错
        cost = -(train_label * np.log(predict + 1e − 6) + (1 − train_label) *
                 np.log(1 − predict + 1e − 6))
        Cost.append(cost)
    return np.average(Cost)              # 返回每组训练数据平均训练损失之和
```

 ## 4.6 案例：利用 Logistic 回归对乳腺癌数据集进行分类

在本节的案例中，利用 Logistic 回归算法对是否患有乳腺癌进行分类。本节案例使用的是 UCI

数据库中的乳腺癌数据集。该数据集总共包含了 32 维特征，其中一维特征是患者编号，这是一组无效特征，不能对分类起到任何作用，故这一维数据应当舍弃。

还有一维特征是分类结果，分别为 Begin 和 Malignant。其中"Begin"代表良性肿瘤，因此记作 0，"Malignant"代表恶性肿瘤，记作 1。剩余的 30 维特征是来源于乳房硬块的细针抽吸 (FNA) 的医学数字影像，分别为医学数字影像中细胞核的 10 种特征的最大值、平均值和方差。这 10 种特征分别为半径、周长、面积、质地、致密性、平滑度、凹度、凹点数、对称性和分型维度。同时这个数据集中没有数据缺失。图 4.2 展示了本案例的主要流程。

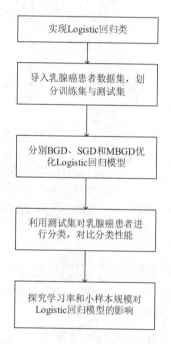

图 4.2 乳腺癌患者分类案例流程

下面利用 Logistic 回归算法来对乳腺癌患者进行分类。由于该乳腺癌数据集已经集成在 Python 的第三方工具库 sklearn 中了，因此不需要再到 UCI 数据库网站下载数据并编写特定的数据导入函数。案例的第一步就是导入 sklearn 中的数据集。可以发现，各个数据特征之间单位不统一，并且数字差异较大。因此必须对数据进行标准化，在这里采用的是最大最小标准化。然后将整个数据集分成训练集和测试集，其中测试集占整个数据集的 25%。这个过程的代码如下所示。

```python
from sklearn.datasets import load_breast_cancer
from sklearn.preprocessing import MinMaxScaler
from sklearn.model_selection import train_test_split
"""
这是主函数
"""
# 导入乳腺癌数据集
breast_cancer = load_breast_cancer()
```

```
Data,Label = breast_cancer.data,breast_cancer.target
print(Data)
# 数据归一化
Data = MinMaxScaler().fit_transform(Data)
# 将数据集分成训练集和测试集
Train_Data,Test_Data,Train_Label,Test_Label = train_test_split \
    (Data,Label,test_size=0.25,random_state=10)
```

导入数据集后，开始利用训练数据集来训练 Logistic 回归算法，优化算法参数。为了与线性回归类似，对比了 BGD、SGD 和 MBGD 三种优化算法在训练过程中的平均训练损失。为了使 3 组结果之间具有可比性，可将 3 种不同 Logistic 回归模型设置相同迭代次数和学习率，迭代次数为 2 万，学习率为 0.1，同时将 MBGD 算法的小批量样本规模设置成 32。这个过程的代码如下所示。

```
# 初始化模型参数，参数维数比当前数据多一维
# 是因为在 Logistic 回归模型内部会对数据扩展一维
size = np.shape(Train_Data)[1] + 1
Theta = np.random.randn(size)


# 构建不同梯度下降算法的 Logistic 回归模型
LR_BGD = LogisticRegression(Train_Data,Train_Label,Theta)    # BGD 的 Logistic 回归模型
LR_SGD = LogisticRegression(Train_Data,Train_Label,Theta)    # SGD 的 Logistic 回归模型
LR_MBGD = LogisticRegression(Train_Data,Train_Label,Theta)   # MBGD 的 Logistic 回归模型


# 初始化 Logistic 回归模型的相关参数
iteration = 20000                  # 迭代次数
learning_rate = 0.1                # 学习率
batch_size = 32                    # 小批量样本规模


# 训练 Logistic 回归模型
BGD_Cost = LR_BGD.train_BGD(iteration,learning_rate)
SGD_Cost = LR_SGD.train_SGD(iteration,learning_rate)
MBGD_Cost = LR_MBGD.train_MBGD(iteration,batch_size,learning_rate)


# 解决画图时的中文乱码问题
mpl.rcParams['font.sans-serif'] = [u'simHei']
mpl.rcParams['axes.unicode_minus'] = False


# 3 种模型在训练阶段的损失变化
col = ['BGD','SGD','MBGD']
x = np.arange(len(BGD_Cost))
plt.plot(x,BGD_Cost,'r')
plt.plot(x,SGD_Cost,'b--')
plt.plot(x,MBGD_Cost,'k-.')
plt.grid(True)
plt.legend(labels=col,loc='best')
plt.xlabel(" 迭代次数 ")
```

```
plt.ylabel(" 平均训练损失 ")
plt.savefig("./ 平均训练损失 .jpg",bbox_inches='tight')
plt.show()
plt.close()
```

接下来利用训练好的 Logistic 回归模型来对测试数据集进行分类，计算精度、查准率、召回率、f1 度量和混淆矩阵等评价指标来对不同优化模型进行对比，并将结果保存为 Excel 文档。为了突出重点，本章不会对上述提到的分类评价指标进行详细介绍，这些性能指标会在第 5 章中给出详细介绍。这个过程的代码如下所示。

```
from sklearn.metrics import accuracy_score
from sklearn.metrics import confusion_matrix
from sklearn.metrics import f1_score
from sklearn.metrics import precision_score
from sklearn.metrics import recall_score

# 利用 Logistic 回归预测是否患乳腺癌
BGD_predict = LR_BGD.predict(Test_Data)
SGD_predict = LR_SGD.predict(Test_Data)
MBGD_predict = LR_MBGD.predict(Test_Data)

# 计算精度
BGD_accuracy = accuracy_score(Test_Label,BGD_predict)
SGD_accuracy = accuracy_score(Test_Label,SGD_predict)
MBGD_accuracy = accuracy_score(Test_Label,MBGD_predict)
accuracy = [BGD_accuracy,SGD_accuracy,MBGD_accuracy]
print("BGD 算法的精度: ",BGD_accuracy)
print("SGD 算法的精度: ",SGD_accuracy)
print("MBGD 算法的精度: ",MBGD_accuracy)

# 计算查准率
BGD_precision = precision_score(Test_Label,BGD_predict)
SGD_precision = precision_score(Test_Label,SGD_predict)
MBGD_precision = precision_score(Test_Label,MBGD_predict)
precision = [BGD_precision,SGD_precision,MBGD_precision]
print("BGD 算法的查准率: ",BGD_precision)
print("SGD 算法的查准率: ",SGD_precision)
print("MBGD 算法的查准率: ",MBGD_precision)

# 计算召回率
BGD_recall = recall_score(Test_Label,BGD_predict)
SGD_recall = recall_score(Test_Label,SGD_predict)
MBGD_recall = recall_score(Test_Label,MBGD_predict)
recall = [BGD_recall,SGD_recall,MBGD_recall]
print("BGD 算法的召回率: ",BGD_recall)
print("SGD 算法的召回率: ",SGD_recall)
```

```
print("MBGD 算法的召回率: ",MBGD_recall)

# 计算 f1 度量
BGD_f1 = f1_score(Test_Label,BGD_predict)
SGD_f1 = f1_score(Test_Label,SGD_predict)
MBGD_f1 = f1_score(Test_Label,MBGD_predict)
f1 = [BGD_f1,SGD_f1,MBGD_f1]
print("BGD 算法的 f1: ",BGD_f1)
print("SGD 算法的 f1: ",SGD_f1)
print("MBGD 算法的 f1: ",MBGD_f1)

# 计算混淆矩阵
BGD_confusion_matrix = confusion_matrix(Test_Label,BGD_predict)
SGD_confusion_matrix = confusion_matrix(Test_Label,SGD_predict)
MBGD_confusion_matrix = confusion_matrix(Test_Label,MBGD_predict)
print("BGD 算法的混淆矩阵: ",BGD_confusion_matrix)
print("SGD 算法的混淆矩阵: ",SGD_confusion_matrix)
print("MBGD 算法的混淆矩阵: ",MBGD_confusion_matrix)

# 合并分类性能指标
col = [" 精度 "," 查准率 "," 召回率 ","f1"]
row = ["BGD","SGD","MBGD"]
Result = [accuracy,precision,recall,f1]
Result = Merge(Result,row,col)
# 将结果保存为 Excel 文档
Result.to_excel("./3 种算法的分类性能指标 .xlsx")

# 保存混淆矩阵
# 首先构建一个 Excel 写入类的实例
writer = pd.ExcelWriter("./ 混淆矩阵 .xlsx")
# 之后把 BGD、SGD 和 MBGD 算法下的混淆矩阵转化为 DataFrame
BGD_confusion_matrix = Confusion_Matrix_Merge(BGD_confusion_matrix,[" 正例 "," 反例 "])
SGD_confusion_matrix = Confusion_Matrix_Merge(SGD_confusion_matrix,[" 正例 "," 反例 "])
MBGD_confusion_matrix = Confusion_Matrix_Merge(MBGD_confusion_matrix,[" 正例 "," 反例 "])
# 依次把 DateFrame 以 sheet 的形式写入 Excel
BGD_confusion_matrix.to_excel(writer,sheet_name="BGD")
SGD_confusion_matrix.to_excel(writer,sheet_name="SGD")
MBGD_confusion_matrix.to_excel(writer,sheet_name="MBGD")
writer.save()
```

在上述代码的末端出现两个自定义函数 Merge 和 Confusion_Matrix。其中 Merge 函数的主要功能是将数组 data 转化为 Pandas 中 DataFrame 数据类型的数据，行名称为 row 数组，列名称为 col 数组。Confusion_Matrix 函数的功能与 Merge 函数类似，是将 numpy.array 类型的混淆矩阵转化为 Pandas 中 DataFrame 数据类型的数据。这两个函数的代码如下所示。

```
import pandas as pd
```

```python
import numpy as np

def Merge(data,row,col):
    """
    这是生成 DataFrame 数据的函数
    :param data: 数据，格式为列表 (list)，不是 numpy.array
    :param row: 行名称
    :param col: 列名称
    """
    data = np.array(data).T
    return pd.DataFrame(data=data,columns=col,index=row)

def Confusion_Matrix_Merge(confusion_matrix,name):
    return pd.DataFrame(data=confusion_matrix,index=name,columns=name)
```

下面对生成的结果进行说明。首先来看 BGD、SGD 和 MBGD 三种优化算法在训练过程中的平均训练损失对比。图 4.3 展示了 2 万次迭代过程中，在学习率为 0.1、小批量样本规模为 32 的情况下，BGD、SGD 和 MBGD 优化算法下 Logistic 回归模型的平均训练损失对比。图 4.3 中，实线代表 BGD 算法下 Logistic 回归模型的平均训练损失；点画线代表 MBGD 算法下 Logistic 回归模型的平均训练损失；虚线代表 SGD 算法下 Logistic 回归模型的平均训练损失。

从图 4.3 中可以明显看出，BGD 算法使 Logistic 回归模型的平均训练损失收敛得最慢，且最终收敛的平均训练损失最大；SGD 算法的收敛速度最快，且最终收敛的平均训练损失在这 3 种算法中最小，然而也可以明显地看到 SGD 算法在前 5000 次迭代过程中，平均训练损失出现了明显的波动，给 Logistic 回归模型带来一定的不稳定性；MBGD 算法的性能则处于 BGD 算法与 SGD 算法之间，收敛速度略差于 SGD 算法，但是最终收敛的平均训练损失明显优于 BGD 算法。

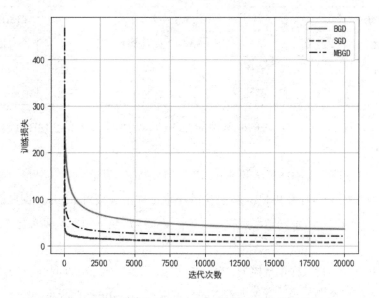

图 4.3 3 种优化算法下 Logistic 回归模型的平均训练损失

接下来给出预测分类阶段的分类性能指标对比。在 Logistic 回归模型训练完毕后，利用测试集来进行分类预测，分别计算了精度、查准率、召回率、f1 度量和混淆矩阵这几种分类性能指标。表 4.7 给出了 BGD、SGD 和 MBGD 三种算法下 Logistic 回归模型的分类性能指标对比。

表4.7　3 种优化算法下Logistic回归模型的分类性能指标

性能指标 算法	精度	查准率	召回率	f1
BGD	0.979	0.989	0.978	0.983
SGD	0.944	0.966	0.945	0.956
MBGD	0.965	0.978	0.967	0.972

从表 4.7 中可以看出，SGD 算法下 Logistic 回归模型的 4 个分类性能指标都不如 BGD 算法和 MBGD 算法对应的 Logistic 回归模型的 4 个分类性能指标。虽然 BGD 算法对应的 Logistic 回归模型的 4 个分类性能指标全部高于其他两种算法，但是结合图 4.3 可以看出，BGD 算法的收敛速度慢于 MBGD 算法，且最终收敛的平均训练损失也远大于 MBGD 算法。

因此，折中考虑，MBGD 算法是 3 种算法中在训练集和测试集上都能表现出良好性能的算法。因此，参数优化阶段选择 MBGD 算法是合适的选择。

为了进一步对比上述 3 种算法的分类性能，接下来给出上述 3 种算法的混淆矩阵。3 种优化算法下 Logistic 回归模型的混淆矩阵如表 4.8 所示。在表 4.8 中，行表示真实结果，列表示 Logistic 回归模型分类结果。下面以表 4.8 中 BGD 算法对应的混淆矩阵中的 51 来做说明，这个 51 代表着在 52 组良性测试样本中，Logistic 回归模型预测分类为良性的有 51 组。

表4.8　3 种优化算法下Logistic回归模型的混淆矩阵

BGD算法	良性	恶性	SGD算法	良性	恶性	MBGD算法	良性	恶性
良性	51	1	良性	49	3	良性	50	2
恶性	2	89	恶性	5	86	恶性	3	88

从表 4.8 中可以看出，SGD 算法的分类性能在 3 种算法中是最差的，MBGD 算法次之，BGD 算法的分类性能最好。

综上可以看出，相比于 BGD 算法和 SGD 算法，MBGD 算法在训练集和测试集上表现出了良好的性能。下面就来探究学习率和 MBGD 算法的小批量样本规模对 Logistic 回归算法的影响，我们进行两组实验，分别比较了不同学习率和不同小批量样本规模下的平均训练损失与几种分类性能指标。

不同学习率和不同小批量样本规模下，MBGD 优化算法下 Logistic 回归模型的分类性能会有所差异，接下来就来分析这些差异。首先来看不同学习率下 Logistic 回归模型的分类性能。为了使得实验结果具有可比性，迭代次数依然设置成 2 万，MBGD 算法的小批量样本规模设置成 32。设置了不同的学习率：[0.001, 0.01, 0.05, 0.1, 0.3]。这个过程的代码如下所示。

```
# 寻求最佳的学习率
learning_rates = [0.001,0.01,0.05,0.1,0.3]
choices = ["b-","g-.",'r:','k--','y-']
label = []              # 图例标签
accuracy = []           # 精度数组
precision = []          # 查准率数组
recall = []             # 召回率数组
f1 = []                 # f1 度量数组
# 遍历每个学习率，获取该学习率下 Logistic 回归模型的平均训练损失
for learning_rate,choice in zip(learning_rates,choices):
    # 生成每组结果的图例标签
    label.append("learning_rate=" + str(learning_rate))
    # 构造 MBGD 优化算法的 Logistic 回归模型
    LR_MBGD = LogisticRegression(Train_Data,Train_Label,Theta)
    # 利用 MBGD 算法训练 Logistic 回归模型，并返回平均训练损失
    MBGD_Cost = LR_MBGD.train_MBGD(iteration,batch_size,learning_rate)
    # 绘制迭代次数与平均训练损失曲线
    plt.plot(np.arange(len(MBGD_Cost)),MBGD_Cost,choice)
    # 利用 Logistic 回归模型对测试数据集进行预测
    Test_predict = LR_MBGD.predict(Test_Data)
    # 计算精度、查准率、召回率和 f1 分类性能指标
    accuracy.append(accuracy_score(Test_Label,Test_predict))
    f1.append(f1_score(Test_Label,Test_predict))
    precision.append((precision_score(Test_Label,Test_predict)))
    recall.append(recall_score(Test_Label,Test_predict))
# 合并分类性能指标结果
Data = [accuracy,precision,recall,f1]
Data = Merge(Data,label,col)
# 将结果保存为 Excel 文档
Data.to_excel("./ 不同学习率下 MBGD 的评价指标 .xlsx")
# 平均训练损失可视化的相关操作
plt.xlabel(" 迭代次数 ")
plt.ylabel(" 平均训练损失 ")
plt.grid(True)
plt.legend(labels=label,loc="best")
plt.savefig("./ 不同学习率下 MBGD 的平均训练损失 .jpg",bbox_inches='tight')
plt.show()
plt.close()
```

图 4.4 给出了上述不同学习率下 Logistic 回归模型的平均训练损失对比。在图 4.4 中，最上面的实线代表学习率为 0.001 时 Logistic 回归模型的平均训练损失；在其下面的点画线代表学习率为 0.01 时 Logistic 回归模型的平均训练损失；点线代表学习率为 0.05 时 Logistic 回归模型的平均训练

损失；虚线代表学习率为 0.1 时 Logistic 回归模型的平均训练损失；最下方的实线代表学习率为 0.3 时 Logistic 回归模型的平均训练损失。

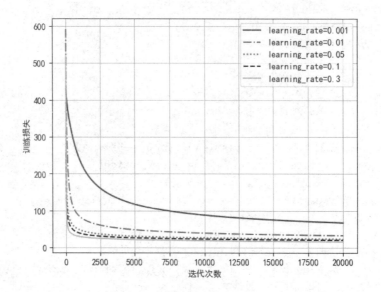

图 4.4　不同学习率下 Logistic 回归模型的平均训练损失

从图 4.4 中可以看出，随着学习率的增大，MBGD 优化算法下 Logistic 回归模型的收敛速度加快。同时，随着学习率的增大，Logistic 回归模型最终收敛的平均训练损失逐渐降低。并且当学习率小于等于 0.05 时，学习率的变化能给平均训练损失很大的改善；而在学习率为 0.05、0.1 和 0.3 这 3 种情况下模型的收敛速度几乎没有太大区别。

下面给出不同学习率下 Logistic 回归模型在测试集上的性能对比，对比结果如表 4.9 所示。从表 4.9 中可以看出，Logistic 回归模型在测试集上的分类性能没有像平均训练损失一样随着学习率的增大而提高。可以明显地发现，学习率为 0.01 时，Logistic 回归模型的分类性能在 5 种学习率中相比较是最好的；学习率为 0.05 和 0.1 时，Logistic 回归模型的分类性能完全一样，从图 4.4 中也能看出两者的平均训练损失相差无几；学习率为 0.3 时，Logistic 回归模型在测试集上的分类性能最差。

表4.9　不同学习率下Logistic回归模型的分类性能

学习率	精度	查准率	召回率	f1
0.001	0.959	0.947	0.989	0.968
0.01	0.979	0.989	0.978	0.983
0.05	0.965	0.978	0.967	0.972
0.1	0.965	0.978	0.967	0.972
0.3	0.951	0.977	0.945	0.960

从图 4.4 和表 4.9 中可以得出，学习率的选择必须兼顾 Logistic 回归模型在训练集和测试集上的性能，只有在训练集和测试集上都取得良好性能才能称为好的分类模型。在此案例中，学习率的选择范围应该为 [0.01, 0.1]。追求更快的收敛速度，学习率可以选择 0.01，若要较快的收敛速度，则学习率可以选择 0.1。

接下来比较不同小批量样本规模对 Logistic 回归模型的分类性能的影响。实验条件与不同学习率下的实验条件几乎一样，迭代次数为 2 万，设置了不同小批量样本规模：[16, 32, 64, 128, 256]。在不同学习率下的 Logistic 回归模型的分类性能的实验中，可以得知学习率为 0.1 时，Logistic 回归模型的分类性能在训练集和测试集上相对最优。因此在本次实验中，就将学习率设置成 0.1。这个过程的代码如下所示。

```python
# 寻找最佳小批量样本规模
batch_sizes = [16,32,64,128,256]
choices = ["b-","g-.",'r:','k--','y-']
label = []              # 图例标签
accuracy = []           # 精度数组
precision = []          # 查准率数组
recall = []             # 召回率数组
f1 = []                 # f1 度量数组
# 遍历每个学习率，获取该学习率下的平均训练损失
for batch_size,choice in zip(batch_sizes,choices):
    label.append("batch_size=" + str(batch_size))
    # 构造 MBGD 优化算法的 Logistic 回归模型
    LR_MBGD = LogisticRegression(Train_Data,Train_Label,Theta)
    # 利用 MBGD 算法训练 Logistic 回归模型，并返回平均训练损失
    MBGD_Cost = LR_MBGD.train_MBGD(iteration,batch_size,learning_rate)
    # 绘制迭代次数与平均训练损失曲线
    plt.plot(np.arange(len(MBGD_Cost)),MBGD_Cost,choice)
    # 利用 Logistic 回归模型对测试数据集进行预测
    Test_predict = LR_MBGD.predict(Test_Data)
    # 计算精度、查准率、召回率和 f1 分类性能指标
    accuracy.append(accuracy_score(Test_Label,Test_predict))
    f1.append(f1_score(Test_Label,Test_predict))
    precision.append((precision_score(Test_Label,Test_predict)))
    recall.append(recall_score(Test_Label,Test_predict))
# 合并分类性能指标结果
Data = [accuracy,precision,recall,f1]
Data = Merge(Data,label,col)
# 将结果保存为 Excel 文档
Data.to_excel("./ 不同小批量样本规模下 MBGD 的评价指标 .xlsx")
# 平均训练损失可视化的相关操作
plt.xlabel(" 迭代次数 ")
plt.ylabel(" 平均训练损失 ")
plt.grid(True)
```

```
plt.legend(labels=label,loc="best")
plt.savefig("./ 不同小批量样本规模下 MBGD 的平均训练损失 .jpg",bbox_inches='tight')
plt.show()
plt.close()
```

图 4.5 展示了不同小批量样本规模下 Logistic 回归模型的平均训练损失对比。在图 4.5 中，最下面的实线代表小批量样本规模为 16 时 Logistic 回归模型的平均训练损失；在其上面的点画线代表小批量样本规模为 32 时 Logistic 回归模型的平均训练损失；在点画线上面的点线代表小批量样本规模为 64 时 Logistic 回归模型的平均训练损失；虚线代表小批量样本规模为 128 时 Logistic 回归模型的平均训练损失；最上面的实线代表小批量样本规模为 256 时 Logistic 回归模型的平均训练损失。

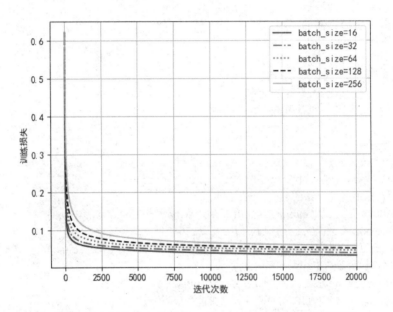

图 4.5　不同小批量样本规模下 Logistic 回归模型的平均训练损失

图 4.5 显示的不同小批量样本规模下 Logistic 回归模型的平均训练损失对比和图 4.4 的实验结果完全相反，即随着小批量样本规模增大，Logistic 回归模型的平均训练损失逐步增大。这也不难解释，整个乳腺癌患者数据集总共 589 组数据，其中只有 75% 作为了训练数据集，那么小批量样本规模以几何级数增大，使得每一次迭代过程中调整参数的次数以几何级数减少。

接下来看不同小批量样本规模下 Logistic 回归模型在测试集上的分类性能对比，对比结果如表 4.10 所示。从表 4.10 展示的实验结果可以看出，小批量样本规模为 16 时，Logistic 回归在测试集上的分类性能最低，而其他小批量样本规模下 Logistic 回归模型的分类性能完全一致。结合图 4.5 可以得知，当平均训练损失在很小的范围内时，分类性能不会有明显的区别。同时，也可以看出，在本案例中，最佳小批量样本规模为 32。

表4.10 不同小批量样本规模下Logistic回归模型的分类性能

小批量样本规模	精度	查准率	召回率	f1
16	0.944	0.977	0.934	0.955
32	0.965	0.978	0.967	0.972
64	0.965	0.978	0.967	0.972
128	0.965	0.978	0.967	0.972
256	0.965	0.978	0.967	0.972

结合图 4.4、图 4.5、表 4.9 和表 4.10 可以看出，对于模型参数的选择必须权衡分类模型在训练集和测试集上的性能，只有在训练集和测试集上都表现出较好的性能才是一个成功的模型，而不是只在训练集上或只在测试集上表现出最好的性能，而在另一方表现极差。

4.7 Softmax 回归的 Python 实现

为了更好地在 4.8 节中讲解利用 Softmax 回归对语音信号数据集进行分类的全过程，本节利用 Python 结合面向对象思想来实现 Softmax 回归。下面首先给出 Softmax 回归的类定义，然后对类中的各个函数与函数之间的调用关系进行逐一剖析。Softmax 回归的类定义如下所示。

```python
class SoftmaxRegression(object):
    def __init__(self,Train_Data,Train_Label,theta=None):
    def Transform(self,Train_Label):
    def Softmax(self,x):
    def Shuffle_Sequence(self):
    def Gradient(self,train_data,train_label,predict_label):
    def BGD(self,alpha):
    def SGD(self,alpha):
    def MBGD(self,alpha,batch_size):
    def Cost(self):
    def train_BGD(self,iter,alpha):
    def train_SGD(self,iter,alpha):
    def train_MBGD(self,iter,mini_batch,alpha):
    def test(self,test_data):
    def predict(self,test_data):
```

4.7.1　Softmax 回归的构造函数

下面介绍 Softmax 回归的构造函数 __init__。__init__ 函数的参数为训练数据集 Train_Data、训练标签集 Train_Label 和参数 theta。__init__ 函数的主要功能是初始化训练数据集、训练标签集和 Softmax 回归的模型参数 self.Theta。

值得注意的是，参数 theta 默认为 None。当参数 theta 不为 None 时，直接将 theta 赋值给 Softmax 回归的模型参数 self.Theta，否则随机生成服从标准正态分布的模型参数并赋值给 self.Theta。同时在初始化训练数据集对应的标签集时，如果 Train_Label 不是 one-hot 编码的形式，就需要调用转换函数——Transform 函数将标签变成 one-hot 编码的形式。Transform 函数将在后续小节进行解释。

最后再初始化权重参数，如果没有输入，就使用 numpy 中的随机数函数来随机创建权重参数。接下来利用 Transform() 函数将标签转换为 one-hot 编码。这个函数就是简单地统计标签个数，并将标签分别转换为对应的 one-hot 编码。__init__ 函数的定义如下所示。

```python
def __init__(self,Train_Data,Train_Label,theta=None):
    """
    这是 Softmax 回归算法的初始化函数
    :param Train_Data: 训练数据集，类型为 numpy.ndarray
    :param Train_Label: 训练标签集
    :param theta: Softmax 回归的参数，类型为 numpy.ndarray，默认为 None
    """
    self.Train_Data = []      # 定义训练数据集
    for train_data in Train_Data:
        data = [1.0]
        # 把 data 拓展到 Data 内，即把 data 的每一维数据添加到 data
        data.extend(list(train_data))
        self.Train_Data.append(data)
    self.Train_Data = np.array(self.Train_Data)
    # 定义训练标签集
    # 若标签数组是二维数组，则标签是 one-hot 编码
    if len(np.shape(Train_Label)) == 2:
        self.Train_Label = Train_Label
    else:
        # 若标签不是 one-hot 编码，则必须进行转换
        self.Train_Label = self.Transform(Train_Label)
    # 参数 theta 不为 None 时，利用 theta 构造模型参数
    if theta is not None:
        self.Theta = theta
    else:
        # 随机生成服从标准正态分布的参数
        row = np.shape(self.Train_Data)[1]
        col = np.shape(self.Train_Label)[1]
        self.Theta = np.random.randn(row,col)
```

4.7.2　Softmax 函数与梯度增量函数

首先介绍的是 Softmax 回归的 Softmax 函数。Softmax 函数的输入参数 x 为向量。Softmax 函数有一个性质——输入向量的每个元素减去同一元素，不会影响 Softmax 函数的输出值。因此，需要先找到输入向量中的最大值，并用每个输入向量分量与之相减，然后再计算 Softmax 函数值。Softmax 函数的定义如下所示。

```python
def Softmax(self,x):
    """
    这是 Softmax 函数的计算公式
    :param x: 输入向量
    """
    # 获取向量中最大分量
    x_max = np.max(x)
    # 利用广播的形式对每个分量减去最大分量
    input = x - x_max
    # 计算向量指数运算后的和
    sum = np.sum(np.exp(input))
    # 计算 Softmax 函数值
    ans = np.exp(input) / sum
    return ans
```

然后介绍的是梯度增量函数 Gradient。Gradient 函数的参数为训练数据 train_data、训练标签 train_label 和 Softmax 回归的预测分类结果 predict_label。Gradient 函数的主要功能是计算每组训练数据 train_data 对应的模型参数的梯度增量。Gradient 函数的定义如下所示。

```python
def Gradient(self,train_data,train_label,predict_label):
    """
    这是计算 Softmax 回归模型参数的梯度函数
    :param train_data: 训练数据
    :param train_label: 训练标签
    :param predict_label: 预测分类结果
    """
    error = (train_label - predict_label)
    Theta_gradient = train_data.T.dot(error)
    return Theta_gradient
```

4.7.3　梯度下降算法函数

下面介绍 Softmax 回归中的 3 种梯度下降算法。首先介绍的是批量梯度下降 (BGD) 算法函数。BGD 函数的参数为学习率 alpha。BGD 函数的主要流程是遍历整个训练集及其标签集，调用之前讲解的 Gradient 函数，计算每组训练数据 train_data 和训练标签 train_label 对应的梯度增量。遍历结束后，计算所有梯度增量的平均值并结合学习率 alpha 来更新模型参数 self.Theta。BGD 函数的定义如下所示。

```
def BGD(self,alpha):
    """
    这是利用 BGD 算法进行一次迭代调整参数的函数
    :param alpha: 学习率
    """
    # 定义梯度增量数组
    gradient_increasment = []
    # 对输入的训练数据及其真实结果进行依次遍历
    for (train_data,train_label) in zip(self.Train_Data,self.Train_Label):
        # 首先计算 train_data 在当前模型的预测结果
        train_data = np.reshape(train_data,(1,len(train_data)))
        train_label = np.reshape(train_label,(1,len(train_label)))
        predict = self.Softmax(train_data.dot(self.Theta))
        # 之后计算每组 train_data 的梯度增量，并放入梯度增量数组
        g = self.Gradient(train_data,train_label,predict)
        gradient_increasment.append(g)
    # 按列计算属性的平均梯度增量
    avg_g = np.average(gradient_increasment,0)
    # 更新模型参数 self.Theta
    self.Theta = self.Theta + alpha * avg_g
```

然后介绍的是随机梯度下降 (SGD) 算法函数。SGD 函数的参数与 BGD 函数的参数一样。与 BGD 函数不同的是，SGD 函数首先利用 Shuffle_Sequence 函数将训练集随机打乱，在遍历整个训练集时，调用 Gradient 函数计算每组训练数据 train_data 和训练标签 train_label 对应的梯度增量，然后利用该梯度增量对模型参数 self.Theta 进行更新。其中 Shuffle_Sequence 函数将在后续小节进行讲解。SGD 函数的定义如下所示。

```
def SGD(self,alpha):
    """
    这是利用 SGD 算法进行一次迭代调整参数的函数
    :param alpha: 学习率
    """
    # 首先将数据集随机打乱，减少数据集顺序对参数调优的影响
    shuffle_sequence = self.Shuffle_Sequence()
    # 对训练数据集进行遍历，利用每组训练数据对参数进行调整
    for index in shuffle_sequence:
        # 获取训练数据及其标签
        train_data = self.Train_Data[index]
        train_label = self.Train_Label[index]
        # 首先计算 train_data 在当前模型的预测结果
        train_data = np.reshape(train_data,(1,len(train_data)))
        train_label = np.reshape(train_label,(1,len(train_label)))
        predict = self.Softmax(train_data.dot(self.Theta))[0]
        # 之后计算每组 train_data 的梯度增量
```

```
        g = self.Gradient(train_data,train_label,predict)
        # 更新模型参数 self.Theta
        self.Theta = self.Theta + alpha * g
```

最后介绍的是小批量梯度下降 (MBGD) 算法函数。MBGD 函数的参数比 BGD 函数和 SGD 函数的参数多了一个小批量样本规模 batch_size。与 SGD 函数一样，MBGD 函数首先利用 Shuffle_Sequence 函数将训练集随机打乱，不同的是，MBGD 函数还必须按照小批量样本规模 batch_size 将训练集划分为多个小样本；然后遍历每个小样本，调用 Gradient 函数计算这些小样本对应的梯度新增量；最后利用这些梯度增量的平均值对模型参数 self.Theta 进行更新。MBGD 函数的定义如下所示。

```
def MBGD(self,alpha,batch_size):
    """
    这是利用 MBGD 算法进行一次迭代调整参数的函数
    :param alpha: 学习率
    :param batch_size: 小批量样本规模
    """
    # 首先将数据集随机打乱，减少数据集顺序对参数调优的影响
    shuffle_sequence = self.Shuffle_Sequence()
    # 遍历每个小批量样本数据集及其标签
    for start in np.arange(0,len(shuffle_sequence),batch_size):
        # 判断 start + batch_size 是否大于数组长度，
        # 防止最后一组小批量样本规模可能小于 batch_size 的情况
        end = np.min([start + batch_size,len(shuffle_sequence)])
        # 获取训练小批量样本集及其标签
        mini_batch = shuffle_sequence[start:end]
        Mini_Train_Data = self.Train_Data[mini_batch]
        Mini_Train_Label = self.Train_Label[mini_batch]
        # 定义小批量训练数据集梯度增量数组
        gradient_increasment = []
        # 遍历每个小批量训练数据集
        for (train_data,train_label) in zip(Mini_Train_Data,Mini_Train_Label):
            # 首先计算 train_data 在当前模型的预测结果
            train_data = np.reshape(train_data,(1,len(train_data)))
            train_label = np.reshape(train_label,(1,len(train_label)))
            predict = self.Softmax(train_data.dot(self.Theta))[0]
            # 之后计算每组 train_data 的梯度增量，并放入梯度增量数组
            g = self.Gradient(train_data,train_label,predict)
            gradient_increasment.append(g)
        # 按列计算属性的平均梯度增量
        avg_g = np.average(gradient_increasment,0)
        # 更新模型参数 self.Theta
        self.Theta = self.Theta + alpha * avg_g
```

4.7.4 迭代训练函数

介绍完 3 个梯度下降算法函数，接着介绍 Softmax 回归的 3 种迭代训练函数。这 3 个迭代训练函数分别为 train_BGD、train_SGD 和 train_MBGD。3 个函数的形参基本一致：迭代次数 iter 和学习率 alpha。不同的是，train_MBGD 函数多了一个参数——小批量样本规模 batch_size。

3 个迭代训练函数的整体流程都是一样的，都是在迭代训练中结合超参数来优化模型参数。不同的是，这 3 个不同的迭代训练函数所用的优化算法不同。train_BGD 函数在每次迭代训练中利用的是 BGD 函数；train_SGD 函数在每次迭代训练中利用的是 SGD 函数；train_MBGD 函数在每次迭代训练中利用的是 MBGD 函数。并且在每次迭代训练优化参数后，都会调用 Cost 函数计算在优化的参数下训练结果集与预测结果集之间的平均训练损失。同时，这 3 个迭代训练函数在迭代训练结束后都会返回上述描述的平均训练损失数组。上述 3 个迭代训练函数的定义如下所示。

```python
def train_BGD(self,iter,alpha):
    """
    这是利用 BGD 算法迭代优化的函数
    :param iter: 迭代次数
    :param alpha: 学习率
    """
    # 定义平均训练损失数组，记录每轮迭代的训练数据集的损失
    Cost = []
    # 追加未开始训练的模型平均训练损失
    Cost.append(self.Cost())
    # 开始进行迭代训练
    for i in range(iter):
        # 利用学习率 alpha，结合 BGD 算法对模型进行训练
        self.BGD(alpha)
        # 记录每次迭代的平均训练损失
        Cost.append(self.Cost())
    Cost = np.array(Cost)
    return Cost

def train_SGD(self,iter,alpha):
    """
    这是利用 SGD 算法迭代优化的函数
    :param iter: 迭代次数
    :param alpha: 学习率
    """
    # 定义平均训练损失数组，记录每轮迭代的训练数据集的损失
    Cost = []
    # 追加未开始训练的模型平均训练损失
    Cost.append(self.Cost())
    # 开始进行迭代训练
    for i in range(iter):
```

```
        # 利用学习率 alpha，结合 SGD 算法对模型进行训练
        self.SGD(alpha)
        # 记录每次迭代的平均训练损失
        Cost.append(self.Cost())
    Cost = np.array(Cost)
    return Cost


def train_MBGD(self,iter,batch_size,alpha):
    """
    这是利用 MBGD 算法迭代优化的函数
    :param iter: 迭代次数
    :param batch_size: 小批量样本规模
    :param alpha: 学习率
    """
    # 定义平均训练损失数组，记录每轮迭代的训练数据集的损失
    Cost = []
    # 追加未开始训练的模型平均训练损失
    Cost.append(self.Cost())
    # 开始进行迭代训练
    for i in range(iter):
        # 利用学习率 alpha，结合 MBGD 算法对模型进行训练
        self.MBGD(alpha,batch_size)
        # 记录每次迭代的平均训练损失
        Cost.append(self.Cost())
    Cost = np.array(Cost)
    return Cost
```

4.7.5　预测与测试函数

下面介绍 Softmax 回归的预测与测试函数。首先介绍的是预测函数 predict。predict 函数的参数为一组测试数据 test_data。在 predict 函数中，首先将测试数据 test_data 扩展一维常数属性 1，然后调用 Softmax 函数计算测试数据 test_data 对应每种分类的概率，最后返回概率最高对应的分类。predict 函数的定义如下所示。

```
def predict(self,test_data):
    """
    这是对一组测试数据预测的函数
    :param test_data: 测试数据
    """
    # 对测试数据加入一维特征，以适应矩阵乘法
    tmp = [1.0]
    tmp.extend(test_data)
    # 计算 test_data 在当前模型的预测结果
    test_data = np.array(tmp)
    # 首先计算 train_data 在当前模型的预测结果
```

```
        test_data = np.reshape(test_data,(1,len(test_data)))
        predict = self.Softmax(test_data.dot(self.Theta))[0]
        #print(predict)
        return np.argmax(predict)          # 返回最大概率对应的下标即分类
```

然后介绍的是 Softmax 回归的测试函数 test。test 函数的主要功能是遍历整个测试数据集 Test_Data，并预测每组测试数据 test_data 的分类。test 函数的定义如下所示。

```
def test(self,Test_Data):
    """
    这是对测试数据集的线性回归预测函数
    :param Test_Data: 测试数据集
    """
    # 定义预测结果数组
    predict_result = []
    # 对测试数据进行遍历，依次预测结果
    for test_data in Test_Data:
        # 预测每组 data 的结果
        predict_result.append(self.predict(test_data))
    predict_result = np.array(predict_result)
    return predict_result
```

4.7.6　辅助函数

下面介绍在前文所述函数中调用较为频繁的 3 个辅助函数。首先介绍的是标签编码转换函数 Transform。Transform 函数的参数为训练标签集 Train_Label。Transform 函数的主要功能是将数值标签转换为 one-hot 编码。

Transform 函数首先遍历整个训练标签集以统计标签种类数，然后再次遍历整个训练标签集，将每个训练标签转换为 one-hot 编码。Transform 函数主要是在 Softmax 回归的构造函数 __init__ 中被调用，将训练标签集转换为 one-hot 编码。Transform 函数的定义如下所示。

```
def Transform(self,Train_Label):
    """
    这是将训练数据数字标签转换为 one-hot 标签
    :param Train_Label: 训练标签集
    """
    # 定义标签数组
    Label = []
    # 定义集合
    set = []
    # 首先遍历标签集，统计标签个数
    for label in Train_Label:
        if label not in set:
            set.append(label)
```

```
# 遍历标签集，将每个标签转换为 one-hot 编码
for label in Train_Label:
    _label = [0] * len(set)
    _label[label] = 1
    Label.append(_label)
return np.array(Label)
```

然后介绍的是乱序函数 Shuffle_Sequence。Shuffle_Sequence 函数的主要功能是根据给定大小随机生成指定大小内自然数的随机序列。该函数主要运用在 SGD 函数和 MBGD 函数中，用于生成训练集的随机打乱的随机序列，进而打乱训练集及其标签，避免数据集中的数据顺序对优化参数的影响，增加随机性。Shuffle_Sequence 函数的定义如下所示。

```
def Shuffle_Sequence(self):
    """
    这是在运行 SGD 算法或 MBGD 算法之前，随机打乱后原始数据集的函数
    """
    # 首先获得训练集规模，然后按照规模生成自然数序列
    length = len(self.Train_Label)
    random_sequence = list(range(length))
    # 利用 numpy 的随机打乱函数打乱训练数据下标
    random_sequence = np.random.permutation(random_sequence)
    return random_sequence          # 返回数据集随机打乱后的数据序列
```

最后介绍的是平均训练损失函数 Cost。Cost 函数的主要功能是计算训练标签集与预测分类之间的交叉熵的平均值。Cost 函数主要在 3 个迭代训练函数中被调用，计算每次迭代训练后的平均训练损失。Cost 函数的定义如下所示。

```
def Cost(self):
    """
    这是计算模型平均训练损失的函数
    """
    Cost = []
    for (train_data,train_label) in zip(self.Train_Data,self.Train_Label):
        # 首先计算 train_data 在当前模型的预测结果
        train_data = np.reshape(train_data,(1,len(train_data)))
        predict = self.Softmax(train_data.dot(self.Theta))[0]
        # 加入 1e－6 是为了防止 predict 或 1－predict 出现 0 的情况，从而防止对数运算出错
        cost = －train_label * np.log(predict + 1e－6)
        Cost.append(np.sum(cost))
    return np.average(Cost)          # 返回每组训练数据平均训练损失之和
```

4.8 案例：利用 Softmax 回归对语音信号数据集进行分类

在本节案例中，将利用 Softmax 回归模型对语音信号数据集进行分类。语音信号数据集来自王小川等编著的《MATLAB 神经网络 43 个案例分析》一书中的第 1 章。该数据集总共有 2000 组数据，可以分为民歌、古筝、摇滚和流行 4 类不同语音类别。

在本案例中，主要使用 MBGD 算法进行参数优化，不再比较 BGD、SGD 和 MBGD 三种算法在 Softmax 回归算法中的差异。在分类过程中，主要利用分类、查准率、召回率、f1 和混淆矩阵来评价精度的好坏，图 4.6 所示为语音信号数据集分类案例流程。

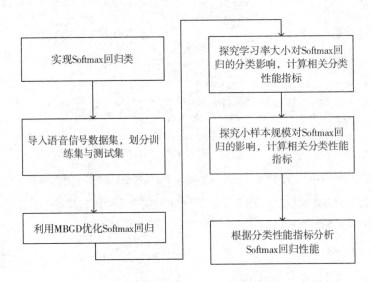

图 4.6　语音信号数据集分类案例流程

实现 Softmax 回归类后，开始对语音信号数据集进行分类。第一步就是导入语音信号数据集。由于没有任何库包含这份文件，因此必须自己手动导入数据集。导入该数据集的函数如下所示。

```python
import numpy as np

def Load_Voice_Data(path):
    """
    这是导入数据集的函数
    :param path: 数据文件的路径
    :return: 数据集
    """
    data = []
    label = []
    with open(path) as f:
        for line in f.readlines():
```

```
            str = line.strip().split("\t")
            tmp = []
            for i in range(1,len(str)):
                tmp.append(float(str[i]))
            data.append(tmp)
            if 1 == int(str[0]):
                label.append([1,0,0,0])
            elif 2 == int(str[0]):
                label.append([0,1,0,0])
            elif 3 == int(str[0]):
                label.append([0,0,1,0])
            else:
                label.append([0,0,0,1])
    data = np.array(data)
    label = np.array(label)
    return data,label
```

导入数据集后，将其划分为训练数据集和测试数据集。这个过程利用 sklearn 库的方法来完成。在本案例中，测试数据集占总数据集的 1/4。同时为了更好地进行回归，有必要对数据集进行标准化，这里使用的是最小最大标准化。这个过程的代码如下所示。

```
from sklearn.model_selection import train_test_split
from sklearn.preprocessing import MinMaxScaler
from Other import Transform
import Load_Voice_Data
import matplotlib as mpl
# 导入语音信号数据集
PATH = "./voice_data.txt"
Data,Label = Load_Voice_Data.Load_Voice_Data(PATH)
# 数据归一化
Data = MinMaxScaler().fit_transform(Data)
# 将数据集分成训练集和测试集
Train_Data,Test_Data,Train_Label,Test_Label = train_test_split \
        (Data,Label,test_size=0.25,random_state=10)
Test_Label = Transform(Test_Label)
# 初始化模型参数，参数维数比当前数据多一维
# 是因为在 Softmax 回归模型内部会对数据扩展一维
row,col = np.shape(Train_Data)[1] + 1,4
Theta = np.random.randn(row,col)
# 解决画图时的中文乱码问题
mpl.rcParams['font.sans-serif'] = [u'simHei']
mpl.rcParams['axes.unicode_minus'] = False
# 初始化 Softmax 回归模型的相关参数
iteration = 100000                      # 迭代次数
learning_rate = 0.1                     # 学习率
batch_size = 256                        # 小批量样本规模
```

下面开始探究学习率对 Softmax 回归模型的影响。在实验中，设置了 10 万次迭代。同时，由于训练数据集有 1500 组，因此小批量样本设置为一个合适值——256。首先设置如下学习率：$[0.001, 0.01, 0.1, 0.5]$；然后统计不同学习率下的平均训练损失，并对结果进行数据可视化；最后利用测试数据集进行测试，统计测试数据集的精度和混淆矩阵，并保存为 Excel 文档。这个过程的代码如下所示。

```python
import numpy as np
import pandas as pd
import matplotlib.pyplot as plt
from sklearn.metrics import accuracy_score
from sklearn.metrics import classification_report
from SoftmaxRegression.SoftmaxRegression import SoftmaxRegression
from Other import Merge
from Other import Confusion_Matrix_Merge
from Other import confusion_matrix


# 寻求最佳的学习率
learning_rates = [0.001,0.01,0.1,0.5]
choices = ["b-","g-.",'r:','k--']
col = ["民歌","古筝","摇滚","流行"]
label = []                    # 图例标签
accuracy = []                 # 精度数组
# 遍历每个学习率，获取该学习率下 Logistic 回归模型
# 的平均训练损失构造混淆矩阵的行列名称
name = list(np.arange(0,4))
for i,num in enumerate(name):
    name[i] = str(num)
# 首先构建一个 Excel 写入类的实例
writer = pd.ExcelWriter("./ 不同学习率下的混淆矩阵 .xlsx")
for learning_rate,choice in zip(learning_rates,choices):
    # 生成每组结果的图例标签
    _label = "learning_rate=" + str(learning_rate)
    label.append(_label)
    # 构造 MBGD 优化算法的 Softmax 回归模型
softmaxregression = SoftmaxRegression(Train_Data,Train_Label,Theta)
    # 利用 MBGD 算法训练 Softmax 回归模型，并返回平均训练损失
    MBGD_Cost = softmaxregression.train_MBGD(iteration,batch_size,learning_rate)
    # 绘制迭代次数与平均训练损失曲线
    plt.plot(np.arange(len(MBGD_Cost)),MBGD_Cost,choice)
    # 利用 Logistic 回归模型对测试数据集进行预测
    Test_predict = softmaxregression.predict(Test_Data)
    # 计算精度
    accuracy.append(accuracy_score(Test_Label,Test_predict))
    # 生成分类性能报告，由于 classification_report 函数结果
    # 为字符串，因此打印后，手动保存到 Excel
```

```
        report = classification_report(Test_Label,Test_predict,target_names=col)
        print(" 学习率为: %f 的分类性能 "%(learning_rate))
        print(report)
        # 计算混淆矩阵，并保存到 Excel
        sm_confusion_matrix = confusion_matrix(Test_Label,Test_predict)
        sm_confusion_matrix = Confusion_Matrix_Merge(sm_confusion_matrix,col)
        sm_confusion_matrix.to_excel(writer,sheet_name=_label)
    writer.save()
    # 平均训练损失可视化的相关操作
    plt.xlabel(" 迭代次数 ")
    plt.ylabel(" 平均训练损失 ")
    plt.grid(True)
    plt.legend(labels=label,loc="best")
    plt.savefig("./ 不同学习率下 MBGD 的平均训练损失 .jpg",bbox_inches='tight')
    #plt.show()
    plt.close()

    # 合并精度分类性能
    Data = [accuracy]
    col = [" 精度 "]
    Data = Merge(Data,label,col)
    # 将结果保存为 Excel 文档
    Data.to_excel("./ 不同学习率下 MBGD 的精度 .xlsx" )
```

下面对上述代码中出现的 4 个辅助函数进行解释。首先介绍的是 Merge 函数。Merge 函数的主要功能是结合行标签 row 和列标签 col 将输入数据 data 的转置转化为结构化数据，以便保存为 Excel 文档。Merge 函数的定义如下所示。

```
def Merge(data,row,col):
    """
    这是生成 DataFrame 数据的函数
    :param data: 数据，格式为列表 (list)，不是 numpy.array
    :param row: 行名称
    :param col: 列名称
    """
    data = np.array(data).T
    return pd.DataFrame(data=data,columns=col,index=row)
```

然后介绍的是与 Merge 函数功能类似的函数——Confusion_Matrix_Merge 函数。该函数的主要功能是结合分类名称，将混淆矩阵转化为结构化数据，以便保存为 Excel 文档。Confusion_Matrix_Merge 函数的定义如下所示。

```
def Confusion_Matrix_Merge(confusion_matrix,name):
    """
    这是将混淆矩阵转化为 DataFrame 数据的函数
    :param confusion_matrix: 混淆矩阵
```

```
    :param name: 分类名称
    """
    return pd.DataFrame(data=confusion_matrix,index=name,columns=name)
```

之后介绍的是计算混淆矩阵的函数 confusion_matrix。confusion_matrix 函数的输入为真实分类结果 real_result 和预测分类结果 predict_result。confusion_matrix 函数首先统计出分类结果数，然后根据分类结果数计算分类结果的混淆矩阵。confusion_matrix 函数的定义如下所示。

```
def confusion_matrix(real_result,predict_result):
    """
    这是计算预测结果的混淆矩阵的函数
    :param real_result: 真实分类结果
    :param predict_result: 预测分类结果
    """
    labels = []
    for result in real_result:
        if result not in labels:
            labels.append(result)
    labels = np.sort(labels)
    # 计算混淆矩阵
    confusion_matrix = []
    for label1 in labels:
        # 真实结果中为 label1 的数据下标
        index = real_result == label1
        _confusion_matrix = []
        for label2 in labels:
            _predict_result = predict_result[index]
            _confusion_matrix.append(np.sum(_predict_result==label2))
        confusion_matrix.append(_confusion_matrix)
    confusion_matrix = np.array(confusion_matrix)
    return confusion_matrix
```

最后介绍的是将 one-hot 编码的分类标签转换为数值标签的函数 Transform。需要注意的是，此处的 Transform 函数虽然与 4.7.6 小节中介绍的 Transform 函数同名，但是两个函数实现的功能却是相反的。此处的 Transform 函数主要是在实现训练集和测试集分类后将测试集对应的 one-hot 编码标签转换为数值标签。Transform 函数的定义如下所示。

```
def Transform(Label):
    """
    这是将 one-hot 编码标签转换为数值标签的函数
    :param Label: one-hot 标签
    """
    _Label = []
    for label in Label:
        _Label.append(np.argmax(label))
    return np.array(_Label)
```

下面来分析不同学习率对 Softmax 回归的影响。图 4.7 给出了不同学习率下 Softmax 回归模型的平均训练损失走势。在图 4.7 中，最上面的实线代表学习率为 0.001 时 Softmax 回归模型的平均训练损失；点画线代表学习率为 0.01 时 Softmax 回归模型的平均训练损失；点线代表学习率为 0.1 时 Softmax 回归模型的平均训练损失；最下面的虚线代表学习率为 0.5 时 Softmax 回归模型的平均训练损失。

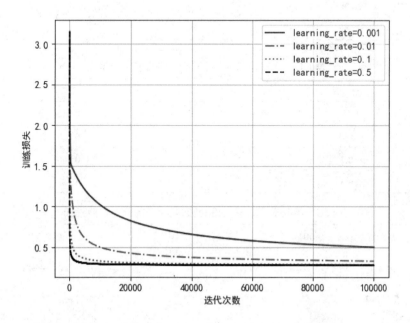

图 4.7　不同学习率下 Softmax 回归模型的平均训练损失

从图 4.7 中可以看出，学习率的大小决定了 Softmax 回归模型的收敛速度，学习率越大则收敛速度越快，而且最终收敛的平均训练损失也越小，使得模型在训练集上的性能也越好。但当学习率为 0.5 时，在最初 1 万次迭代训练中出现了明显的波动现象。

表 4.11 给出了不同学习率下 Softmax 回归模型的混淆矩阵，表 4.12 给出了不同学习率下 Softmax 回归模型的精度，表 4.13 给出不同学习率下 Softmax 回归模型的各个类别的查准率、召回率和 f1 分类性能指标。

表4.11　不同学习率下Softmax回归模型的混淆矩阵

learning rate = 0.001					learning rate = 0.01			
	民歌	古筝	摇滚	流行		民歌	古筝	摇滚	流行
民歌	93	0	33	1	民歌	94	0	31	2
古筝	0	122	0	4	古筝	0	121	0	5
摇滚	18	0	88	0	摇滚	18	0	87	1
流行	3	15	5	118	流行	0	8	1	132

续表

learning rate = 0.1	民歌	古筝	摇滚	流行	learning rate = 0.5	民歌	古筝	摇滚	流行
民歌	94	0	28	5	民歌	93	1	29	4
古筝	0	122	0	4	古筝	0	122	0	4
摇滚	18	0	86	2	摇滚	18	1	84	3
流行	0	9	1	131	流行	0	9	1	131

表4.12　不同学习率下Softmax回归模型的精度

学习率	精度
0.001	0.842
0.01	0.868
0.1	0.866
0.5	0.86

表4.13　不同学习率下Softmax回归模型的分类性能指标

learning_rate = 0.001 性能指标 / 类别	查准率	召回率	f1	learning_rate = 0.01 性能指标 / 类别	查准率	召回率	f1
民歌	0.82	0.73	0.77	民歌	0.84	0.74	0.79
古筝	0.89	0.97	0.93	古筝	0.94	0.96	0.95
摇滚	0.7	0.83	0.76	摇滚	0.73	0.82	0.77
流行	0.96	0.84	0.89	流行	0.94	0.94	0.94
平均	0.85	0.84	0.84	平均	0.87	0.87	0.87

learning_rate = 0.1 性能指标 / 类别	查准率	召回率	f1	learning_rate = 0.5 性能指标 / 类别	查准率	召回率	f1
民歌	0.84	0.74	0.79	民歌	0.84	0.73	0.78
古筝	0.93	0.97	0.95	古筝	0.92	0.97	0.94
摇滚	0.75	0.81	0.78	摇滚	0.74	0.79	0.76
流行	0.92	0.93	0.93	流行	0.92	0.93	0.93
平均	0.87	0.87	0.87	平均	0.86	0.86	0.86

从表 4.11 ～ 表 4.13 中可以看出，学习率为 0.01 时，Softmax 回归模型表现出了优异的分类性能，精度达到了 0.868，平均查准率、平均召回率和平均 f1 均达到了 0.87。学习率为 0.1 时，Softmax 回归模型的精度为 0.866，几乎与学习率为 0.01 的精度一样，其余 3 个分类性能指标与学习率为

0.01 的完全一样。

因此，可以认为学习率 0.01 和 0.1 下的分类性能是一样的。然而，学习率为 0.001 和 0.5 时，Softmax 回归模型却表现出略逊于学习率为 0.01 和 0.1 时的分类性能。因此，Softmax 回归模型在测试集上的分类性能不是随着学习率的增大而提高的。

结合图 4.7、表 4.11 ~ 表 4.13 可以看出，学习率为 0.1 时，Softmax 回归模型的平均训练损失明显小于学习率为 0.01 时 Softmax 回归模型的平均训练损失。因此权衡训练集和测试集上的分类性能，学习率为 0.1 可以视为该语音信号数据集上的最佳学习率。

分析完学习率对 Softmax 回归模型的影响，接下来分析小批量样本规模对 Softmax 回归模型的影响。由于在不同学习率对 Softmax 回归模型的影响实验中，已经得出了在语音信号数据集中的最佳学习率为 0.1，因此在小批量样本规模实验中，也将学习率设置成 0.1。与不同学习率对 Softmax 回归模型的影响实验一样，对不同小批量样本规模的 Softmax 回归模型设置了相同的初始模型参数。在实验中，选取了如下小批量样本规模：[64, 128, 256, 512]。

与探究不同学习率对 Softmax 回归模型的影响一样，在分析小批量样本规模对 Softmax 回归模型的影响实验中，也需要统计不同小批量样本规模下的平均训练损失，并对结果进行数据可视化；然后再利用测试数据集进行测试，统计测试数据集的精度和混淆矩阵，并保存为 Excel 文档。这个过程的代码如下所示。

```python
import numpy as np
import pandas as pd
import matplotlib as mpl
import matplotlib.pyplot as plt
from sklearn.metrics import accuracy_score
from sklearn.metrics import classification_report
from SoftmaxRegression.SoftmaxRegression import SoftmaxRegression
from Other import Merge
from Other import Confusion_Matrix_Merge
from Other import confusion_matrix


# 寻找最佳小批量样本规模
batch_sizes = [64,128,256,512]
choices = ["b-","g-.",'r:','k--']
col = [" 民歌 "," 古筝 "," 摇滚 "," 流行 "]
label = []                    # 图例标签
accuracy = []                 # 精度数组
Cost = []                     # 平均训练损失
# 遍历每个学习率，获取该学习率下的平均训练损失
# 构造混淆矩阵的行列名称
name = list(np.arange(0,4))
for i,num in enumerate(name):
    name[i] = str(num)
# 首先构建一个 Excel 写入类的实例
```

```python
writer = pd.ExcelWriter("./ 不同小批量样本下的混淆矩阵 .xlsx")
for batch_size,choice in zip(batch_sizes,choices):
    # 生成每组结果的图例标签
    _label = "batch_size=" + str(batch_size)
    label.append(_label)
    # 构造 MBGD 优化算法的 Softmax 回归模型
    softmaxregression = SoftmaxRegression(Train_Data,Train_Label,Theta)
    # 利用 MBGD 算法训练 Softmax 回归模型，并返回平均训练损失
    MBGD_Cost = softmaxregression.train_MBGD(iteration,batch_size,learning_rate)
    Cost.append(MBGD_Cost)
    # 绘制迭代次数与平均训练损失曲线
    plt.plot(np.arange(len(MBGD_Cost)),MBGD_Cost,choice)
    # 利用 Logistic 回归模型对测试数据集进行预测
    Test_predict = softmaxregression.predict(Test_Data)
    # 计算精度
    accuracy.append(accuracy_score(Test_Label,Test_predict))
    # 生成分类性能报告，由于 classification_report 函数结果
    # 为字符串，因此打印后，手动保存到 Excel
    report = classification_report(Test_Label,Test_predict,target_names=col)
    print(" 小批量样本为：%d 的分类性能 "%(batch_size))
    print(report)
    # 计算混淆矩阵，并保存到 Excel
    sm_confusion_matrix = confusion_matrix(Test_Label,Test_predict)
    sm_confusion_matrix = Confusion_Matrix_Merge(sm_confusion_matrix,col)
    sm_confusion_matrix.to_excel(writer,sheet_name=_label)
writer.save()
# 平均训练损失可视化的相关操作
plt.xlabel(" 迭代次数 ")
plt.ylabel(" 平均训练损失 ")
plt.grid(True)
plt.legend(labels=label,loc="best")
plt.savefig("./ 不同小批量样本规模下 MBGD 的平均训练损失 .jpg",bbox_inches='tight')
#plt.show()
plt.close()

# 合并分类性能
Data = [accuracy]
col = [" 精度 "]
Data = Merge(Data,label,col)
# 将结果保存为 Excel 文档
Data.to_excel("./ 不同小批量样本规模下 MBGD 的精度 .xlsx")

for cost,choice in zip(Cost,choices):
    # 绘制迭代次数与平均训练损失曲线
    plt.plot(np.arange(len(cost[200:])),cost[200:],choice)
plt.xlabel(" 迭代次数 ")
```

```
plt.ylabel(" 平均训练损失 ")
plt.xlim((200,100000))
plt.grid(True)
plt.legend(labels=label,loc="best")
plt.savefig("./ 不同小批量样本规模下 MBGD 的平均训练损失部分结果 .jpg",bbox_inches='tight')
#plt.show()
plt.close()
```

类似地，为了更好地展示不同小批量样本规模下 Softmax 回归模型的平均训练损失对比，我们在图 4.8 中展示了平均训练损失在 1.0 以下的对比结果，即 200 次迭代后的平均训练损失对比结果。

在图 4.8 中，最下面的实线代表小批量样本规模为 64 时 Softmax 回归模型的平均训练损失；在其上面的点画线代表小批量样本规模为 128 时 Softmax 回归模型的平均训练损失；点线代表小批量样本规模为 256 时 Softmax 回归模型的平均训练损失；最上面的虚线代表小批量样本规模为 512 时 Softmax 回归模型的平均训练损失。

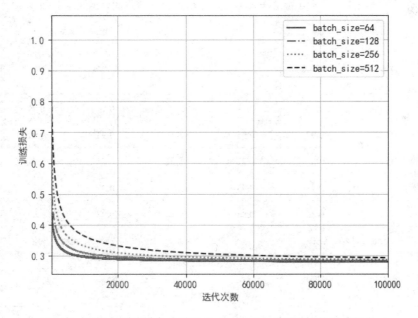

图 4.8　不同小批量样本规模下 Sotftmax 回归模型的平均训练损失

综上，可以明显地看出小批量样本规模为 64 和 128 时，Softmax 回归模型的平均训练损失在迭代训练过程中出现了较为明显的波动，即可以视当小批量样本规模为 64 和 128 时，Softmax 回归模型在训练集上性能不稳定。相反，当小批量样本规模为 256 和 512 时，Softmax 回归模型的平均训练损失随着迭代的深入逐渐降低直至收敛至 0.3 附近，即在上述 4 个小批量样本规模中，小批量样本规模为 256 和 512 时，Softmax 回归模型能在训练集上表现出较好的性能。

下面再来比较不同小批量样本规模下 Softmax 回归模型在测试集上的性能。表 4.14 给出了不同小批量样本规模下 Softmax 回归模型的精度。从表 4.14 中可以看出，不同小批量样本规模在测试集上都表现出良好的性能，但也有略微区别。小批量样本规模从 64 增加到 512，使精度提高了 0.6%。

表4.14　不同小批量样本规模下Softmax回归模型的精度

小批量样本规模	精度	小批量样本规模	精度
64	0.864	256	0.866
128	0.866	512	0.87

接下来给出不同小批量样本规模下 Softmax 回归模型的查准率、召回率和 f1 分类性能指标，如表 4.15 所示。从表 4.15 中可以看出，小批量样本规模的增大给 Softmax 回归模型的查准率、召回率和 f1 带来了 1% 的提升。特别是当小批量样本规模为 128、256 和 512 时，上述 Softmax 回归模型的 3 种分类性能指标完全相等——全为 0.87。

表4.15　不同小批量样本规模下Softmax回归模型的分类性能指标

batch_size = 64				batch_size =128			
性能指标 类别	查准率	召回率	f1	性能指标 类别	查准率	召回率	f1
民歌	0.84	0.74	0.79	民歌	0.84	0.74	0.79
古筝	0.92	0.97	0.95	古筝	0.93	0.97	0.95
摇滚	0.75	0.8	0.77	摇滚	0.75	0.81	0.78
流行	0.92	0.93	0.93	流行	0.92	0.93	0.93
平均	0.86	0.86	0.86	平均	0.87	0.87	0.87
batch_size = 256				batch_size = 512			
性能指标 类别	查准率	召回率	f1	性能指标 类别	查准率	召回率	f1
民歌	0.84	0.74	0.79	民歌	0.84	0.74	0.79
古筝	0.93	0.97	0.95	古筝	0.93	0.97	0.95
摇滚	0.75	0.81	0.78	摇滚	0.75	0.81	0.78
流行	0.92	0.93	0.93	流行	0.92	0.93	0.93
平均	0.87	0.87	0.87	平均	0.87	0.87	0.87

结合图 4.8、表 4.14 和表 4.15 可以看出，当小批量样本规模为 128 时，Softmax 回归模型虽然在测试集上的精度达到 0.866，查准率、召回率和 f1 都为 0.87，并且收敛速度较快，但是在训练集上的平均训练损失却出现波动。当小批量样本规模为 512 时，Softmax 回归模型的精度、查准率、

召回率和 f1 都为 0.87，即在测试集上获得了最好的分类性能，但是在训练集上收敛速度最慢，且最终收敛的平均训练损失最大。因此，最佳小批量样本规模应选择 256。

 4.9　本章小结

在 4.1 节中，首先介绍了监督学习的概念，然后引出了机器学习的又一大问题——分类。在 4.2 节中，从二分类问题入手，详细介绍了二分类问题最常用的算法——Logistic 回归。接下来从 Sigmoid 函数及其性质出发，重点介绍了 Logistic 回归的模型推导，并给出了 BGD、SGD 和 MBGD 三种梯度下降算法下 Logistic 回归模型的参数更新公式。

在 4.3 节中，为了将二分类问题推广到多分类问题，从而引出了 Softmax 回归算法，介绍了指数家族分布和广义线性模型。首先给出了指数分布的一般形式，并将伯努利分布利用指数家族分布进行了重写；然后介绍了广义线性模型的概念及它的 3 个假设；最后利用 Logistic 回归推导了广义线性模型。

在介绍完广义线性模型后，将二分类问题推广到了多分类问题。在 4.4 节中，详细介绍了多分类问题中常用的 Softmax 回归算法。结合多项分布和广义线性模型给出了 Softmax 回归的详细模型推导过程，并详细推导了 Softmax 回归算法的梯度下降更新公式，进而给出了 3 种梯度下降算法的模型参数更新公式。

在 4.5 节中，利用 Python 结合面向对象思想实现了 Logistic 回归，并对 Logistic 回归类中的所有代码进行了逐一解释，以便在 4.6 节中利用 Logistic 回归对乳腺癌数据集进行分类。

在 4.6 节中，利用 UCI 数据库中的乳腺癌数据集讲解了 Logistic 回归算法。在该案例中，将数据集分成训练集和测试集，用训练集来训练 Logistic 回归模型，用测试集来进行分类；然后计算了 Logistic 回归模型在训练集上的平均训练损失，在测试集上的精度、查准率、召回率、f1 和混淆矩阵这些分类性能指标，并分别比较了 BGD、SGD 和 MBGD 三种算法的性能；最后在 MBGD 算法下，分别比较了不同学习率和不同小批量样本规模下的分类性能指标。

在 4.7 节中，利用 Python 结合面向对象思想实现了 Softmax 回归，并对 Softmax 回归类中的所有代码进行了逐一解释，以便在 4.8 节中利用 Softmax 回归对语音信号数据集进行分类。

在 4.8 节中，利用 Softmax 回归对语音信号数据集进行了分类。在该案例中，在平均训练损失、精度、查准率、召回率、f1 和混淆矩阵这些分类性能指标下，分别比较了不同学习率和小批量样本规模对 Softmax 回归算法的影响。

从两个案例可以看出，一个性能好的分类模型必须在训练集和测试集上都取得良好的性能，只在训练集或只在测试集上获得最好的分类性能很多时候不是一个性能优异的分类模型，好的分类模型往往在训练集和测试集上的分类性能是次优的，而不是最优的。

读者也可以发现，这两个案例使用了很多分类性能指标。同时也可以发现，当学习率、小批量样本规模设置得较大时，Logistic 回归和 Softmax 回归在性能上表现出波动。因此，为了提高模型的泛化能力，必须对模型进行改进。那么在第 5 章中，将会绕开机器学习算法转而去介绍模型评估、选择和优化的相关理论。

第 5 章

模型评估与优化

本章将绕开具体机器学习算法的叙述，转向机器学习模型评估与优化这一主题。在本章中，将详细叙述各种模型性能评估指标、模型选择和优化这三大内容。

本章主要涉及的内容

- 模型性能度量
- 偏差 - 方差平衡
- 正则化
- 交叉验证
- Ridge 回归的 Python 实现
- 案例：再看预测鲍鱼年龄
- 带 L2 正则化的 Softmax 回归的 Python 实现
- 案例：再看语音信号数据集分类

模型性能度量

通常，可以将分类错误的样本数占总样本数的比例称为错误率；分类正确的样本数占总样本数的比例称为精度。即在 m 个样本中有 n 个分类错误样本，那么错误率为 $\frac{n}{m}$，精度为 $1-\frac{n}{m}$。其实，可以将模型实际预测输出与样本的真实输出之间的差异称为误差，模型在训练集上的误差称为平均训练损失，在除训练集外的新样本，即在测试集和验证集上的误差称为泛化误差。那么机器学习的目标就是得到泛化误差尽可能小的模型。

但是实际情况下，通常在大量训练后可以得到平均训练损失小，在测试集上表现良好的模型。但是从第 2～4 章的叙述中可以看到，无论是线性回归、Logistic 回归和 Softmax 回归，选择的最佳模型都不是平均训练损失和泛化误差都最小的模型。

我们的目标是得到在新样本上性能较好的模型，为了达到这样的目的，必须利用训练集尽可能学习到更多的潜在特征，同时还必须避免模型过拟合现象的出现。那么模型的好坏即模型性能如何衡量，就需要相关的性能指标进行衡量。接下来将主要从均方误差、精度、错误率、混淆矩阵、查准率、召回率和 f1 等性能指标来对模型性能进行评估。

首先介绍均方误差。均方误差主要运用在预测任务中。对于预测任务中给定的数据集 $\mathcal{D}=\left\{(\boldsymbol{x}^{(1)},y^{(1)}),(\boldsymbol{x}^{(2)},y^{(2)}),\cdots,(\boldsymbol{x}^{(m)},y^{(m)})\right\}$，其中 $\boldsymbol{x}^{(i)}$ 表示第 i 个样本的模型输入；$h(\boldsymbol{x}^{(i)})$ 表示模型的预测结果；$y^{(i)}$ 表示第 i 个样本的真实结果。那么均方误差的定义为式 (5-1)。

$$E(f;\mathcal{D})=\frac{1}{m}\sum_{i=1}^{m}(h(\boldsymbol{x}^{(i)})-y^{(i)})^2 \tag{5-1}$$

式 (5-1) 给出了离散型数据集的均方误差公式。为了使均方误差的表述更一般化，接下来给出连续型数据集的均方误差公式。这里假定数据集 $\mathcal{D}$ 的概率密度函数为 $p(x)$，那么均方误差可以表示为式 (5-2)。

$$E(f;\mathcal{D})=\int_{x\sim\mathcal{D}}(f(x)-y)^2 p(x)\mathrm{d}x \tag{5-2}$$

均方误差是衡量预测模型的性能度量，它代表了模型的预测值与数据集 $\mathcal{D}$ 的每组样本真实值之间的平均误差水平。

接下来主要介绍分类问题中的模型性能度量。

5.1.1 错误率与精度

在本节开头提到了错误率和精度，这两个性能度量是分类问题中最常用的两个性能度量，不仅适用于二分类问题，也适用于多分类问题。错误率是指分类错误的样本数占总样本数的比例；精度是指分类正确的样本数占总样本数的比例。那么对数据集 $\mathcal{D}$ 而言，分类错误率定义为式 (5-3)。

$$E(f;\mathcal{D}) = \frac{1}{m}\sum_{i=1}^{m}\mathbb{1}\{f(\boldsymbol{x}^{(i)}) \neq y^{(i)}\} \tag{5-3}$$

精度则定义为式 (5-4)。

$$\begin{aligned} accuracy(f;\mathcal{D}) &= \frac{1}{m}\sum_{i=1}^{m}\mathbb{1}\{f(\boldsymbol{x}^{(i)}) = y^{(i)}\} \\ &= 1 - E(f;\mathcal{D}) \end{aligned} \tag{5-4}$$

与均方误差类似，也给出错误率和精度的一般表示。假定数据集 $\mathcal{D}$ 的概率密度函数为 $p(x)$，那么错误率和精度可以表示为式 (5-5)。

$$\begin{aligned} E(f;\mathcal{D}) &= \int_{x\sim\mathcal{D}}\mathbb{1}\{f(\boldsymbol{x}^{(i)}) \neq y^{(i)}\}p(x) \\ accuracy(f;\mathcal{D}) &= \int_{x\sim\mathcal{D}}\mathbb{1}\{f(\boldsymbol{x}^{(i)}) = y^{(i)}\}p(x) \end{aligned} \tag{5-5}$$

5.1.2　混淆矩阵、查准率、召回率和 f1

错误率和精度虽然是最常用的两个分类模型性能度量，但是仍不能满足问题的需求。例如，在 Web 搜索应用中，我们常常关心的是"用户感兴趣的信息占所有检索信息的比例是多少""用户感兴趣的信息有多少被检索出来了"。上述两个问题利用查准率和召回率更容易衡量。

下面开始介绍查准率和召回率。由于查准率和召回率适用于二分类问题，因此在这里首先对二分类问题的混淆矩阵进行说明。二分类问题的混淆矩阵如表 5.1 所示。

表5.1　二分类问题的混淆矩阵

真实情况＼预测结果	正例	反例
正例	TP	FN
反例	FP	TN

表 5.1 中，*TP* 表示真实分类为正例，模型预测分类为正例的个数；*FN* 表示真实分类为正例，模型预测分类为反例的个数；*FP* 表示真实分类为反例，模型预测分类为正例的个数；*TN* 表示真实分类为反例，模型预测分类为反例的个数。那么对于数据集 $\mathcal{D} = \{(x^{(1)},y^{(1)}),(x^{(2)},y^{(2)}),\cdots,(x^{(m)},y^{(m)})\}$，有 *TP+FN+FP+TN = m*。

因此，查准率 *P* 和召回率 *R* 可以定义为式 (5-6)。

$$\begin{aligned} P &= \frac{TP}{TP+FP} \\ R &= \frac{TP}{TP+FN} \end{aligned} \tag{5-6}$$

召回率有时也被称为查全率。查准率和召回率是一组矛盾的度量。一般来说，查准率高时，召回率就会偏低；而召回率高时，查准率就会偏低。因此为了更好地综合考虑查准率和召回率这两个性能度量，f1 度量就是一个很好的性能度量。

f1 度量的定义为式 (5-7)。

$$F_1 = \frac{2 \cdot P \cdot R}{P + R} = \frac{2 \cdot TP}{m + TP - TN} \tag{5-7}$$

经过相关数学处理，式 (5-7) 也可以写成式 (5-8)。

$$F_1 = \frac{2}{\dfrac{1}{P} + \dfrac{1}{R}} \tag{5-8}$$

从式 (5-8) 中可以看出，度量可以看成是查准率 P 和召回率 R 的调和平均数。当然在某些实际应用中，查准率和召回率的重视程度不相同。例如，在推荐系统中，为了给用户推荐更多用户感兴趣的信息，此时查准率更重要；在城市监控系统中，为了尽可能查出更多罪犯，召回率更重要。因此，可以将 f1 度量推广到一般形式——F_β，这个度量能表达出查准率和召回率之间的不同偏好。F_β 的定义为式 (5-9)。

$$F_\beta = \frac{(1 + \beta^2) \times P \times R}{\beta^2 \cdot P + R} \tag{5-9}$$

式中，β（$\beta > 0$）能够衡量召回率和查准率之间的相对重要程度。当然也可以将 F_β 改写成式 (5-10)。

$$F_\beta = \frac{1 + \beta^2}{\dfrac{1}{P} + \dfrac{\beta^2}{R}} \tag{5-10}$$

那么，F_β 可以看成是查准率和召回率的加权调和平均。当 $\beta = 1$ 时，F_β 就退化成标准的 F_1，即查准率和召回率同等重要；当 $\beta > 1$ 时，召回率有更大影响；当 $\beta < 1$ 时，查准率有更大影响。

虽然查准率、召回率和 f1 度量能够很好地衡量模型性能的好坏，但是这些指标只适用于二分类模型性能评估。那么，如果进行多次训练或测试，或者在多个数据集上进行训练和测试、甚至分类问题是多分类问题时，上述描述的混淆矩阵、查准率、召回率和 f1 度量就有点不适用了。因此必须在这些场景下重新定义上述性能度量。

求出上述场景的查准率、召回率和 f1 度量的方法目前主要有两种，下面以多分类问题为例进行讲解。为了描述方便，默认只有 3 个分类，记作 1、2、3。该三分类问题的混淆矩阵如表 5.2 所示。类似于二分类问题的混淆矩阵，a_1 代表真实分类为 1，模型预测分类为 1 的个数，其他的符号以此类推。

表5.2　多分类问题的混淆矩阵

真实情况　　　预测结果	1	2	3
1	a_1	a_2	a_3
2	b_1	b_2	b_3
3	c_1	c_2	c_3

对于多分类问题，为了求出整体查准率、召回率和 f1 度量，一种最直接的方法就是求出对应每种分类的查准率和召回率 $(P_1, R_1), (P_2, R_2), \cdots, (P_n, R_n)$，然后再求查准率和召回率的平均值，进而计算整体的 f1 度量。这里的查准率、召回率和 f1 度量分别叫作"宏查准率""宏召回率"和"宏 f1 度量"。下面给出分类为 1 的查准率和召回率的计算公式。对于分类为 1 的情况，可以得出 TP_1、FN_1、FP_1、TN_1 的计算式，如式 (5-11) 所示。

$$
\begin{aligned}
TP_1 &= a_1 \\
FN_1 &= a_2 + a_3 \\
FP_1 &= b_1 + c_1 \\
TN_1 &= b_2 + b_3 + c_2 + c_3
\end{aligned}
\tag{5-11}
$$

那么，分类为 1 的查准率 P_1 和召回率 R_1 为式 (5-12)。

$$
\begin{aligned}
P_1 &= \frac{TP_1}{TP_1 + FP_1} = \frac{a_1}{a_1 + b_1 + c_1} \\
R_1 &= \frac{TP_1}{TP_1 + FN_1} = \frac{a_1}{a_1 + a_2 + a_3}
\end{aligned}
\tag{5-12}
$$

按照上述计算方法，也能计算出分类为 2、3 的查准率和召回率。那么宏查准率、宏召回率和宏 f1 度量的计算式，如式 (5-13) 所示。

$$
\begin{aligned}
macro\text{-}P &= \frac{1}{m} \sum_{i=1}^{m} P_i \\
macro\text{-}R &= \frac{1}{m} \sum_{i=1}^{m} R_i \\
macro\text{-}F_1 &= \frac{2 \times macro\text{-}P \times macro\text{-}R}{macro\text{-}P + macro\text{-}R}
\end{aligned}
\tag{5-13}
$$

另一种方法，就是首先获得每个分类对应二分类混淆矩阵的 TP_1、FN_1、FP_1 和 TN_1；然后求得相应的平均值，记作 $\overline{TP_1}$、$\overline{FN_1}$、$\overline{FP_1}$ 和 $\overline{TN_1}$；最后基于这些求得的平均值就能计算出"微查准率""微召回率"和"微 f1 度量"，如式 (5-14) 所示。

$$
\begin{aligned}
micro\text{-}P &= \frac{\overline{TP}}{\overline{TP} + \overline{FP}} \\
micro\text{-}R &= \frac{\overline{TP}}{\overline{TP} + \overline{FN}} \\
micro\text{-}F_1 &= \frac{2 \times micro\text{-}R \times micro\text{-}R}{micro\text{-}R + micro\text{-}R}
\end{aligned}
\tag{5-14}
$$

5.2 偏差 - 方差平衡

在前面的章节中，特别是第 2 章"线性回归"和第 3 章"局部加权线性回归"这两章，在分析不同模型参数下对应模型的性能时，通常会利用预测均方误差和预测标准差这两个性能度量来衡量模型性能，并由此选择对应的最佳模型参数。在统计上，样本的预测标准差其实就是样本方差的平方根。同时，预测均方误差就是样本预测值与样本真实值之间的偏差平方的平均数。也就是说，偏差和方差是衡量学习算法的两个重要指标。

事实上，偏差代表学习算法在样本集上的预测值与真实结果之间的偏离程度，即偏差衡量出了学习算法的拟合程度，同时，方差代表了同样大小的训练集的变动给学习算法带来的学习性能的波动程度，即方差衡量了数据集的变化给学习算法带来的影响。再简单地说，偏差从侧面衡量了学习算法的性能高低，偏差越小，学习算法的性能越好；而方差衡量了学习算法的性能稳定性，方差越小，学习算法的稳定性越好。

一般而言，学习算法的泛化能力由偏差和方差共同决定。对于给定的机器学习任务来说，为了获得较好的泛化能力，则需使偏差较小，即算法能够很好地拟合数据，同时也必须使方差较小，即使算法的稳定性较好。但是从第 2 和第 3 章的案例也可以明显看出，方差和偏差是一对冲突的指标。无论是线性回归还是局部加权线性回归，偏差较小时，方差较大；方差较小时，偏差较大。

偏差、方差和算法泛化能力三者之间的关系可以用图 5.1 表示。那么对于给定的学习算法，当训练充分时，学习算法的拟合能力较差，偏差过大，但是方差较小，即学习算法的稳定性较好，此时偏差称为影响学习算法的泛化能力；随着训练程度的加深，学习算法的拟合能力开始逐渐提升，但是学习算法的方差也开始逐渐变大，逐步影响学习算法的泛化能力。

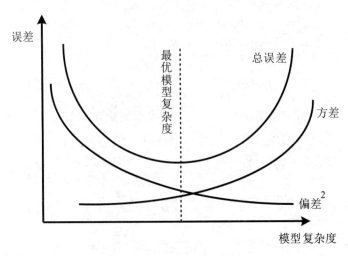

图 5.1 偏差 - 方差平衡

因此，当训练程度足够大时，学习算法的拟合能力将会非常强，但是也会给学习算法带来较大的波动性。因此在实际问题中，最佳算法应该对应图 5.1 中虚线对应的学习算法，即偏差、方差都比较小的学习算法。

5.3 正则化

本节将主要介绍正则化的相关知识。还记得第 3 章 "局部加权线性回归" 最后留下的问题吗？在第 3 章最后，指出由于局部加权线性回归是一个无参回归算法，因此它无法保留模型参数，必须根据训练集与测试集来求解最佳参数，那么为了保存训练集必然会造成大量的内存消耗。因此，在大规模数据集下，局部加权线性回归将不再适合，必须寻找更加好的算法来进行回归预测。

那么利用正则化则是改进线性回归算法的一种重要手段。当然正则化不仅适用于线性回归，而且也适用于 Logistic 回归、Softmax 回归和神经网络算法。下面首先介绍范数的概念；然后详细介绍正则化在线性回归、Logistic 回归和 Softmax 回归中的应用，并进行详细的数学推导；最后对正则化的本质进行详细解释。

5.3.1 范数

为了更好地介绍正则化的相关内容，首先必须对范数的相关知识进行详细介绍。在数学上，范数 (Norm) 的一般化定义如下，设 $p \geqslant 1$，$\boldsymbol{x} \in \mathbb{R}^n$，则 p 范数的定义如式 (5-15) 所示。

$$\|\boldsymbol{x}\|_p = \left(\sum_{i=1}^{n} |x_i|^p \right)^{\frac{1}{p}} \tag{5-15}$$

因此很容易得出 L0 范数、L1 范数和 L2 范数的定义。当 $p = 0$ 时，式 (5-15) 不再满足三角不等性，即 L0 严格来说不属于范数，但是实际上仍然有很多人愿意称之为 L0 范数。根据式 (5-15)，给出 L0 范数的定义，如式 (5-16) 所示。

$$\|\boldsymbol{x}\|_0 = \sqrt[0]{\sum_{i=0}^{n} x_i^0} \tag{5-16}$$

由于 0 的指数和的平方根在严格数学意义上是在受限条件下才成立的，即式 (5-16) 只有在所有 $x_i \neq 0$ 的情况下才成立，因此在实际中结合式 (4-24)，常用式 (5-17) 替代式 (5-16)。

$$\|\boldsymbol{x}\|_0 = \sum_{i=0}^{n} 1\{x_i \neq 0\} \tag{5-17}$$

即 L0 范数描述了向量 x 中非零元素的个数。正是 L0 范数这样的属性，使其在机器学习中的稀疏编码和特征选择有广泛的运用。通过最小化 L0 范数，可以在特定数据集中来寻找最少最优的稀疏特征项。但是，L0 范数的最小化问题在实际应用中是 NP 难问题。因此，L0 范数的优化问题通常凸松弛为更高维范数的优化问题，如 L1 范数、L2 范数的优化问题。

接下来介绍 L1 范数。根据式 (5-15)，可以给出 L1 范数的定义，如式 (5-18) 所示。

$$\|x\|_1 = \sum_{i=0}^{n}|x_i| \tag{5-18}$$

显然，L1 范数代表了向量 x 中各个元素绝对值之和，也称为曼哈顿距离。由于 L1 范数是 L0 范数的最优凸近似，因此 L1 范数可以实现稀疏。

最后介绍 L2 范数。根据式 (5-15)，L2 范数的定义如式 (5-19) 所示。

$$\|x\|_2 = \sqrt{\sum_{i=0}^{n}x_i^2} \tag{5-19}$$

很明显，L2 范数可以看成是向量 x 的模。L2 范数也称为欧几里得范数，若用于计算两个向量之间的不同，即为欧几里得距离。在机器学习中，L2 范数还能够避免过拟合。至于为什么 L1 范数适合稀疏编码和特征选择，L2 范数能够避免过拟合，将会在后面的章节进行详细介绍。

同样地，也可以将 p 进行推广，将 p 推广到正负无穷时，就能得到正负范数。下面给出正负范数的定义，如式 (5-20) 所示。

$$\|x\|_{-\infty} = \arg\min_i|x_i|$$
$$\|x\|_{\infty} = \arg\max_i|x_i| \tag{5-20}$$

可以看出，负无穷范数是向量 x 元素绝对值中的最小值，正无穷范数是向量 x 元素绝对值中的最大值。正无穷范数若用于计算两个向量之间的不同，即为棋盘距离。

同时为了之后讲解第 6 章神经网络中的优化，有必要再将范数进一步推广，将向量范数推广到矩阵范数。对于 $m \times n$ 矩阵 $A_{m \times n}$，1- 范数的定义为式 (5-21)。

$$\|A\|_1 = \arg\max_{1 \leq j \leq n}\sum_{i=0}^{m}|a_{ij}| \tag{5-21}$$

在矩阵范数中，1- 范数也称为列和向量，即所有矩阵列向量之和的最大值。无穷范数的定义为式 (5-22)。

$$\|A\|_{\infty} = \arg\max_{1 \leq i \leq m}\sum_{j=0}^{n}|a_{ij}| \tag{5-22}$$

无穷范数也称为行和向量，即所有矩阵行向量之和的最大值。

为了更好地在第 6 章中描述神经网络的改进方法，有必要对 F- 范数进行定义。F- 范数的定义为式 (5-23)。

$$\|\boldsymbol{A}\|_{\mathrm{F}} = \sqrt{\sum_{i=1}^{m}\sum_{j=1}^{n}\left|a_{ij}\right|^2} \tag{5-23}$$

F- 范数也称为 Frobenius 范数 (希尔伯特 - 施密特范数)，即 F- 范数描述的是所有矩阵元素的平方和的平方根。

图 5.2 给出了不同 q 值下，范数在二维空间下的等高线图。显然，从图 5.2 中可以看出，q 越大，等高线图越接近正方形 (正无穷范数)；q 越小，曲线弯曲越接近原点 (负无穷范数)。其中 $q = 1, 2$ 分别对应 L1 范数和 L2 范数的等高线。

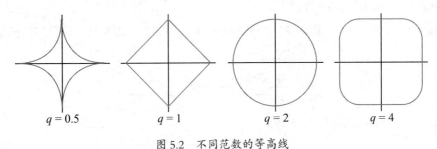

$q = 0.5$ $q = 1$ $q = 2$ $q = 4$

图 5.2　不同范数的等高线

5.3.2　线性回归的正则化

介绍完范数的概念，下面逐步介绍线性回归、Logistic 回归和 Softmax 回归的正则化。本小节主要介绍线性回归的正则化改进。Logistic 回归和 Softmax 回归的正则化改进将分别在之后的 5.3.3 小节和 5.3.4 小节中进行讲解。

在线性回归中，若采用 L1 正则化，则线性回归的损失函数就需要加入线性回归模型中的权重的 L1 范数。结合式 (2-6)，损失函数应修正为式 (5-24)。

$$J(\boldsymbol{\theta}) = \frac{1}{2m}\sum_{i=1}^{m}\left[f_{\boldsymbol{\theta}}(\boldsymbol{x}^{(i)}) - y^{(i)}\right]^2 + \lambda\sum_{j=0}^{n}\left|\theta_j\right| \tag{5-24}$$

对式 (5-24) 求导有式 (5-25)。

$$\begin{aligned}
\frac{\partial}{\partial\theta_j}J(\boldsymbol{\theta}) &= \frac{\partial}{\partial\theta_j}\left[\frac{1}{2m}\sum_{i=1}^{m}(f_{\boldsymbol{\theta}}(\boldsymbol{x}^{(i)}) - y^{(i)})^2 + \lambda\sum_{j=0}^{n}\left|\theta_j\right|\right] \\
&= 2\cdot\frac{1}{2m}\sum_{i=1}^{m}(f_{\boldsymbol{\theta}}(\boldsymbol{x}^{(i)}) - y^{(i)})\cdot\frac{\partial}{\partial\theta_j}(f_{\boldsymbol{\theta}}(\boldsymbol{x}^{(i)}) - y^{(i)}) + \lambda\frac{\partial}{\partial\theta_j}\left|\theta_j\right| \\
&= \sum_{i=1}^{m}(f_{\boldsymbol{\theta}}(\boldsymbol{x}^{(i)}) - y^{(i)})\cdot\frac{\partial}{\partial\theta_j}\left(\sum_{j=0}^{n}\theta_j x_j^{(i)} - y^{(i)}\right) + \lambda\mathrm{sgn}(\theta_j) \\
&= \frac{1}{m}\sum_{i=1}^{m}(f_{\boldsymbol{\theta}}(\boldsymbol{x}^{(i)}) - y^{(i)})x_j^{(i)} + \lambda\mathrm{sgn}(\theta_j)
\end{aligned} \tag{5-25}$$

式中，λ 为正则化系数；n 为参数 $\boldsymbol{\theta}$ 的维数。同时，式 (5-25) 中 sgn 函数是一种阶跃函数，其定义为式 (5-26)。

$$sgn(x) = \begin{cases} -1 & x < 0 \\ 0 & x = 0 \\ 1 & x > 0 \end{cases} \tag{5-26}$$

结合式 (2-8)、式 (5-25) 和式 (5-26)，可以得出单个训练样本的梯度下降算法的参数更新公式为式 (5-27)。

$$\theta_j := \theta_j + \alpha(y - f_{\boldsymbol{\theta}}(\boldsymbol{x}))x_j - \alpha\lambda sgn(\theta_j) \tag{5-27}$$

3 种随机梯度的更新公式可以根据式 (5-27) 推导得出，在此不做详细叙述。另外，加入 L1 正则化的线性回归也称为 LASSO 回归。

在线性回归中，若采用 L2 正则化，则线性回归的损失函数就需要加入线性回归模型中的权重的 L2 范数。结合式 (2-6)，损失函数应修正为式 (5-28)。

$$J(\boldsymbol{\theta}) = \frac{1}{2m}\sum_{i=1}^{m}\left[f_{\boldsymbol{\theta}}(\boldsymbol{x}^{(i)}) - y^{(i)}\right]^2 + \frac{\lambda}{2}\sum_{j=0}^{n}\theta_j^2 \tag{5-28}$$

同样地，对式 (5-28) 求导有式 (5-29)。

$$\begin{aligned}
\frac{\partial}{\partial\theta_j}J(\boldsymbol{\theta}) &= \frac{\partial}{\partial\theta_j}\left[\frac{1}{2m}\sum_{i=1}^{m}(f_{\boldsymbol{\theta}}(\boldsymbol{x}^{(i)}) - y^{(i)})^2 + \frac{\lambda}{2}\sum_{j=0}^{n}\theta_j^2\right] \\
&= 2 \cdot \frac{1}{2m}\sum_{i=1}^{m}(f_{\boldsymbol{\theta}}(\boldsymbol{x}^{(i)}) - y^{(i)}) \cdot \frac{\partial}{\partial\theta_j}(f_{\boldsymbol{\theta}}(\boldsymbol{x}^{(i)}) - y^{(i)}) + \frac{\lambda}{2}\frac{\partial}{\partial\theta_j}\theta_j^2 \\
&= \sum_{i=1}^{m}(f_{\boldsymbol{\theta}}(\boldsymbol{x}^{(i)}) - y^{(i)}) \cdot \frac{\partial}{\partial\theta_j}\left(\sum_{j=0}^{n}\theta_j x_j^{(i)} - y^{(i)}\right) + \lambda\theta_j \\
&= \frac{1}{m}\sum_{i=1}^{m}(f_{\boldsymbol{\theta}}(\boldsymbol{x}^{(i)}) - y^{(i)})x_j^{(i)} + \lambda\theta_j
\end{aligned} \tag{5-29}$$

结合式 (2-8) 和式 (5-29)，可以得出 LASSO 回归中单个训练样本的梯度下降算法的参数更新公式为式 (5-30)。

$$\begin{aligned}
\theta_j &:= \theta_j + \alpha(y - f_{\boldsymbol{\theta}}(\boldsymbol{x}))x_j - \alpha\lambda\theta_j \\
&= (1 - \alpha\lambda)\theta_j + \alpha(y - f_{\boldsymbol{\theta}}(\boldsymbol{x}))x_j
\end{aligned} \tag{5-30}$$

与 L1 正则化类似，3 种随机梯度的更新公式可以根据式 (5-27) 推导得出，在此不做详细叙述。另外，加入 L2 正则化的线性回归也称为 Ridge 回归或岭回归。同时为了有效地得到 Ridge 回归的正则方程，必须对式 (5-28) 进行重写。结合式 (2-12)、式 (2-13) 和式 (2-14)，可以得到矩阵形式下的损失函数，如式 (5-31) 所示。

$$\begin{aligned}
J(\boldsymbol{\theta}) &= \frac{1}{2m}\sum_{i=1}^{m}\left[f_{\boldsymbol{\theta}}(\boldsymbol{x}^{(i)}) - y^{(i)}\right]^2 + \frac{\lambda}{2m}\sum_{j=0}^{n}\theta_j^2 \\
&= \frac{1}{2m}(\boldsymbol{X\theta} - \boldsymbol{Y})^{\mathrm{T}}(\boldsymbol{X\theta} - \boldsymbol{Y}) + \frac{\lambda}{2m}\boldsymbol{\theta}^{\mathrm{T}}\boldsymbol{\theta}
\end{aligned} \tag{5-31}$$

在不影响数学公式含义的情况下，为了数学推导方便，在式 (5-31) 中利用 $\frac{\lambda}{2m}\sum_{j=0}^{n}\theta_j^2$ 替换

式 (5-28) 中的 $\dfrac{\lambda}{2}\sum\limits_{j=0}^{n}\theta_j^2$。对式 (5-31) 求导有式 (5-32)。

$$
\begin{aligned}
\nabla_{\boldsymbol{\theta}}J(\boldsymbol{\theta}) &= \nabla_{\boldsymbol{\theta}}\left(\frac{1}{2m}(\boldsymbol{X\theta}-\boldsymbol{Y})^{\mathrm{T}}(\boldsymbol{X\theta}-\boldsymbol{Y})+\frac{\lambda}{2m}\boldsymbol{\theta}^{\mathrm{T}}\boldsymbol{\theta}\right) \\
&= \frac{1}{2m}\nabla_{\boldsymbol{\theta}}(\boldsymbol{\theta}^{\mathrm{T}}\boldsymbol{X}^{\mathrm{T}}\boldsymbol{X\theta}-\boldsymbol{\theta}^{\mathrm{T}}\boldsymbol{X}^{\mathrm{T}}\boldsymbol{Y}-\boldsymbol{Y}^{\mathrm{T}}\boldsymbol{X\theta}+\boldsymbol{Y}^{\mathrm{T}}\boldsymbol{Y})+\frac{\lambda}{m}\boldsymbol{\theta} \\
&= \frac{1}{2m}\nabla_{\boldsymbol{\theta}}\mathrm{tr}(\boldsymbol{\theta E\theta}^{\mathrm{T}}\boldsymbol{X}^{\mathrm{T}}\boldsymbol{X}-\boldsymbol{\theta}^{\mathrm{T}}\boldsymbol{X}^{\mathrm{T}}\boldsymbol{Y}-\boldsymbol{\theta Y}^{\mathrm{T}}\boldsymbol{X})+\frac{\lambda}{m}\boldsymbol{\theta} \\
&= \frac{1}{2m}\Big[\boldsymbol{X}^{\mathrm{T}}\boldsymbol{X\theta E}+(\boldsymbol{X}^{\mathrm{T}}\boldsymbol{X})^{\mathrm{T}}\boldsymbol{E\theta}^{\mathrm{T}}-(\boldsymbol{Y}^{\mathrm{T}}\boldsymbol{X})^{\mathrm{T}}-(\nabla_{\boldsymbol{\theta}}\mathrm{tr}\boldsymbol{\theta}^{\mathrm{T}}\boldsymbol{X}^{\mathrm{T}}\boldsymbol{Y})^{\mathrm{T}}\Big]+\frac{\lambda}{m}\boldsymbol{\theta} \\
&= \frac{1}{2m}\Big[\boldsymbol{X}^{\mathrm{T}}\boldsymbol{X\theta E}+\boldsymbol{X}^{\mathrm{T}}\boldsymbol{X\theta E}-\boldsymbol{X}^{\mathrm{T}}\boldsymbol{Y}-((\boldsymbol{X}^{\mathrm{T}}\boldsymbol{Y})^{\mathrm{T}})^{\mathrm{T}}\Big]+\frac{\lambda}{m}\boldsymbol{\theta} \\
&= \frac{1}{m}(\boldsymbol{X}^{\mathrm{T}}\boldsymbol{X\theta}-\boldsymbol{X}^{\mathrm{T}}\boldsymbol{Y})+\frac{\lambda}{m}\boldsymbol{\theta} \\
&= \frac{1}{m}(\boldsymbol{X}^{\mathrm{T}}\boldsymbol{X\theta}-\boldsymbol{X}^{\mathrm{T}}\boldsymbol{Y}+\lambda\boldsymbol{\theta})
\end{aligned}
\tag{5-32}
$$

结合式 (5-32),可以得到 Ridge 回归的正则方程,如式 (5-33) 所示。

$$
(\boldsymbol{X}^{\mathrm{T}}\boldsymbol{X}+\lambda\boldsymbol{E})\,\boldsymbol{\theta}=\boldsymbol{X}^{\mathrm{T}}\boldsymbol{Y}
\tag{5-33}
$$

式中,$\boldsymbol{E}$ 为单位矩阵。那么,对正则方程化简就可以得出参数 $\boldsymbol{\theta}$ 的计算式,如式 (5-34) 所示。

$$
\boldsymbol{\theta}=(\boldsymbol{X}^{\mathrm{T}}\boldsymbol{X}+\lambda\boldsymbol{E})^{-1}\boldsymbol{X}^{\mathrm{T}}\boldsymbol{Y}
\tag{5-34}
$$

5.3.3　Logistic 回归和 Softmax 回归的正则化

在 Logistic 回归和 Softmax 回归中过拟合现象时常发生,因此大多数情况下可以选择利用 L2 正则化进行改进。

首先介绍 Logistic 回归的 L2 正则化改进。下面对式 (4-15) 表示的损失函数进行 L2 正则化,如式 (5-35) 所示。

$$
J(\boldsymbol{\theta})=-\sum_{i=1}^{m}\Big[y^{(i)}\log h_{\boldsymbol{\theta}}(\boldsymbol{x}^{(i)})+(1-y^{(i)})\log(1-h_{\boldsymbol{\theta}}(\boldsymbol{x}^{(i)}))\Big]+\frac{\lambda}{2}\sum_{j=0}^{n}\theta_j^2
\tag{5-35}
$$

对式 (5-35) 求导有式 (5-36)。

$$
\begin{aligned}
\frac{\partial}{\partial\theta_j}J(\boldsymbol{\theta}) &= \frac{\partial}{\partial\theta_j}\left\{-\sum_{i=1}^{m}\Big[y^{(i)}\log h_{\boldsymbol{\theta}}(\boldsymbol{x}^{(i)})+(1-y^{(i)})\log(1-h_{\boldsymbol{\theta}}(\boldsymbol{x}^{(i)}))\Big]+\frac{\lambda}{2}\sum_{j=0}^{n}\theta_j^2\right\} \\
&= \lambda\theta_j-\sum_{i=1}^{m}\Big[y^{(i)}-h_{\boldsymbol{\theta}}(\boldsymbol{x}^{(i)})\Big]x_j^{(i)} \\
&= \lambda\theta_j+\sum_{i=1}^{m}\Big[h_{\boldsymbol{\theta}}(\boldsymbol{x}^{(i)})-y^{(i)}\Big]x_j^{(i)}
\end{aligned}
\tag{5-36}
$$

结合第 4 章的 Logistic 回归的梯度下降公式和式 (5-36),就能得出加入 L2 正则化的 3 种梯度下降算法的参数更新公式,在此不做详细叙述。

类似地，结合式 (4-36)，可以得出 Softmax 回归算法加入正则化的损失函数，如式 (5-37) 所示。

$$J(\boldsymbol{\theta}) = -\sum_{i=1}^{m}\sum_{j=1}^{k} y_j^{(i)} \log \hat{y}_j^{(i)} + \frac{\lambda}{2}\sum_{i=1}^{n}\sum_{j=1}^{k} \theta_{ij}^2$$

$$= -\sum_{p=1}^{m} \ell(\boldsymbol{y}^{(p)}; \boldsymbol{\theta}) + \frac{\lambda}{2}\sum_{i=1}^{n}\sum_{j=1}^{k} \theta_{ij}^2 \tag{5-37}$$

结合式 (4-31)、式 (4-32)、式 (4-33) 和式 (4-34)，对式 (5-37) 求导有式 (5-38)。

$$\frac{\partial J(\boldsymbol{\theta})}{\partial \theta_{ij}} = \lambda\theta_{ij} - \sum_{p=1}^{m} \frac{\partial \ell(\boldsymbol{y}^{(p)}; \boldsymbol{\theta})}{\partial \boldsymbol{O}_j}\frac{\partial \boldsymbol{O}_j}{\partial \theta_{ij}}$$

$$= \lambda\theta_{ij} - \sum_{p=1}^{m} (\hat{y}_j^{(p)} - y_j^{(p)}) x_i^{(p)} \tag{5-38}$$

$$= \lambda\theta_{ij} + \sum_{p=1}^{m} (y_j^{(p)} - \hat{y}_j^{(p)}) x_i^{(p)}$$

结合第 4 章的 Softmax 回归的梯度下降公式和式 (5-38)，就能得出加入 L2 正则化的 3 种梯度下降算法的参数更新公式，在此不做详细叙述。

5.3.4　L1 与 L2 正则化本质

在前面两小节中，详细介绍了线性回归、Logistic 回归和 Softmax 回归的正则化改进。那么在这一小节中，就抛开具体的机器学习算法来看 L1 正则化和 L2 正则化。

为了讲述方便，记原始损失函数为 $J(\boldsymbol{x};\boldsymbol{\theta})_0$，加入正则化后的损失函数为 $J(\boldsymbol{x};\boldsymbol{\theta})$。那么 L1 正则化和 L2 正则化的损失函数表示如式 (5-39) 所示。

$$L_1: \quad J(\boldsymbol{x};\boldsymbol{\theta}) = J(\boldsymbol{x};\boldsymbol{\theta})_0 + \lambda\sum_{\boldsymbol{\theta}}|\boldsymbol{\theta}|$$

$$L_2: \quad J(\boldsymbol{x};\boldsymbol{\theta}) = J(\boldsymbol{x};\boldsymbol{\theta})_0 + \frac{\lambda}{2}\sum_{\boldsymbol{\theta}}\boldsymbol{\theta}^2 \tag{5-39}$$

参数在 L1 正则化和 L2 正则化下，求导结果为式 (5-40)。

$$L_1: \quad \frac{\partial J(\boldsymbol{x};\boldsymbol{\theta})}{\partial \boldsymbol{\theta}} = \frac{\partial J(\boldsymbol{x};\boldsymbol{\theta})_0}{\partial \boldsymbol{\theta}} + \lambda\mathrm{sgn}(\boldsymbol{\theta})$$

$$L_2: \quad \frac{\partial J(\boldsymbol{x};\boldsymbol{\theta})}{\partial \boldsymbol{\theta}} = \frac{\partial J(\boldsymbol{x};\boldsymbol{\theta})_0}{\partial \boldsymbol{\theta}} + \lambda\boldsymbol{\theta} \tag{5-40}$$

式中，$\mathrm{sgn}(x)$ 的函数表达式见式 (5-26)。因此可以得出，梯度下降算法下的参数更新公式为式 (5-41)。

$$L_1: \quad \boldsymbol{\theta} = \boldsymbol{\theta} - \alpha\frac{\partial J(\boldsymbol{x};\boldsymbol{\theta})}{\partial \boldsymbol{\theta}} = \boldsymbol{\theta} - \alpha\lambda\mathrm{sgn}(\boldsymbol{\theta}) - \alpha\frac{\partial J(\boldsymbol{x};\boldsymbol{\theta})_0}{\partial \boldsymbol{\theta}}$$

$$L_2: \quad \boldsymbol{\theta} = \boldsymbol{\theta} - \alpha\frac{\partial J(\boldsymbol{x};\boldsymbol{\theta})}{\partial \boldsymbol{\theta}} = (1-\alpha\lambda)\boldsymbol{\theta} - \alpha\frac{\partial J(\boldsymbol{x};\boldsymbol{\theta})_0}{\partial \boldsymbol{\theta}} \tag{5-41}$$

从式 (5-41) 中可以看出，L2 正则化的实质就是给参数加上了一个小于 1 的系数 $1-\alpha\lambda$，那么随着迭代训练的进行，参数将逐渐减小，但肯定不会使参数为 0。换种说法，就是 L2 正则化使参数在每次迭代时出现了同比例的缩放。但是 L1 正则化使用了式 (5-26) 表示的 sgn 函数。那么，L1 正则化可以理解成每次迭代中，当 $\text{sgn}(\theta_i) = -1$ 即 $\theta_i < 0$ 时，参数 θ_i 增加了 $\alpha\lambda$，而当 $\text{sgn}(\theta_i) = 1$ 即 $\theta_i > 0$ 时，参数 θ_i 减少了 $\alpha\lambda$。因此在大量迭代训练后，参数有大部分会被调整为 0，只有小部分特征对应的参数没调整为 0。因此 L1 正则化适合稀疏编码和特征选择，而 L2 正则化能很好地降低模型参数复杂度，减缓过拟合。

为了更好地理解 L1 正则化和 L2 正则化的实质，接下来利用等高线来可视化 L1 正则化和 L2 正则化寻求目标最优解的过程，并给出相应的解释。L1 正则化和 L2 正则化寻求模型最优解的等高线如图 5.3 所示。图 5.3(a) 代表 L2 正则化的等高线，图 5.3(b) 代表 L1 正则化的等高线，坐标轴代表模型参数。

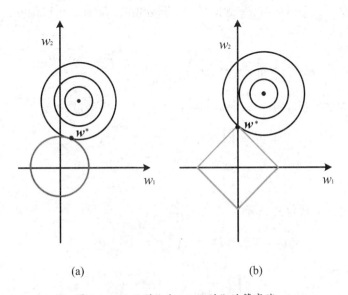

(a)   (b)

图 5.3   L1 正则化和 L2 正则化的等高线

在图 5.3 中，(a) (b) 两图都有的同心圆代表没加任何限制下损失函数在寻找最优解的过程中，参数在迭代训练过程中的变化过程的等高线。w^* 代表最优解。结合图 5.2，算法的损失函数加入 L2 正则化后，其最优解为图 5.3(a) 中原有的同心圆和以原点为圆心的圆圈对应的函数和的最优解。

类似地，算法的损失函数加入 L1 正则化后，其最优解为图 5.3(b) 中原有的同心圆和以原点为中心的正方形对应的函数和的最优解。通常，加入正则化后的模型参数最优解就是图 5.3 中各自两个曲面交点。

很明显，图 5.3 给出了二维空间中，L1 正则化和 L2 正则化各自的优势。从图 5.3(a) 中可以看出，L2 正则项曲面处处可导，方便计算，限制了模型的复杂度，即限制模型参数的阶次。阶次越高，意味着需要确定的权重越多，模型就会越复杂。因此，这也从数学角度解释了 L2 正则化为什么能限制模型的复杂度，进而减缓过拟合的发生。

同样地，分析下 L1 正则化的优势。从图 5.3(b) 中可以看出，模型参数的最优解恰好

是 $w_1 = 0$ 的位置。也就是说，使用一次 L1 正则化可以在某种程度上降低参数维度，进而降低模型复杂度，减缓了过拟合。相比于 L2 正则化，L1 正则化将模型参数大部分调整为 0，而 L2 正则化只能趋向于 0。因此 L1 正则化对参数的调整比 L2 正则化更彻底、更稀疏。然而，L1 正则项曲面不是处处可导，这就给计算带来了不便。这也就解释了 L1 正则化适合于稀疏编码和特征选择。

最后从贝叶斯先验角度来解释 L1 正则化和 L2 正则化。为了简单明了地进行讲解，接下来重新回到线性回归的概率解释上来。为了方便叙述，先用少量篇幅对线性回归的概率解释进行回顾。根据 2.5 节的叙述，有每组训练数据的预测值与真实值之间的误差为式 (5-42)。

$$\varepsilon^{(i)} = y^{(i)} - \boldsymbol{\theta}^{\mathrm{T}} \boldsymbol{x}^{(i)} \tag{5-42}$$

在大规模数据集下，假设所有 $\varepsilon^{(i)}$ 之间是独立同分布的。因此，可以假设 $\varepsilon^{(i)} \sim N(0, \sigma^2)$，那么如式 (5-43) 所示。

$$p(\varepsilon^{(i)}) = p(y^{(i)} \big| \boldsymbol{x}^{(i)}; \boldsymbol{\theta}) = \frac{1}{\sqrt{2\pi}\sigma} \exp\left(-\frac{(y^{(i)} - \boldsymbol{\theta}^{\mathrm{T}} \boldsymbol{x}^{(i)})^2}{2\sigma^2}\right) \tag{5-43}$$

因此根据极大似然思想，可以得到极大似然函数，如式 (5-44) 所示。

$$\begin{aligned}
\mathcal{L}(\boldsymbol{\theta}) &= \prod_{i=1}^{m} p(y^{(i)} \big| \boldsymbol{x}^{(i)}; \boldsymbol{\theta}) \\
&= \prod_{i=1}^{m} \frac{1}{\sqrt{2\pi}\sigma} \exp\left(-\frac{(y^{(i)} - \boldsymbol{\theta}^{\mathrm{T}} \boldsymbol{x}^{(i)})^2}{2\sigma^2}\right)
\end{aligned} \tag{5-44}$$

对式 (5-44) 两端取对数有式 (5-45)。

$$\begin{aligned}
\ell(\boldsymbol{\theta}) &= \log \mathcal{L}(\boldsymbol{\theta}) = \log \prod_{i=1}^{m} p(y^{(i)} \big| \boldsymbol{x}^{(i)}; \boldsymbol{\theta}) \\
&= \log \prod_{i=1}^{m} \frac{1}{\sqrt{2\pi}\sigma} \exp\left(-\frac{(y^{(i)} - \boldsymbol{\theta}^{\mathrm{T}} \boldsymbol{x}^{(i)})^2}{2\sigma^2}\right) \\
&= m \log \frac{1}{\sqrt{2\pi}\sigma} - \frac{m}{\sigma^2} \cdot \frac{1}{2m} \sum_{i=1}^{m} (y^{(i)} - \boldsymbol{\theta}^{\mathrm{T}} \boldsymbol{x}^{(i)})^2
\end{aligned} \tag{5-45}$$

接下来对参数 $\boldsymbol{\theta}$ 引入协方差为 β、均值为 0 的高斯先验分布，式 (5-44) 可改写成式 (5-46)。

$$\begin{aligned}
\mathcal{L}(\boldsymbol{\theta}) &= \prod_{i=1}^{m} p(y^{(i)} \big| \boldsymbol{x}^{(i)}; \boldsymbol{\theta}) p(\boldsymbol{\theta}) \\
&= \prod_{i=1}^{m} \frac{1}{\sqrt{2\pi}\sigma} \exp\left(-\frac{(y^{(i)} - \boldsymbol{\theta}^{\mathrm{T}} \boldsymbol{x}^{(i)})^2}{2\sigma^2}\right) \prod_{j=1}^{n} \frac{1}{\sqrt{2\pi}\beta} \exp\left(-\frac{\theta_j^2}{2\beta}\right) \\
&= \prod_{i=1}^{m} \frac{1}{\sqrt{2\pi}\sigma} \exp\left(-\frac{(y^{(i)} - \boldsymbol{\theta}^{\mathrm{T}} \boldsymbol{x}^{(i)})^2}{2\sigma^2}\right) \left(\frac{1}{\sqrt{2\pi}\beta}\right)^n \exp\left(-\frac{\boldsymbol{\theta}^{\mathrm{T}} \boldsymbol{\theta}}{2\beta}\right)
\end{aligned} \tag{5-46}$$

对式 (5-46) 两端取对数有式 (5-47)。

$$\ell(\boldsymbol{\theta}) = \log \mathcal{L}(\boldsymbol{\theta}) = \log \prod_{i=1}^{m} p(y^{(i)} \big| \boldsymbol{x}^{(i)}; \boldsymbol{\theta}) p(\boldsymbol{\theta})$$

$$= \log \prod_{i=1}^{m} \frac{1}{\sqrt{2\pi}\sigma} \exp\left(-\frac{(y^{(i)} - \boldsymbol{\theta}^{\mathrm{T}} \boldsymbol{x}^{(i)})^2}{2\sigma^2}\right) \left(\frac{1}{\sqrt{2\pi\beta}}\right)^n \exp\left(-\frac{\boldsymbol{\theta}^{\mathrm{T}}\boldsymbol{\theta}}{2\beta}\right)$$

$$= m \log \frac{1}{\sqrt{2\pi}\sigma} - \frac{m}{\sigma^2} \cdot \frac{1}{2m} \sum_{i=1}^{m} (y^{(i)} - \boldsymbol{\theta}^{\mathrm{T}} \boldsymbol{x}^{(i)})^2 + n \log \frac{1}{\sqrt{2\pi\beta}} - \frac{m}{\beta} \cdot \frac{1}{2m} \boldsymbol{\theta}^{\mathrm{T}}\boldsymbol{\theta} \qquad (5\text{-}47)$$

$$= m \log \frac{1}{\sqrt{2\pi}\sigma} - \frac{m}{\sigma^2} \cdot \frac{1}{2m} \sum_{i=1}^{m} (y^{(i)} - \boldsymbol{\theta}^{\mathrm{T}} \boldsymbol{x}^{(i)})^2 + n \log \frac{1}{\sqrt{2\pi\beta}} - \frac{\lambda}{2m} \boldsymbol{\theta}^{\mathrm{T}}\boldsymbol{\theta}$$

$$= m \log \frac{1}{\sqrt{2\pi}\sigma} - \frac{m}{\sigma^2} \cdot \frac{1}{2m} \sum_{i=1}^{m} (y^{(i)} - \boldsymbol{\theta}^{\mathrm{T}} \boldsymbol{x}^{(i)})^2 + n \log \frac{1}{\sqrt{2\pi\beta}} - \frac{\lambda}{2m} \sum_{j=1}^{n} \theta_j^2$$

求解式 (5-47) 的极大值问题可以等价为式 (5-48) 的优化问题。

$$\min_{\boldsymbol{\theta}} \frac{1}{2m} \sum_{i=1}^{m} (y^{(i)} - \boldsymbol{\theta}^{\mathrm{T}} \boldsymbol{x}^{(i)})^2 + \frac{\lambda}{2m} \sum_{j=1}^{n} \theta_j^2 \qquad (5\text{-}48)$$

不难发现，式 (5-48) 就是 Ridge 回归的损失函数的最小值。也就是说，L2 正则化等价于给参数引入了高斯先验分布。

同样地，对参数 $\boldsymbol{\theta}$ 引入位置参数为 0、尺度参数为 β 的拉普拉斯先验分布，式 (5-44) 可改写成式 (5-49)。

$$\mathcal{L}(\boldsymbol{\theta}) = \prod_{i=1}^{m} p(y^{(i)} \big| \boldsymbol{x}^{(i)}; \boldsymbol{\theta}) p(\boldsymbol{\theta})$$

$$= \prod_{i=1}^{m} \frac{1}{\sqrt{2\pi}\sigma} \exp\left(-\frac{(y^{(i)} - \boldsymbol{\theta}^{\mathrm{T}} \boldsymbol{x}^{(i)})^2}{2\sigma^2}\right) \prod_{j=1}^{n} \frac{1}{2\beta} \exp\left(-\frac{|\theta_j|}{2\beta}\right) \qquad (5\text{-}49)$$

对式 (5-49) 两端取对数有式 (5-50)。

$$\ell(\boldsymbol{\theta}) = \log \mathcal{L}(\boldsymbol{\theta}) = \log \prod_{i=1}^{m} p(y^{(i)} \big| \boldsymbol{x}^{(i)}; \boldsymbol{\theta}) p(\boldsymbol{\theta})$$

$$= \log \prod_{i=1}^{m} \frac{1}{\sqrt{2\pi}\sigma} \exp\left(-\frac{(y^{(i)} - \boldsymbol{\theta}^{\mathrm{T}} \boldsymbol{x}^{(i)})^2}{2\sigma^2}\right) \prod_{j=1}^{n} \frac{1}{2\beta} \exp\left(-\frac{|\theta_j|}{2\beta}\right)$$

$$= m \log \frac{1}{\sqrt{2\pi}\sigma} - \frac{m}{\sigma^2} \cdot \frac{1}{2m} \sum_{i=1}^{m} (y^{(i)} - \boldsymbol{\theta}^{\mathrm{T}} \boldsymbol{x}^{(i)})^2 + n \log \frac{1}{2\beta} - \frac{m}{2\beta} \cdot \frac{1}{m} \sum_{j=1}^{n} |\theta_j| \qquad (5\text{-}50)$$

$$= m \log \frac{1}{\sqrt{2\pi}\sigma} - \frac{m}{\sigma^2} \cdot \frac{1}{2m} \sum_{i=1}^{m} (y^{(i)} - \boldsymbol{\theta}^{\mathrm{T}} \boldsymbol{x}^{(i)})^2 + n \log \frac{1}{2\beta} - \frac{\lambda}{m} \sum_{j=1}^{n} |\theta_j|$$

求解式 (5-49) 的极大值问题可以等价为式 (5-51) 的优化问题。

$$\min_{\boldsymbol{\theta}} \frac{1}{2m} \sum_{i=1}^{m} (y^{(i)} - \boldsymbol{\theta}^{\mathrm{T}} \boldsymbol{x}^{(i)})^2 + \frac{\lambda}{m} \sum_{j=1}^{n} |\theta_j| \qquad (5\text{-}51)$$

不难发现，式 (5-51) 就是 LASSO 回归的损失函数的最小值。也就是说，L1 正则化等价于给参数引入了拉普拉斯先验分布。

从贝叶斯先验的角度来看，不管是 L1 正则化还是 L2 正则化，其实质都是给参数引入了先验分布。不同的是，L1 正则化是对参数引入了拉普拉斯先验分布，L2 正则化是对参数引入了高斯先验分布。另外，正则化的解空间变小，降低了算法的复杂度，增强了算法的鲁棒性。

在多次迭代后，L2 正则化使参数趋向于 0，而 L1 正则化则使大部分参数变成 0，即 L1 正则化比 L2 正则化更适合稀疏编码和特征选择。事实上，大多数机器学习算法的本质就是一个优化问题。

总结一下，最优化问题是一种贝叶斯最大后验估计问题。其中正则项对应后验估计中的先验信息，未加入正则项的损失函数和先验信息的乘积就对应贝叶斯最大后验估计的极大似然函数。

 ## 5.4 交叉验证

在机器学习中，若希望得到泛化能力强的算法，除对算法进行合理改进以增强泛化能力外，进行更多次训练或扩充训练集规模也是提高算法泛化能力的一种手段。

对于没有测试集的数据集来说，如何进行训练测试呢？其实这个问题在前几章案例中经常使用——将数据集划分为训练集和测试集。这种方法叫作留出法，即将数据集 $\mathcal{D}$ 划分为两个互斥的集合，其中一个集合作为训练集 S，另一个集合作为测试集 T。也就是说，$\mathcal{D} = S \bigcup T, S \bigcap T = \varnothing$。那么要做的就是在训练集 S 上训练模型，待训练结束后再在测试集 T 上评估模型性能。

在留出法中，必须做到训练集和测试集的划分尽可能保持数据分布一致，避免数据划分过程给模型引入额外的偏差，从而对模型性能产生影响。当然，当数据集规模较大时，留出法可以带来较好的结果。但是当数据集规模较小时，留出法带来的结果是不可靠的。因此，比较合理的做法就是：必须多次采用留出法对数据集进行划分，最后取得平均结果。

为了提高模型的泛化能力，交叉验证法是很好的选择。交叉验证的思想如下：首先将数据集 $\mathcal{D}$ 划分为 k 个大小相等的互斥子集，即 $\mathcal{D} = \mathcal{D}_1 \bigcup \mathcal{D}_2 \bigcup \cdots \bigcup \mathcal{D}_k, \mathcal{D}_i \bigcap \mathcal{D}_j = \varnothing (i \neq j)$，同时，每个子集 $\mathcal{D}_i$ 也得保持数据分布之间的一致性，即在 $\mathcal{D}$ 中通过分层抽样获取；然后将 $k-1$ 个子集的并集作为训练集，余下的子集作为测试集，重复 k 次训练和测试；最后将 k 次结果的平均值作为最终结果。那么 k 的大小很大程度上影响结果的稳定性和真实性。上述交叉验证法也称为 k 折交叉验证，k 通常情况下取 10。图 5.4 给出了 10 折交叉验证的示意图。

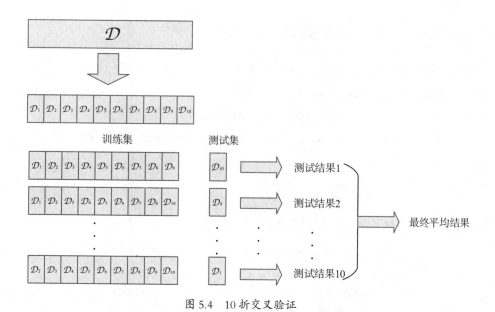

图 5.4 10 折交叉验证

5.5 Ridge 回归的 Python 实现

在 5.6 节的案例中，将利用 Ridge 回归来预测鲍鱼年龄，并将预测结果与线性回归进行对比。那么接下来就对 Ridge 回归的 Python 实现进行详细分析。下面首先给出 Ridge 回归的类定义，然后对每个函数进行详细讲解。Ridge 回归的类定义如下所示。

```python
import numpy as np
from copy import deepcopy
class RidgeRegression(object):
    def __init__(self,Train_Data,Train_RealResult,theta=None):
    def Cost(self):
    def Shuffle_Sequence(self):
    def Gradient(self,real_result,input_data):
    def BGD(self,alpha,lambd):
    def SGD(self,alpha,lambd):
    def MBGD(self,alpha,batch_size,lambd):
    def train_BGD(self,iter,alpha,lambd):
    def train_SGD(self,iter,alpha,lambd):
    def train_MBGD(self,iter,mini_batch,alpha,lambd):
    def getNormalEquation(self,lamba):
    def test(self,data):
    def predict(self,test_data):
```

5.5.1 Ridge 回归的构造函数

Ridge 回归的构造函数 __init__ 共有 3 个参数：训练数据集 Train_Data、训练结果集 Train_RealResult 和参数 theta。__init__ 函数的主要功能是初始化训练数据集、训练结果集和 Ridge 回归的模型参数。其中参数 theta 通常为 None，当其为 None 时，则会随机生成模型参数，且服从标准正态分布，否则直接深拷贝对应的形参。同时，必须对每个训练数据扩展一维常数属性 1。构造函数 __init__ 的定义如下所示。

```python
from copy import deepcopy

def __init__(self,Train_Data,Train_RealResult,theta=None):
    """
    :param Train_Data: 训练数据集
    :param Train_RealResult: 训练真实结果集
    :param theta: Ridge 回归的参数，默认为 None
    """
    # 获得输入数据集的形状
    row,col = np.shape(Train_Data)
    # 构造输入数据数组
    self.Train_Data = [0] * row
    # 给每组输入数据增添常数项 1
    for (index,data) in enumerate(Train_Data):
        Data = [1.0]
        # 把 input_data 拓展到 Data 内，即把 input_data 的每一维数据添加到 Data
        Data.extend(list(data))
        self.Train_Data[index] = Data
    self.Train_Data = np.array(self.Train_Data)
    # 构造输入数据对应的结果
    self.Train_RealResult = Train_RealResult
    if type(self.Train_RealResult) != np.ndarray:
        self.Train_RealResult = np.array(self.Train_RealResult)
    # 参数 theta 不为 None 时，利用 theta 构造模型参数
    if theta is not None:
        self.Theta = deepcopy(theta)
    else:
        # 随机生成服从标准正态分布的参数
        self.Theta = np.random.randn((np.shape(Train_Data)[1] + 1,1))
```

5.5.2 梯度增量函数

下面介绍梯度增量函数 Gradient。Gradient 函数共有两个参数：真实结果 real_result 和输入数据 input_data。首先通过输入数据 input_data 结合模型参数 self.Theta 计算对应的预测结果；然后计算输入数据 input_data 在 Ridge 回归中的梯度增量，并将其作为结果。Gradient 函数的定义如下所示。

```python
def Gradient(self,real_result,input_data):
    """
    这是计算梯度增量的函数
    :param real_result: 真实结果
    :param input_data: 输入数据
    """
    # 计算输入数据的预测结果
    input_data = np.reshape(input_data,(len(input_data),1))
    predict_result = self.Theta.T.dot(input_data)[0][0]
    # 计算梯度增量
    g = (real_result - predict_result) * input_data
    return g
```

5.5.3　梯度下降算法函数

定义完梯度增量函数，就能实现 Ridge 回归中的 3 种梯度下降算法了。首先介绍的是批量梯度下降 (BGD) 算法函数。BGD 函数的参数为学习率 alpha 和 L2 正则化系数 lambd 。BGD 函数首先遍历整个训练数据集及训练结果集，然后利用 Gradient 函数计算每组数据下的参数的梯度增量，最后利用整个数据集下的模型参数的梯度增量的平均值结合学习率 alpha 和 L2 正则化系数 lambd 来更新模型参数 self.Theta。BGD 函数的定义如下所示。

```python
def BGD(self,alpha,lambd):
    """
    这是利用 BGD 算法进行一次迭代调整参数的函数
    :param alpha: 学习率
    :param lambd: L2 正则化系数
    """
    # 定义梯度增量数组
    gradient_increasment = []
    # 对输入的训练数据及其真实结果进行依次遍历
    for (input_data,real_result) in zip(self.Train_Data,self.Train_RealResult):
        # 计算每组 input_data 的梯度增量，并放入梯度增量数组
        g = self.Gradient(real_result,input_data)
        gradient_increasment.append(g)
    # 按列计算属性的平均梯度增量
    avg_g = np.average(gradient_increasment,0)
    # 改变平均梯度增量数组形状
    avg_g = avg_g.reshape((len(avg_g),1))
    # 更新模型参数 self.Theta
    self.Theta = (1 - alpha * lambd) * self.Theta + alpha * avg_g
```

然后介绍的是随机梯度下降 (SGD) 算法函数。SGD 函数的参数与 BGD 函数的参数一样。SGD 函数首先利用 Shuffle_Sequence 函数将训练数据集随机打乱，减少训练数据集顺序对参数调优的影响；然后遍历整个训练数据集，利用 Gradient 函数计算每组数据下的参数的梯度增量；最后结合学

习率 alpha 和 L2 正则化系数 lambd 这两个超参数来更新模型参数 self.Theta。SGD 函数的定义如下所示。

```python
def SGD(self,alpha,lambd):
    """
    这是利用 SGD 算法进行一次迭代调整参数的函数
    :param alpha: 学习率
    :param lambd: L2 正则化系数
    """
    # 首先将数据集随机打乱，减少数据集顺序对参数调优的影响
    shuffle_sequence = self.Shuffle_Sequence()
    # 对训练数据集进行遍历，利用每组训练数据对参数进行调整
    for index in shuffle_sequence:
        # 获取训练数据及其标签
        input_data = self.Train_Data[index]
        real_result = self.Train_RealResult[index]
        # 计算每组 input_data 的梯度增量
        g = self.Gradient(real_result,input_data)
        # 更新模型参数 self.Theta
        self.Theta = (1 - alpha * lambd) * self.Theta + alpha * g
```

最后介绍的是小批量梯度下降 (MBGD) 算法函数。与 BGD 函数和 SGD 函数的参数不同的是，MBGD 函数的参数多了一个小批量样本规模 batch_size。MBGD 函数与 SGD 函数和 BGD 函数都有类似的地方，MBGD 函数与 SGD 函数一样，首先也得利用 Shuffle_Sequence 函数将训练数据集随机打乱；然后根据小批量样本规模 batch_size 将训练数据集划分为多个小批量训练样本；之后遍历这些小样本训练集，与 BGD 函数类似，利用 Gradient 函数计算每个小批量样本训练集上的模型参数的平均梯度增量；最后结合学习率和 L2 正则化系数这两个超参数来更新模型参数 self.Theta。MBGD 函数的定义如下所示。

```python
def MBGD(self,alpha,batch_size,lambd):
    """
    这是利用 MBGD 算法进行一次迭代调整参数的函数
    :param alpha: 学习率
    :param batch_size: 小批量样本规模
    :param lambd: L2 正则化系数
    """
    # 首先将数据集随机打乱，减少数据集顺序对参数调优的影响
    shuffle_sequence = self.Shuffle_Sequence()
    # 遍历每个小批量样本数据集及其标签
    for start in np.arange(0,len(shuffle_sequence),batch_size):
        # 判断 start + batch_size 是否大于数组长度，
        # 防止最后一组小批量样本规模可能小于 batch_size 的情况
        end = np.min([start + batch_size,len(shuffle_sequence)])
        # 获取训练小批量样本集及其标签
        mini_batch = shuffle_sequence[start:end]
```

```
        Mini_Input_Data = self.Train_Data[mini_batch]
        Mini_Real_Result = self.Train_RealResult[mini_batch]
        # 定义梯度增量数组
        gradient_increasment = []
        for (input_data,real_result) in zip(Mini_Input_Data,Mini_Real_Result):
            # 计算每组 input_data 的梯度增量
            g = self.Gradient(real_result,input_data)
            gradient_increasment.append(g)
        # 按列计算每组小样本训练集的梯度增量的平均值，并改变其形状
        avg_g = np.average(gradient_increasment,0)
        avg_g = avg_g.reshape((len(avg_g),1))
        # 更新模型参数 self.theta
        self.Theta = (1 - alpha * lambd) * self.Theta + alpha * avg_g
```

5.5.4　迭代训练函数

定义完 3 个梯度下降算法函数，那么实现 3 个梯度下降算法对应的迭代训练函数就变得容易多了。这 3 个迭代训练函数分别为 train_BGD、train_SGD 和 train_MBGD。3 个函数的形参基本一致：迭代次数 iter、学习率 alpha 和 L2 正则化系数 lambd。不同的是，train_MBGD 函数多了一个参数——小批量样本规模 batch_size。

3 个迭代训练函数的整体流程都是一样的，都是在迭代训练中结合超参数来优化模型参数。不同的是，这 3 个不同的迭代训练函数所用的优化算法不同。train_BGD 函数在每次迭代训练中利用的是 BGD 函数；train_SGD 函数在每次迭代训练中利用的是 SGD 函数；train_MBGD 函数在每次迭代训练中利用的是 MBGD 函数。并且在每次迭代训练优化参数后，都会计算在优化的参数下训练结果集与预测结果集之间的均方误差。同时，这 3 个迭代训练函数在迭代训练结束后都会返回上述描述的均方误差数组。上述 3 个迭代训练函数的定义如下所示。

```
def train_BGD(self,iter,alpha,lambd):
    """
    这是利用 BGD 算法迭代优化的函数
    :param iter: 迭代次数
    :param alpha: 学习率
    :param lambd: L2 正则化系数
    """
    # 定义平均训练损失数组，记录每轮迭代的训练数据集的损失
    Cost = []
    # 追加未开始训练的模型平均训练损失
    Cost.append(self.Cost())
    # 开始进行迭代训练
    for i in range(iter):
        # 利用学习率 alpha，结合 BGD 算法对模型进行训练
        self.BGD(alpha,lambd)
```

```
        # 记录每次迭代的平均训练损失
        Cost.append(self.Cost())
    Cost = np.array(Cost)
    return Cost


def train_SGD(self,iter,alpha,lambd):
    """
    这是利用 SGD 算法迭代优化的函数
    :param iter: 迭代次数
    :param alpha: 学习率
    :param lambd: L2 正则化系数
    """
    # 定义平均训练损失数组，记录每轮迭代的训练数据集的损失
    Cost = []
    # 追加未开始训练的模型平均训练损失
    Cost.append(self.Cost())
    # 开始进行迭代训练
    for i in range(iter):
        # 利用学习率 alpha，结合 SGD 算法对模型进行训练
        self.SGD(alpha,lambd)
        # 记录每次迭代的平均训练损失
        Cost.append(self.Cost())
    Cost = np.array(Cost)
    return Cost


def train_MBGD(self,iter,batch_size,alpha,lambd):
    """
    这是利用 MBGD 算法迭代优化的函数
    :param iter: 迭代次数
    :param batch_size: 小批量样本规模
    :param alpha: 学习率
    :param lambd: L2 正则化系数
    """
    # 定义平均训练损失数组，记录每轮迭代的训练数据集的损失
    Cost = []
    # 追加未开始训练的模型平均训练损失
    Cost.append(self.Cost())
    # 开始进行迭代训练
    for i in range(iter):
        # 利用学习率 alpha，结合 MBGD 算法对模型进行训练
        self.MBGD(alpha,batch_size,lambd)
        # 记录每次迭代的平均训练损失
        Cost.append(self.Cost())
    Cost = np.array(Cost)
    return Cost
```

5.5.5　辅助函数

在前面两小节中有两个辅助函数频繁使用，下面就对这两个函数进行介绍。首先介绍的是乱序函数 Shuffle_Sequence。Shuffle_Sequence 函数的主要功能是根据给定大小随机生成指定大小内自然数的随机序列。该函数主要运用在 SGD 函数和 MBGD 函数中，用于生成训练集的随机打乱的随机序列，进而打乱训练集及其标签，避免数据集中的数据顺序对优化参数的影响，增加随机性。Shuffle_Sequence 函数的定义如下所示。

```python
def Shuffle_Sequence(self):
    """
    这是在运行 SGD 算法或 MBGD 算法之前，随机打乱后原始数据集的函数
    """
    # 首先获得训练集规模，然后按照规模生成自然数序列
    length = len(self.Train_Data)
    random_sequence = list(range(length))
    # 利用 numpy 的随机打乱函数打乱训练数据下标
    random_sequence = np.random.permutation(random_sequence)
    return random_sequence            # 返回数据集随机打乱后的数据序列
```

然后介绍的是均方误差函数 Cost。Cost 函数的主要功能为计算训练结果集与训练数据集在 Ridge 回归下的预测结果集之间的均方误差。Cost 函数主要在 5.5.4 小节中叙述的 3 个迭代训练函数中使用，用来计算每次迭代训练后的训练数据集的均方误差。Cost 函数的定义如下所示。

```python
def Cost(self):
    """
    这是计算损失函数的函数
    """
    # 在线性回归中的损失函数定义为真实结果与预测结果之间的均方误差
    # 首先计算输入数据的预测结果
    predict = (self.Train_Data.dot(self.Theta)).T
    # 计算真实结果与预测结果之间的均方误差
    cost = predict - self.Train_RealResult.T
    cost = np.average(cost * cost) * 0.5
    return cost
```

5.5.6　正则方程函数

与线性回归和局部加权线性回归类似，Ridge 回归也有自己的正则方程，进而来求解理想状态下 Ridge 回归的模型参数。下面是 Ridge 回归的正则方程函数 getNormalEquation 的定义。

```python
def getNormalEquation(self,lamba):
    """
    这是利用正则方程计算模型参数 self.Theta
    :paramlamba: L2 正则化参数
```

```
    """
    # 计算输入数据矩阵的转置
    XT = self.Train_Data.T
    # 数据求平方
    X2 = XT.dot(self.Train_Data)
    # 计算矩阵的逆
    inv = np.linalg.inv(X2 + lamba * np.ones(np.shape(X2)))
    # 计算模型参数 self.Theta
    self.Theta = inv.dot(XT.dot(self.Train_RealResult.reshape(len(self.Train_
                RealResult),1)))
```

5.5.7　预测与测试函数

下面介绍 Ridge 回归的预测与测试函数。首先介绍的是预测函数 predict。predict 函数的参数只有一个：测试数据 data。该函数的主要功能是首先将一组测试数据 data 扩展一维常数属性 1，然后利用 Ridge 回归预测结果。predict 函数的定义如下所示。

```
def predict(self,data):
    """
    这是对一组测试数据预测的函数
    :param data: 测试数据
    """
    # 对测试数据加入一维特征，以适应矩阵乘法
    tmp = [1.0]
    tmp.extend(data)
    data = np.array(tmp)
    data = data.reshape((1,len(data)))
    # 计算预测结果，计算结果形状为 (1,)，为了分析数据的方便，
    # 这里只返回矩阵的第一个元素
    predict_result = data.dot(self.Theta)[0][0]
    return predict_result
```

然后介绍的是测试函数 test。test 函数的输入也只有一个：测试数据集 test_data。test 函数的主要功能是遍历整个测试数据集 test_data，利用 predict 函数实现 Ridge 回归对每组数据的回归预测，并返回整个测试数据集的预测结果。test 函数的定义如下所示。

```
def test(self,test_data):
    """
    这是对测试数据集的 Ridge 回归预测测试函数
    :param test_data: 测试数据集
    """
    # 定义预测结果数组
    predict_result = []
    # 对测试数据进行遍历
    for data in test_data:
```

```
    # 预测每组 data 的结果
    predict_result.append(self.predict(data))
predict_result = np.array(predict_result)
return predict_result
```

 ## 5.6 案例：再看预测鲍鱼年龄

在本节中，会重新使用第 3 章案例中提及的鲍鱼数据集。不同的是，本节将利用 Ridge 回归来预测鲍鱼年龄，而不是局部加权线性回归。之后也会将 Ridge 回归的预测结果与线性回归进行比较。图 5.5 展示了 Ridge 回归的案例流程。

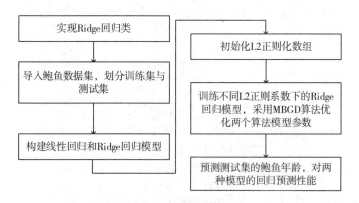

图 5.5　Ridge 回归案例流程

接下来读入鲍鱼数据集，利用 Ridge 回归来预测鲍鱼年龄，并且同正则化系数下的 Ridge 回归的预测结果与线性回归的预测结果进行比较。虽然在第 3 章中已经介绍了利用局部加权线性回归预测鲍鱼年龄，但是在第 3 章中是利用正则方程的方式求解线性回归和局部加权线性回归的最佳参数。那么在本节中，将利用梯度下降算法来求解 Ridge 回归和线性回归的模型参数。

案例中，线性回归和 Ridge 回归都采取 MBGD 算法来训练模型。其中迭代次数设置成 1 万次，学习率为 0.001，小批量样本规模设置成 64。为了比较不同 L2 正则化系数对 Ridge 回归的影响，设置了一组不同的 L2 正则化系数。这一组 L2 正则化系数如下：$[0.00001, 0.00003, 0.0001, 0.0003, 0.001, 0.01]$。同时对数据集进行随机划分，其中测试集占整个数据集的 20%。

为了突出本章的重点内容——正则化，在该案例中只讨论 L2 正则化系数对模型的影响，对于迭代次数、学习率和小批量样本规模的影响不给予考虑。在训练结束后，统计了线性回归与 Ridge 回归的平均训练损失与测试误差及其对应的统计信息，并将这些结果保存为 Excel 文档。整个案例代码如下所示。

```
from RidgeRegression.RidgeRegression import RidgeRegression
from LinearRegression.LinearRegression import LinearRegression
from sklearn.model_selection import train_test_split
import numpy as np
import pandas as pd


# 导入鲍鱼数据集
path = "./abalone_data.txt"
Data,Result = Load_Abalone(path)
Result = np.reshape(Result,(len(Result),1))


# 将数据集分成训练集和测试集
Train_Data,Test_Data,Train_Result,Test_Result = train_test_split \
    (Data,Result,test_size=0.2,random_state=50)


# 初始化模型的参数
theta = np.random.randn(np.shape(Train_Data)[1] + 1,1)


# 构造线性回归
linearregression = LinearRegression(Train_Data,Train_Result,theta)


# 进行迭代，获取线性回归的最佳参数
lr_train_error = linearregression.train_MBGD(10000,64,0.001)
lr_predict = linearregression.predict(Test_Data)
lr_test_error = Error(Test_Result.T[0],lr_predict)
print(" 线性回归的模型参数：\n",linearregression.Theta.T)
print(" 预测误差平均值为: ",np.average(lr_test_error))
print(" 平均训练损失平均值为: ",np.average(lr_train_error))


# 初始化 Ridge 回归的正则化系数
lambds = [0.00001,0.00003,0.0001,0.0003,0.001,0.01]


# 构造 Ridge 回归，获取不同正则化系数下 Ridge 回归的最佳模型参数并进行预测
ridge_predicts = []          # 初始化 Ridge 回归的预测结果数组
ridge_test_errors = []       # 初始化 Ridge 回归的测试误差数组
ridge_train_errors = []      # 初始化 Ridge 回归的平均训练损失数组
# 遍历所有正则化参数
for lambd in lambds:
    ridgeregression = RidgeRegression(Train_Data,Train_Result,theta)
    ridge_train_error = ridgeregression.train_MBGD(10000,64,0.001,lambd)
    ridge_train_errors.append(ridge_train_error)
    ridge_result = ridgeregression.test(Test_Data)
    ridge_test_error = Error(Test_Result.T[0],ridge_result)
    ridge_predicts.append(ridge_result)
    ridge_test_errors.append(ridge_test_error)
    print(" 正则化系数为 %f 下的 Ridge 回归的模型参数 :" %(lambd))
```

```
print(ridgeregression.Theta.T)
print(" 预测误差平均值为: ",np.average(ridge_test_error))
print(" 平均训练损失平均值为: ",np.average(ridge_train_error))

# 平均训练损失可视化, 可视化一小部分
col = [" 线性回归 "]
train_error = [lr_train_error]
for (lambd,ridge_train_error) in zip(lambds,ridge_train_errors):
    col.append("lambda=" + str(lambd))
    train_error.append(ridge_train_error)
train_error = Merge(train_error,col)
train_error.to_excel("./ 线性回归和 Ridge 回归的平均训练损失 .xlsx")
train_error.describe().to_excel("./ 线性回归和 Ridge 回归的平均训练损失的统计信息 .xlsx")

# 计算预测值与真实值之间的标准差
test_error = []
test_error.append(lr_test_error)
for ridge_test_error in ridge_test_errors:
    test_error.append(ridge_test_error)
test_error = Merge(test_error,col)
test_error.to_excel("./ 模型的预测误差 .xlsx")
test_error.describe().to_excel("./ 模型的预测误差统计信息 .xlsx")
```

训练集在线性回归和 Ridge 回归的平均训练损失的统计信息如表 5.3 所示。从表 5.3 中可以看出，当 L2 正则化系数小于 0.0001 时，相比于线性回归，在 1 万次迭代训练过程中，Ridge 回归在训练集上的拟合稳定性全部优于线性回归，并且在精确度为 0.0001 的情况下，Ridge 回归的训练均方误差基本与线性回归的一样。

表5.3　线性回归和Ridge回归的平均训练损失的统计信息

算法　　　　　　　　　　性能指标	训练均方误差	训练标准差
线性回归	11.2706	2.5528
$\lambda = 0.00001$	11.2709	2.5519
$\lambda = 0.00003$	11.2712	2.5523
$\lambda = 0.0001$	11.2709	2.5514
$\lambda = 0.0003$	11.2716	2.5513
$\lambda = 0.001$	11.2741	2.5519
$\lambda = 0.01$	11.3046	2.5504

测试集在线性回归和 Ridge 回归的预测结果误差的统计信息如表 5.4 所示。从表 5.4 中可以看出，当 L2 正则化系数小于 0.001 时，Ridge 回归在测试集上的预测均方误差基本低于线性回归，特别是当 $\lambda = 0.0001$ 时，Ridge 回归的预测均方误差比线性回归低 0.0127，预测标准差比线性回归低 0.0126。当然 L2 正则化系数在这个范围内，也有反常现象。当 $\lambda = 0.00001$ 或 $\lambda = 0.0003$ 时，预测均方误差和预测标准差都明显高于线性回归。

表5.4　线性回归和Ridge回归的预测结果误差的统计信息

算法　　　　　　　性能指标	预测均方误差	预测标准差
线性回归	11.0554	16.8439
$\lambda = 0.00001$	11.0670	16.8556
$\lambda = 0.00003$	11.0506	16.8391
$\lambda = 0.0001$	11.0427	16.8313
$\lambda = 0.0003$	11.0597	16.8483
$\lambda = 0.001$	11.0650	16.8536
$\lambda = 0.01$	11.0955	16.8847

结合表 5.3 和表 5.4 不难看出，在鲍鱼数据集上，L2 正则化系数为 0.0001 较为适合 Ridge 回归，可以带来比线性回归较好的预测性能。当然，由于鲍鱼数据集规模较小，因此 Ridge 回归也并未完全展示出 L2 正则化的强大之处。这个例子只是给读者展示一下 L2 正则化是如何改进线性回归的。

 5.7 带 L2 正则化的 Softmax 回归的 Python 实现

为了更好地讲解 5.8 节的语音信号数据集分类，有必要再次利用 Python 结合面向对象思想来实现 Softmax 回归。加入 L2 正则化后的 Softmax 回归的类定义如下所示。

```python
class SoftmaxRegression(object):
    def __init__(self,Train_Data,Train_Label,theta=None):
    def Transform(self,Train_Label):
    def Softmax(self,x):
    def Shuffle_Sequence(self):
    def Gradient(self,train_data,train_label,predict_label):
    def BGD(self,alpha,lambd=0):
    def SGD(self,alpha,lambd=0):
```

```
def MBGD(self,alpha,batch_size,lambd=0):
def Cost(self):
def train_BGD(self,iter,alpha,lambd=0):
def train_SGD(self,iter,alpha,lambd=0):
def train_MBGD(self,iter,mini_batch,alpha,lambd=0):
def predict(self,test_data):
def test(self,test_data):
```

从上面的 Softmax 回归的类定义可以看出，加入 L2 正则化后的 Softmax 回归与原始 Softmax 回归在代码构成上相似度很高，只是其中的 3 个梯度下降算法函数和 3 个迭代训练函数略微不同。因此在本节中只对这 6 个函数进行讲解，其余代码的剖析请读者转移至第 4 章进行阅读。

事实上，这 6 个函数的形参中都加上了 L2 正则化系数参数，这样就在迭代训练和梯度下降算法中保留了 L2 正则化的接口。下面将详细分析这 6 个函数。

5.7.1　梯度下降算法函数

本小节主要分析 3 个加入 L2 正则化的梯度下降算法函数，即 BGD、SGD 和 MBGD。与第 4 章的代码相比，3 个加入 L2 正则化的梯度下降算法函数多了一个 L2 正则化系数参数 lambd。在这 3 个函数中，L2 正则化系数参数 lambd 默认为 0，即当 lambd 为 0 时，梯度下降算法更新参数时不进行 L2 正则化。但在实际应用中，应根据实际需要来调整这个超参数。与未加入 L2 正则化相比，加入 L2 正则化的算法在更新模型参数时，模型参数 self.Theta 前多了一个小于 1 的系数：$1 - alpha * lambd$，其余的流程与未加入 L2 正则化时的流程一样。加入 L2 正则化的 3 个梯度下降算法函数的定义如下所示。

```
def BGD(self,alpha,lambd=0):
    """
    这是利用 BGD 算法进行一次迭代调整参数的函数
    :param alpha: 学习率
    :param lambd: L2 正则化系数，默认为 0
    """
    # 定义梯度增量数组
    gradient_increasment = []
    # 对输入的训练数据及其真实结果进行依次遍历
    for (train_data,train_label) in zip(self.Train_Data,self.Train_Label):
        # 首先计算 train_data 在当前模型的预测结果
        train_data = np.reshape(train_data,(1,len(train_data)))
        train_label = np.reshape(train_label,(1,len(train_label)))
        predict = self.Softmax(train_data.dot(self.Theta))
        # 之后计算每组 train_data 的梯度增量，并放入梯度增量数组
        g = self.Gradient(train_data,train_label,predict)
        gradient_increasment.append(g)
    # 按列计算属性的平均梯度增量
```

```python
        avg_g = np.average(gradient_increasment,0)
        # 更新模型参数 self.Theta
        self.Theta = (1 - alpha * lambd) * self.Theta + alpha * avg_g


def SGD(self,alpha,lambd=0):
    """
    这是利用 SGD 算法进行一次迭代调整参数的函数
    :param alpha: 学习率
    :param lambd: L2 正则化系数，默认为 0
    """
    # 首先将数据集随机打乱，减少数据集顺序对参数调优的影响
    shuffle_sequence = self.Shuffle_Sequence()
    # 对训练数据集进行遍历，利用每组训练数据对参数进行调整
    for index in shuffle_sequence:
        # 获取训练数据及其标签
        train_data = self.Train_Data[index]
        train_label = self.Train_Label[index]
        # 首先计算 train_data 在当前模型的预测结果
        train_data = np.reshape(train_data,(1,len(train_data)))
        train_label = np.reshape(train_label,(1,len(train_label)))
        predict = self.Softmax(train_data.dot(self.Theta))[0]
        # 之后计算每组 train_data 的梯度增量
        g = self.Gradient(train_data,train_label,predict)
        # 更新模型参数 self.Theta
        self.Theta = (1 - alpha * lambd) * self.Theta + alpha * g


def MBGD(self,alpha,batch_size,lambd=0):
    """
    这是利用 MBGD 算法进行一次迭代调整参数的函数
    :param alpha: 学习率
    :param batch_size: 小批量样本规模
    :param lambd: L2 正则化系数，默认为 0
    """
    # 首先将数据集随机打乱，减少数据集顺序对参数调优的影响
    shuffle_sequence = self.Shuffle_Sequence()
    # 遍历每个小批量样本数据集及其标签
    for start in np.arange(0,len(shuffle_sequence),batch_size):
        # 判断 start + batch_size 是否大于数组长度，
        # 防止最后一组小批量样本规模可能小于 batch_size 的情况
        end = np.min([start + batch_size,len(shuffle_sequence)])
        # 获取训练小批量样本集及其标签
        mini_batch = shuffle_sequence[start:end]
        Mini_Train_Data = self.Train_Data[mini_batch]
        Mini_Train_Label = self.Train_Label[mini_batch]
        # 定义小批量训练数据集梯度增量数组
        gradient_increasment = []
```

```
# 遍历每个小批量训练数据集
for (train_data,train_label) in zip(Mini_Train_Data,Mini_Train_Label):
    # 首先计算 train_data 在当前模型的预测结果
    train_data = np.reshape(train_data,(1,len(train_data)))
    train_label = np.reshape(train_label,(1,len(train_label)))
    predict = self.Softmax(train_data.dot(self.Theta))[0]
    # 之后计算每组 train_data 的梯度增量,并放入梯度增量数组
    g = self.Gradient(train_data,train_label,predict)
    gradient_increasment.append(g)
# 按列计算属性的平均梯度增量
avg_g = np.average(gradient_increasment,0)
# 更新模型参数 self.Theta
self.Theta = (1 - alpha * lambd) * self.Theta + alpha * avg_g
```

5.7.2 迭代训练函数

本小节主要讲解 3 个迭代训练函数,即 train_BGD、train_SGD 和 train_MBGD。与梯度下降算法函数一样,3 个迭代训练函数的形参也多了一个 L2 正则化系数参数 lambd。在 3 个迭代训练函数中,主要流程就是遍历整个训练集,然后结合学习率 alpha 和 L2 正则化系数参数 lambd 在每次迭代训练中更新模型参数。

不同的是,train_BGD 迭代训练函数调用的是加入 L2 正则化的 BGD 算法;train_SGD 迭代训练函数调用的是加入 L2 正则化的 SGD 算法;train_MBGD 迭代训练函数调用的是加入 L2 正则化的 MBGD 算法。上述 3 个迭代训练函数的定义如下所示。

```
def train_BGD(self,iter,alpha,lambd=0):
    """
    这是利用 BGD 算法迭代优化的函数
    :param iter: 迭代次数
    :param alpha: 学习率
    :param lambd: L2 正则化系数
    """
    # 定义平均训练损失数组,记录每轮迭代的训练数据集的损失
    Cost = []
    # 追加未开始训练的模型平均训练损失
    Cost.append(np.average(self.Cost()))
    # 开始进行迭代训练
    for i in range(iter):
        # 利用学习率 alpha,结合 BGD 算法对模型进行训练
        self.BGD(alpha,lambd)
        # 记录每次迭代的平均训练损失
        Cost.append(np.average(self.Cost()))
    Cost = np.array(Cost)
    return Cost
```

```python
def train_SGD(self,iter,alpha,lambd=0):
    """
    这是利用 SGD 算法迭代优化的函数
    :param iter: 迭代次数
    :param alpha: 学习率
    :param lambd: L2 正则化系数
    """
    # 定义平均训练损失数组，记录每轮迭代的训练数据集的损失
    Cost = []
    # 追加未开始训练的模型平均训练损失
    Cost.append(np.average(self.Cost()))
    # 开始进行迭代训练
    for i in range(iter):
        # 利用学习率 alpha，结合 SGD 算法对模型进行训练
        self.SGD(alpha,lambd)
        # 记录每次迭代的平均训练损失
        Cost.append(np.average(self.Cost()))
    Cost = np.array(Cost)
    return Cost

def train_MBGD(self,iter,batch_size,alpha,lambd=0):
    """
    这是利用 MBGD 算法迭代优化的函数
    :param iter: 迭代次数
    :param batch_size: 小批量样本规模
    :param alpha: 学习率
    :param lambd: L2 正则化系数
    """
    # 定义平均训练损失数组，记录每轮迭代的训练数据集的损失
    Cost = []
    # 追加未开始训练的模型平均训练损失
    Cost.append(np.average(self.Cost()))
    # 开始进行迭代训练
    for i in range(iter):
        # 利用学习率 alpha，结合 MBGD 算法对模型进行训练
        self.MBGD(alpha,batch_size,lambd)
        # 记录每次迭代的平均训练损失
        Cost.append(np.average(self.Cost()))
    Cost = np.array(Cost)
    return Cost
```

5.8 案例：再看语音信号数据集分类

下面利用 L2 正则化对 Softmax 回归进行改进，然后利用原始 Softmax 回归和加入 L2 正则化的 Softmax 回归分别对第 4 章的语音信号数据集进行分类，并将两者的分类结果进行比较。图 5.6 给出了该案例的主要流程。

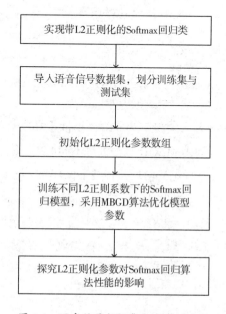

图 5.6　语音信号数据集分类案例流程

在修改完 Softmax 回归算法的代码后，重新回到语音信号数据集分类的问题上来。由于在第 4 章中已经讨论过语音信号数据集分类问题，因此在本节中，就对第 4 章案例中的相关结论加以应用。

首先导入语音信号数据集，然后对数据集进行去中心化处理，最后划分数据集为训练集和测试集。为了方便起见，在这次利用 Softmax 回归对语音信号数据集进行分类的案例中，将迭代次数设置成 5000 次，学习率为 0.01，小批量样本规模设置成 64，即使用 MBGD 算法进行优化模型参数。为了研究 L2 正则化系数对 Softmax 回归的影响，在该案例中设置了一组 L2 正则化系数，对比未加入 L2 正则化和不同的 L2 正则化系数下的 Softmax 回归的分类性能。这组 L2 正则化系数为 $[0, 0.00001, 0.00003, 0.0003, 0.01, 0.01]$。这个过程的代码如下所示。

```
# 导入语音信号数据集
PATH = "./voice_data.txt"
Data,Label = Load_Voice_Data(PATH)

# 首先将数据随机打乱
```

```
# 首先获得训练集规模，然后按照规模生成自然数序列
length = len(Label)
random_sequence = list(range(length))
# 利用 numpy 的随机打乱函数打乱训练数据下标
random_sequence = np.random.permutation(random_sequence)
Data = Data[random_sequence]
Label = Label[random_sequence]

# 数据归一化
#Data = MinMaxScaler().fit_transform(Data)

# 将数据集分成训练数据集和测试数据集
Train_Data,Test_Data,Train_Label,Test_Label = \
    train_test_split(Data,Label,test_size=0.2,random_state=10)
Test_Label = Other.Transform(Test_Label)
```

之后，初始化迭代次数为 2 万，学习率为 0.01，小批量样本规模为 32，L2 正则化系数数组为 [0,0.00001,0.0001,0.001,0.01]。利用 MBGD 算法训练不同 L2 正则化系数下的 Softmax 回归算法，统计训练过程中的平均训练损失及其统计信息并将结果保存为 Excel 文档；同时将不同 L2 正则化系数下 Softmax 回归算法的平均训练损失进行可视化；在训练结束后，利用测试集预测分类结果，统计混淆矩阵、精度、查准率、召回率和 f1 度量。这个过程的代码如下所示。

```
# 解决 matplotlib 中的中文乱码问题，以便后面实验结果可视化
mpl.rcParams['font.sans-serif'] = [u'simHei']
mpl.rcParams['axes.unicode_minus'] = False

# 初始化模型的参数
theta = np.random.randn(np.shape(Train_Data)[1] + 1,4)
# 初始化 Softmax 回归模型的相关参数
iteration = 20000                    # 迭代次数
learning_rate = 0.01                 # 学习率
batch_size = 32                      # 小批量样本规模
lambds = [0,0.00001,0.0001,0.001,0.01]

choices = ["c-.","m-.","k--","g-.","r:"]
col = [" 民歌 "," 古筝 "," 摇滚 "," 流行 "]
sheet_name = []          # 工作簿名称
accuracy = []            # 精度数组
precision = []           # 查准率
recall = []              # 召回率
f1 = []                  # f1 度量
# 首先构建一个 Excel 写入类的实例
writer1 = pd.ExcelWriter("./ 不同 L2 正则化系数下的混淆矩阵 .xlsx")
writer2 = pd.ExcelWriter("./ 不同 L2 正则化系数下的平均训练损失统计信息 .xlsx")
for lambd,choice in zip(lambds,choices):
```

```python
            name = "lambda=" + str(lambd)
            if lambd == 0:
                name = " 无 L2 正则化 "
        sheet_name.append(name)
        # 构造 Softmax 回归模型
        softmaxregression = SoftmaxRegression(Train_Data,Train_Label,theta)
        # 利用 MBGD 算法训练 Softmax 回归模型，加入 L2 正则化，
        # 当 lambd 为 None 时代表不加入 L2 正则化，并返回平均训练损失
        MBGD_Error = softmaxregression.train_MBGD(iteration,batch_size,learning_rate,lambd)
        # 可视化不同模型下的平均训练损失
        plt.plot(np.arange(len(MBGD_Error[500:])),MBGD_Error[500:],choice)
        # 计算不平均训练损失统计信息
        MBGD_Error = pd.DataFrame(MBGD_Error)
        print(" 平均训练损失的统计信息: ")
        print(MBGD_Error.describe())
        MBGD_Error.describe().to_excel(writer2,sheet_name=name)
        # 利用 Softmax 回归模型对测试数据集进行预测
        Test_predict = softmaxregression.test(Test_Data)
        # 计算精度
        _accuracy = accuracy_score(Test_Label,Test_predict)
        # 计算查准率
        _precision = precision_score(Test_Label,Test_predict,average="micro")
        # 计算召回率
        _recall = recall_score(Test_Label,Test_predict,average="micro")
        # 计算 f1
        _f1 = f1_score(Test_Label,Test_predict,average="micro")
        accuracy.append(_accuracy)
        precision.append(_precision)
        recall.append(_recall)
        f1.append(_f1)
        # 生成分类性能报告，由于 classification_report 函数结果
        # 为字符串，因此打印后，手动保存到 Excel
        report = classification_report(Test_Label,Test_predict,target_names=col)
        print("L2 正则化系数为: %f 的分类性能 " % (lambd))
        print(report)
        print(" 精度为: ",_accuracy)
        print(" 查准率为: ",_precision)
        print(" 召回率为: ",_recall)
        print("f1 为: ",_f1)
        # 计算混淆矩阵，并保存到 Excel
        sm_confusion_matrix = Other.confusion_matrix(Test_Label,Test_predict)
        sm_confusion_matrix = Other.Confusion_Matrix_Merge(sm_confusion_matrix,col)
        sm_confusion_matrix.to_excel(writer1,sheet_name=name)
writer1.save()
writer2.save()
plt.xlabel(" 迭代次数 ")
```

```
plt.ylabel(" 平均训练损失 ")
plt.grid(True)
plt.legend(labels=sheet_name,loc="best")
plt.savefig("./ 平均训练损失 .jpg",bbox_inches='tight')
# 计算算法性能，并保存到 Excel
Data = [accuracy,precision,recall,f1]
Data = Other.Merge(Data,sheet_name,[" 精度 "," 查准率 "," 召回率 ","f1"])
Data.to_excel("./ 不同 L2 正则化系数下的性能指标 .xlsx")
```

接下来就来分析 L2 正则化系数对 Softmax 回归算法性能的影响。首先分析不同 L2 正则化系数下 Softmax 回归的平均训练损失相关统计信息，平均训练损失的统计信息如表 5.5 所示。

表5.5　不同L2正则化系数下Softmax回归的平均训练损失的统计信息

Softmax回归模型	平均训练损失	标准差	最大平均训练损失	最小平均训练损失
无L2正则化	0.307812	0.097246	9.475716	0.294433
$\lambda = 0.00001$	0.308196	0.097328	9.475716	0.294972
$\lambda = 0.0001$	0.312255	0.097213	9.475716	0.300332
$\lambda = 0.001$	0.342908	0.095420	9.475716	0.335432
$\lambda = 0.01$	0.423849	0.092140	9.475716	0.417681

从表 5.5 中可以看出，随着 L2 正则化系数的增大，Softmax 回归算法的迭代过程中平均训练损失的标准差逐渐降低，从 0.097 降至 0.092，即 L2 正则化系数的增大有利于模型加快收敛速度。但同时，随着 L2 正则化系数的增大，最终平均训练损失不断上升，从 0.307 升至 0.423，使得训练数据集的预测值与真实值之间的差异变大。

紧接着在表 5.6 中，给出了不同 L2 正则化系数下 Softmax 回归的分类性能。其中查准率、召回率和 f1 分别计算的是 "宏查准率" "宏召回率" 和 "宏 f1 度量"。在表 5.6 的第一列中，λ 为 L2 正则化系数。显然，从表 5.6 中可以看出，利用较小的 L2 正则化系数可以给 Softmax 回归带来一定性能的提升，但是 L2 正则化系数过大则会使 Softmax 回归的分类性能急剧下滑。

表5.6　不同L2正则化系数下Softmax回归的分类性能

Softmax回归模型	精度	查准率	召回率	f1
无L2正则化	0.87	0.87	0.87	0.87
$\lambda = 0.00001$	0.8725	0.8725	0.8725	0.8725
$\lambda = 0.0001$	0.8725	0.8725	0.8725	0.8725
$\lambda = 0.001$	0.8525	0.8525	0.8525	0.8525
$\lambda = 0.01$	0.8225	0.8225	0.8225	0.8225

同时，结合表 5.5 可以得知，较大的 L2 正则化系数虽然能使 Softmax 回归变得更加稳定，但是也降低了分类性能并增大了平均训练损失。显然，过大的 L2 正则化系数会导致模型一定程度过拟合。因此，L2 正则化系数不能太大。从表 5.5 和表 5.6 中可以看出，在语音信号数据集中，0.00001 和 0.0001 是 Softmax 回归较为合适的 L2 正则化系数。

5.9　本章小结

本章主要介绍了模型评估与优化的相关理论。在 5.1 节中，首先主要介绍了模型相关性能度量，例如，错误率、精度、混淆矩阵、查准率、召回率和 f1，预测任务中主要的性能度量就是均方误差，分类任务中最基本的两个性能度量为错误率和精度；然后以这两个分类性能度量为切入点，展开讲解了二分类任务中混淆矩阵的概念，以二分类的混淆矩阵为基础，推导出了查准率、召回率和 f1 度量的计算公式，并对这 3 个性能度量之间的联系与区别进行了详细说明；最后将混淆矩阵、查准率、召回率和 f1 度量推广到了多分类任务，并给出了详细的相关计算公式。

在 5.2 节中，介绍了机器学习算法中普遍存在的偏差 - 方差平衡问题。以偏差和方差这两个度量为出发点，详细论述了如何根据偏差和方差选取最优模型及其参数。

在 5.3 节中，重点介绍了正则化的相关理论。首先介绍了各种范数的概念及其数学表示，其中包括 L1 范数、L2 范数和 F- 范数；然后分别从 L1 正则化和 L2 正则化两种改进方法的思路下重新推导了前几章提到的线性回归、Logistic 回归和 Softmax 回归算法中梯度下降算法的更新公式；最后抛开具体的机器学习算法，分别从概率论和最优化的角度解释了 L1 正则化和 L2 正则化的本质。

在 5.4 节中，简单介绍了一种能够提高模型泛化能力的方法——交叉验证。

在 5.5 节中，利用 Python 结合面向对象思想实现了 Ridge 回归，并对 Ridge 回归类中的所有代码进行了逐一解释，以便在 5.6 节中利用 Ridge 回归预测鲍鱼年龄。

在 5.6 节中，重新回到第 3 章中的预测鲍鱼年龄的案例。在预测鲍鱼年龄的案例中，统计了不同 L2 正则化系数下 Ridge 回归和线性回归的预测结果的均方误差及其统计信息，通过这些指标来对比不同 L2 正则化系数下 Ridge 回归和线性回归的预测性能。

在 5.7 节中，利用 Python 结合面向对象思想实现了加入 L2 正则化的 Softmax 回归，并对 L2 正则化的 Softmax 回归类中的部分代码进行了逐一解释，以便在 5.6 节中利用加入 L2 正则化的 Softmax 回归对语音信号数据集进行分类。

在 5.8 节语音信号数据集案例中，将不同 L2 正则化系数下 Softmax 回归和不加入 L2 正则化系数下 Softmax 回归的分类性能进行了比较。这两个案例的实验结果都说明了适当的 L2 正则化能够减缓模型的过拟合，提高模型的泛化能力，但是过大的 L2 正则化系数则可能使算法性能降低，并且导致过拟合。

在第 6 章中，将介绍一种十分强大的算法——BP 神经网络。BP 神经网络算法也是当今深度学习理论的基础。

第 6 章

BP 神经网络

　　本章将回到监督学习这一主题上来。不同于线性回归、局部加权线性回归、Logistic 回归和 Softmax 回归，本章将详细讲解一种非常强大的分类算法——BP 神经网络 (BPNN)。该模型也是当前深度学习算法的重要理论基础。

本章主要涉及的内容

- 神经网络模型
- BP 算法与梯度下降算法
- BP 神经网络的相关改进
- BP 神经网络的 Python 实现
- 案例：利用 BP 神经网络对语音信号数据集进行分类

6.1 神经网络模型

在本节中，将主要介绍 3 层神经网络模型的基础原理。为了更好地介绍神经网络，因此首先介绍神经元模型，然后介绍感知机模型，并分析感知机的优缺点，进而介绍 3 层神经网络模型的基本原理。

6.1.1 神经元模型

神经网络是一个复杂数学模型，一个神经网络是由大量的神经元连接而成的，神经元之间通过连接权重连接起来。因此要想理解神经网络模型就必须对神经元模型进行介绍。1943 年，麦卡洛克 (W. S. McCulloch) 和皮特斯 (W. Pitts) 根据生物学神经元的工作机理提出如图 6.1 所示的简单模型，这就是一直沿用至今的 M-P 神经元模型。在这里，假设每个神经元有 n 个输入 x_i，这些输入通过权重 w 的连接进行传递，神经元接收到的总输入值 $\sum_{i=1}^{n} w_i x_i$ 将与神经元的阈值项 θ 进行线性组合，然后通过激活函数 f 对线性组合进行映射，产生神经元的输出 $y = f\left(\sum_{i=1}^{n} w_i x_i + \theta\right)$。

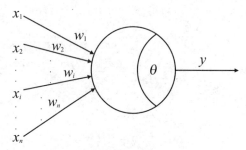

图 6.1　神经元模型的结构

6.1.2 感知机模型

感知机模型是在神经元模型的基础上建立起来的。感知机模型是一个二分类模型，其结构如图 6.2 所示。

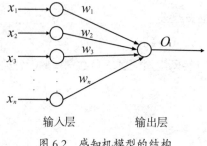

输入层　　　　　　输出层

图 6.2　感知机模型的结构

从图 6.2 中可以看出，感知机模型和 Logistic 回归模型的架构极其相似。简单来说，Logistic 回归使用的是式 (4-1) 表示的 Sigmoid 激活函数，而感知机模型使用的是简单的阶跃函数作为激活函数，该阶跃函数的函数表达式如式 (6-1) 所示。

$$\text{sgn}(x) = \begin{cases} 1 & x \geqslant 0 \\ 0 & x < 0 \end{cases} \tag{6-1}$$

因此对于给定输入 $\boldsymbol{x} = (x_1, x_2, \cdots, x_n)^{\text{T}}$，输入层与输出层之间的连接权重为 $\boldsymbol{w} = (w_1, w_2, \cdots, w_n)^{\text{T}}$，那么结合式 (6-1)，感知机模型的输入如式 (6-2) 所示。

$$y = \text{sgn}(\boldsymbol{w}^{\text{T}} \boldsymbol{x}) = \text{sgn}\left(\sum_{i=1}^{n} w_i x_i\right) \tag{6-2}$$

结合图 6.2、式 (6-1) 和式 (6-2) 可以看出，感知机的输入层接收 n 个外界输入信号后，根据输入层与输出层之间的连接权重将输入信号传递到输出层，然后根据式 (6-1) 表示的阶跃函数将输出神经元的输出映射成 0 或 1。其中 "1" 代表神经元兴奋，"0" 代表神经元抑制。

类似于 Logistic 回归，对于感知机输入层与输出层之间的权重也可以依靠梯度下降算法进行求解。由于本小节的主要目的不是介绍感知机的相关原理，而是利用感知机模型来给 BP 神经神经网络模型做铺垫，因此在本小节中不给出感知机模型参数的梯度下降算法的更新公式。若有读者对此感兴趣，可自行结合感知机模型理论与梯度下降算法来推导感知机模型参数的梯度下降算法的更新公式。

感知机模型被提出后，它虽然在简单的逻辑与、逻辑或和逻辑非的运算上取得了较高的精度，但值得注意的是，感知机模型只有输出神经元才能进行激活处理。这也就导致了感知机模型的学习能力比较有限，这也是导致 20 世纪 50 年代人工智能第一次高潮失败的原因之一。

从另一个角度来讲，作为二分类模型，感知机与 Logistic 回归一样都是要寻找一个合适的超平面使训练集的正实例点和负实例点完全正确分开来。事实上，在 1969 年马文·明斯基和西摩尔·派普特 (Seymour Papert) 就证明了若两类模式是线性可分的，即能够找到一个线性超平面将它们分开，那么感知机在学习后定会收敛；否则感知机模型在学习过程中会发生振荡，输入层与输出层之间的权重很难确定。

因此为了解决非线性可分问题，增加感知机的学习能力，需要考虑多层感知机模型，即需要在输入层与输出层之间加入隐含层，并且隐含层神经元也得经过激活函数激活，这就是接下来要介绍的神经网络模型。

6.1.3　神经网络模型

如果更一般的多层感知机模型有如图 6.3 所示规则的层级结构，那么这时就可以称之为神经网络了。换句话说，神经网络既可以看成是感知机模型加入了隐含层神经元，又可以看成是把多个神经元模型按一定的层次结构连接起来组成的网络结构。本小节将专门介绍 3 层神经网络，且隐含层和输出层的激活函数全部为 Sigmoid 激活函数。

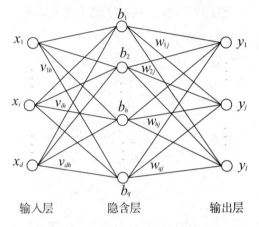

输入层　　　　　隐含层　　　　　输出层

图 6.3　3 层神经网络模型的结构

从图 6.3 中可以看出，3 层神经网络是由输入层、隐藏层和输出层构成的。输入层与输出层的结点数与输入数据集有关。对于给定输入数据集表示如式 (6-3) 所示。

$$\mathcal{D} = \left\{ (\boldsymbol{x}^{(1)}, \boldsymbol{y}^{(1)}), (\boldsymbol{x}^{(2)}, \boldsymbol{y}^{(2)}), \cdots, (\boldsymbol{x}^{(m)}, \boldsymbol{y}^{(m)}) \right\} \tag{6-3}$$

式中，m 表示输入数据集 $\mathcal{D}$ 的大小；$\boldsymbol{x}^{(i)} \in \mathbb{R}^d, \boldsymbol{y}^{(i)} \in \mathbb{R}^l$，输入神经元 $\boldsymbol{x}^{(i)}$ 如式 (6-4) 所示。

$$\boldsymbol{x}^{(i)} = (x_1^{(i)}, x_2^{(i)}, \cdots, x_d^{(i)}) \tag{6-4}$$

输出神经元 $\boldsymbol{y}^{(i)}$ 的输出如式 (6-5) 所示。

$$\boldsymbol{y}^{(i)} = (y_1^{(i)}, y_2^{(i)}, \cdots, y_l^{(i)}) \tag{6-5}$$

换句话说，输入层结点数为输入数据的维数，且输出层结点数为真实值的维数。在下面的相关介绍中，假定有 d 个输入层神经元，q 个隐藏层神经元，l 个输出层神经元。隐藏层的每个神经元都含有一个阈值项 θ_i，故隐藏层的阈值项可以表示为式 (6-6)。

$$\boldsymbol{\theta} = (\theta_1, \theta_2, \cdots, \theta_q) \tag{6-6}$$

同理，输出层的阈值项可以表示为式 (6-7)。

$$\boldsymbol{\gamma} = (\gamma_1, \gamma_2, \cdots, \gamma_l) \tag{6-7}$$

同时，第 i 个输入层神经元与第 j 个隐藏层神经元之间的权重记作 v_{ij}。故输入层与隐含层之间的连接权重可以表示为式 (6-8)。

$$\boldsymbol{v} = (\boldsymbol{v}_1, \boldsymbol{v}_2, \cdots, \boldsymbol{v}_d)^{\mathrm{T}} \tag{6-8}$$

式中，$\boldsymbol{v}_i$ 可以表示为式 (6-9)。

$$\boldsymbol{v}_i = (v_{i1}, v_{i2}, \cdots, v_{iq}) \tag{6-9}$$

因此，输入层与隐藏层之间的连接权重也可以表示为式 (6-10)。

$$\boldsymbol{v} = \begin{pmatrix} v_{i1} & v_{i2} & \cdots & v_{iq} \\ \vdots & \ddots & & \vdots \\ \vdots & & \ddots & \vdots \\ v_{d1} & v_{d2} & \cdots & v_{dq} \end{pmatrix} \tag{6-10}$$

类似地，第 i 个隐含层神经元与第 j 个输出层神经元之间的权重记作 w_{ij}。那么，隐含层与输出层之间的连接权重可以表示为式 (6-11)。

$$\boldsymbol{w} = (\boldsymbol{w}_1, \boldsymbol{w}_2, \cdots, \boldsymbol{w}_q)^{\mathrm{T}} = \begin{pmatrix} w_{11} & w_{12} & \cdots & w_{1l} \\ \vdots & \ddots & & \vdots \\ \vdots & & \ddots & \vdots \\ w_{q1} & w_{q2} & \cdots & w_{ql} \end{pmatrix} \tag{6-11}$$

式中，$\boldsymbol{w}_i$ 可以表示为式 (6-12)。

$$\boldsymbol{w}_i = (w_{i1}, w_{i2}, \cdots, w_{il}) \tag{6-12}$$

那么，对于任意的输入数据 $\boldsymbol{x} \in \mathbb{R}^d$，结合式 (6-4) 和式 (6-10)，第 h 个隐含层神经元的输入如式 (6-13) 所示。

$$\alpha_h = \sum_{i=1}^{d} v_{ih} x_i \tag{6-13}$$

然后，结合式 (6-13) 与 Sigmoid 函数，第 h 个隐含层神经元的输出如式 (6-14) 所示。

$$b_h = f(\alpha_h + \theta_h) \tag{6-14}$$

其中式 (6-14) 中的 Sigmoid 函数及其导数的表达式如式 (6-15) 所示。

$$f(x) = \frac{1}{1 + \mathrm{e}^{-x}} \tag{6-15}$$

类似地，结合式 (6-11) 和式 (6-14)，第 j 个输出层神经元的输入如式 (6-16) 所示。

$$\beta_j = \sum_{h=1}^{q} w_{hj} b_h \tag{6-16}$$

最后，结合式 (6-11)、式 (6-15) 和式 (6-16)，第 j 个输出层神经元的输出如式 (6-17) 所示。

$$\hat{y}_j = f(\beta_j + \gamma_j) \tag{6-17}$$

6.2　BP 算法与梯度下降算法

在本节中，主要介绍 BP 神经网络模型中的 BP 算法与优化参数时的 3 种梯度下降算法。首先将简要介绍 BP 神经网络优化参数的误差反向传播 (BP) 算法，然后详细推导了 BP 神经网络中的各个模型参数的梯度增量，最后根据模型参数的梯度增量给出了 3 种梯度下降算法的具体流程。

6.2.1　BP 算法概述

误差反向传播 (Error Back Propagation，BP) 算法是由深度学习之父——杰弗里·辛顿 (Geoffrey

Hinton) 于 1986 年发表于《自然》杂志上。BP 算法的伪代码如表 6.1 所示。

表6.1　BP算法

输入：训练集 $\mathcal{D} = \left\{ (\boldsymbol{x}^{(i)}, \boldsymbol{y}^{(i)}) \right\}_{i=1}^{m}$

学习率 η

过程：首先在 (0,1) 范围内随机初始化神经网络的所有权重与阈值

Repeat until convergence {

    for all $(\boldsymbol{x}^{(i)}, \boldsymbol{y}^{(i)}) \in D \ do$：

        向前传播，计算当前样本的输出 $\hat{\boldsymbol{y}}^{(i)}$

        之后计算预测输出 $\hat{\boldsymbol{y}}^{(i)}$ 与真实输出 $\boldsymbol{y}^{(i)}$ 之间的误差

        计算输出层神经元的梯度项 g_j

        计算隐藏层神经元的梯度项 e_h

        更新层与层之间的所有权重与阈值

    end for

}

输出：所有权重与阈值确定的神经网络模型

在 BP 神经网络中，BP 算法的主要步骤如下：首先将训练数据输入到网络，进行前向传播得到预测结果，并计算真实值与预测输出之间的误差；然后将误差进行反向传播，依次调整所有超参数；重复上述迭代训练过程直到算法满足某个条件后停止。

不难看出，BP 算法的本质就是通过不断迭代训练，调整超参数到最优，最终使预测值尽可能接近真实值。不难发现，梯度下降算法是 BP 算法的一个重要实现手段。

因此，为了推导出 3 层 BP 神经网络的权重更新公式，首先从一组数据的求导公式说起。BP 神经网络的损失函数如式 (6-18) 所示。

$$E = \frac{1}{2m} \sum_{k=1}^{m} \sum_{j=1}^{l} (\hat{y}_j^{(k)} - y_j^{(k)})^2$$

$$= \frac{1}{m} \sum_{k=1}^{m} \frac{1}{2} \sum_{j=1}^{l} (\boldsymbol{v})^2 \tag{6-18}$$

$$= \frac{1}{m} \sum_{k=1}^{m} E_k$$

式中，m 为数据集的规模；l 为输出层的结点数。我们的目标就是让损失函数 E_k 取得最小值。那么，梯度下降算法中的任意参数 v 的更新公式如式 (6-19) 所示。

$$v = v - \eta \Delta v \tag{6-19}$$

式中，η 为学习率。这里以隐藏层与输出层的连接权重更新为例，根据式 (6-19) 和梯度下降算法，隐藏层与输出层的连接权重的梯度如式 (6-20) 所示。

$$\Delta w_{hj} = \frac{\partial E_k}{\partial w_{hj}} \tag{6-20}$$

结合式 (6-14) ~ 式 (6-18)，根据求导的链式法则，E_k 对 w_{hj} 的偏导数如式 (6-21) 所示。

$$\frac{\partial E_k}{\partial w_{hj}} = \frac{\partial E_k}{\partial \hat{y}_j^{(k)}} \cdot \frac{\partial \hat{y}_j^{(k)}}{\partial \beta_j} \cdot \frac{\partial \beta_j}{\partial w_{hj}} \tag{6-21}$$

根据式 (6-16) 中 β_j 的定义，β_j 对 w_{hj} 的偏导数如式 (6-22) 所示。

$$\frac{\partial \beta_j}{\partial w_{hj}} = b_h \tag{6-22}$$

那么结合式 (6-15) 表示的 Sigmoid 函数的导数、式 (6-17) 和式 (6-18) 可计算出 E_k 对 β_j 的偏导数，如式 (6-23) 所示。

$$g_j = \frac{\partial E_k}{\partial \beta_j} = \frac{\partial E_k}{\partial \hat{y}_j^{(k)}} \cdot \frac{\partial \hat{y}_j^{(k)}}{\partial \beta_j} = (\hat{y}_j^{(k)} - y_j^{(k)}) f'(\beta_j + \gamma_j)$$
$$= \hat{y}_j^{(k)} (1 - y_j^{(k)})(y_j^{(k)} - y_j^{(k)}) \tag{6-23}$$

其中式 (6-15) 表示的 Sigmoid 函数的导数计算公式如式 (6-24) 所示。

$$f'(x) = f(x)\big[1 - f(x)\big] \tag{6-24}$$

将式 (6-22) 和式 (6-23) 代入式 (6-20)，E_k 对 w_{hj} 的偏导数如式 (6-25) 所示。

$$\Delta w_{hj} = \frac{\partial E_k}{\partial w_{hj}} = \frac{\partial E_k}{\partial \beta_j} \cdot \frac{\partial \beta_j}{\partial w_{hj}}$$
$$= g_j b_h \tag{6-25}$$

同样地，结合式 (6-17) 和式 (6-18)，E_k 对 γ_j 的偏导数的推导过程如式 (6-26) 所示。

$$\Delta \gamma_j = \frac{\partial E_k}{\partial \gamma_j} = \frac{\partial E_k}{\partial \hat{y}_j^{(k)}} \cdot \frac{\partial \hat{y}_j^{(k)}}{\partial \beta_j} \cdot \frac{\partial \beta_j}{\partial \gamma_j}$$
$$= \frac{\partial E_k}{\partial \beta_j} \cdot \frac{\partial \beta_j}{\partial w_{hj}} \tag{6-26}$$
$$= g_j$$

类似地，结合式 (6-14)、式 (6-16) 和式 (6-18)，E_k 对 b_h 的偏导数的推导过程如式 (6-27) 所示。

$$e_h = \frac{\partial E_k}{\partial b_h} \cdot f'(\alpha_h + \theta_h) = f'(\alpha_h + \theta_h) \sum_{j=1}^{l} \frac{\partial E_k}{\partial \beta_j} \cdot \frac{\partial \beta_j}{\partial b_h}$$
$$= f'(\alpha_h + \theta_h) \sum_{j=1}^{l} w_{hj} g_j \tag{6-27}$$
$$= b_h (1 - b_h) \sum_{j=1}^{l} w_{hj} g_j$$

结合式 (6-13)、式 (6-14)、式 (6-18) 和式 (6-27)，推导出 θ_h 的梯度增量和 v_{ih} 的梯度增量。θ_h 的梯度增量的推导过程如式 (6-28) 所示。

$$\Delta\theta_h = \frac{\partial E_k}{\partial \theta_h} = \frac{\partial E_k}{\partial b_h} \cdot \frac{\partial b_h}{\partial \theta_h}$$

$$= f'(\alpha_h + \theta_h) \sum_{j=1}^{l} \frac{\partial E_k}{\partial \beta^{(j)}} \cdot \frac{\partial \beta^{(j)}}{\partial b^{(h)}} \qquad (6\text{-}28)$$

$$= e_h$$

v_{ih} 的梯度增量的推导过程如式 (6-29) 所示。

$$\Delta v_{ih} = \frac{\partial E_k}{\partial v_{ih}} = \frac{\partial E_k}{\partial b_h} \cdot \frac{\partial b_h}{\partial \alpha_h} \cdot \frac{\partial \alpha_h}{\partial v_{ih}}$$

$$= x_i^{(k)} f'(\alpha_h + \theta_h) \sum_{j=1}^{l} \frac{\partial E_k}{\partial \beta_j} \cdot \frac{\partial \beta_j}{\partial b_h} \qquad (6\text{-}29)$$

$$= e_h x_i^{(k)}$$

结合式 (6-18)、式 (6-19)、式 (6-25)、式 (6-26)、式 (6-28) 和式 (6-29)，BP 神经网络模型的所有超参数在梯度下降算法中的更新公式如式 (6-30) 所示。

$$w_{hj} = w_{hj} - \frac{\eta}{m} g_j b_h$$

$$\gamma_j = \gamma_j - \frac{\eta}{m} g_j$$

$$v_{ih} = v_{ih} - \frac{\eta}{m} e_h x_i^{(k)} \qquad (6\text{-}30)$$

$$\theta_i = \theta_i - \frac{\eta}{m} e_h$$

6.2.2 梯度下降算法

由于批量梯度下降算法 (BGD)、随机梯度下降算法 (SGD) 和小批量梯度下降算法 (MBGD) 这 3 种梯度下降算法在之前的几章已经给出了详细叙述，因此在本小节中，结合式 (6-30) 给出 BP 神经网络中相应 3 种算法的伪代码。

结合式 (6-23)、式 (6-27) 和式 (6-30)，批量梯度下降 (BGD) 算法的伪代码如表 6.2 所示。

表6.2　BP神经网络的BGD算法

Repeat until convergence {

$$w_{hj} = w_{hj} - \frac{\eta}{m} \sum_{k=1}^{m} g_j^{(k)} b^{(h)}$$

$$\gamma_j = \gamma_j - \frac{\eta}{m} \sum_{k=1}^{m} g_j^{(k)}$$

$$v_{ih} = v_{ih} - \frac{\eta}{m} \sum_{k=1}^{m} e_h^{(k)} x_i^{(k)}$$

$$\theta_i = \theta_i - \frac{\eta}{m} \sum_{k=1}^{m} e_h^{(k)} \qquad (for\ every\ i,j,h)$$

}

结合式 (6-23)、式 (6-27) 和式 (6-30)，随机梯度下降 (SGD) 算法的伪代码如表 6.3 所示。

表6.3　BP神经网络的SGD算法

$$Loop \ \{$$
$$for \ k \ = \ 1 \ to \ m \ \{$$
$$w_{hj} = w_{hj} - \frac{\eta}{m} g_j b_h$$
$$\gamma_j = \gamma_j - \frac{\eta}{m} g_j$$
$$v_{ih} = v_{ih} - \frac{\eta}{m} e_h x_i^{(k)}$$
$$\theta_i = \theta_i - \frac{\eta}{m} e_h \qquad (for \ every \ i,j,h)$$
$$\}$$
$$\}$$

结合式 (6-23)、式 (6-27) 和式 (6-30)，小批量梯度下降 (MBGD) 算法的伪代码如表 6.4 所示。

表6.4　BP神经网络的MBGD算法

$$m \ = \ Data \ Size$$
$$n \ = \ Mini \ Batch \ Size$$
$$Repeat \ until \ convergence \ \{$$
$$for \ p \ = \ 1 \ to \ \frac{m}{n} :$$
$$w_{hj} = w_{hj} - \frac{\eta}{m} \sum_{k=1}^{n} g_j^{(k)} b_h$$
$$\gamma_j = \gamma_j - \frac{\eta}{m} \sum_{k=1}^{n} g_j^{(i)}$$
$$v_{ih} = v_{ih} - \frac{\eta}{m} \sum_{k=1}^{n} e_h^{(j)} x_i^{(k)}$$
$$\theta_i = \theta_i - \frac{\eta}{m} \sum_{k=1}^{n} e_h^{(j)} \qquad (for \ every \ i,j,h)$$
$$\}$$

6.3 BP 神经网络的相关改进

虽然 BP 神经网络相比于感知机具有较强的非线性表达能力，但是由于需要利用梯度下降算法来搜索最优超参数，因此 BP 神经网络必然会大概率陷入局部最优解。

从前面的叙述中可以看出，BP 神经网络存在超参数过多及层次结构复杂的缺点，因此为了使 BP 神经网络获得更好的性能，不同于 Logistic 回归 和 Softmax 回归，BP 神经网络的改进必须是全方位的。对于 BP 神经网络的改进不仅仅是加入 L2 正则化，而且层与层之间的激活函数、学习率和优化算法，甚至是损失函数都必须进行改进。

6.3.1　激活函数

在本小节中，首先详细介绍激活函数的相关概念及几种常见且应用较多的激活函数。

激活函数不是真的要去激活什么。在神经网络机制中，激活函数为神经网络模型带来了大量非线性因素，从而使得神经网络能够对处理复杂问题得心应手。在 2016 年的国际机器学习大会 (International Conference on Machine Learning，ICML) 的一篇论文中，Caglar Gulcehre 等将激活函数定义为几乎在任何地方都可微的，由定义域 $\mathbb{R}$ 映射到值域 $\mathbb{R}$ 的函数。

同时在实际应用中，是否饱和可以作为对不同问题选择合适激活函数的一个标准。设激活函数为 $\phi(x)$，若满足等式：$\lim\limits_{x \to +\infty} \phi'(x) = 0$，则称 $\phi(x)$ 为右饱和；同理，若满足等式：$\lim\limits_{x \to -\infty} \phi'(x) = 0$，则称 $\phi(x)$ 为左饱和。那么，$\phi(x)$ 为饱和的充要条件是：$\phi(x)$ 既是左饱和又是右饱和。

对任意的 x，如果存在常数 c，当 $x > c$ 时，恒有 $\phi'(x) = 0$，则称 $\phi(x)$ 是右硬饱和；当 $x < c$ 时，恒有 $\phi'(x) = 0$，则称 $\phi(x)$ 为左硬饱和。$\phi(x)$ 为硬饱和的充要条件是：$\phi(x)$ 既是左硬饱和又是右硬饱和。$\phi(x)$ 为软饱和的充要条件是：只有在极限状态下 $\phi'(x) = 0$。

下面对 3 种激活函数进行描述。这 3 种激活函数分别为 Sigmoid 函数、Tanh 函数和 ReLU 函数。

Sigmoid 函数虽然在 6.2 节已经有过介绍，但是为了内容的连贯性，在本小节中仍然对 Sigmoid 函数进行介绍。Sigmoid 函数的解析式如式 (6-31) 所示。

$$f(x) = \frac{1}{1 + e^{-x}} \tag{6-31}$$

Sigmoid 函数的导数有一个有趣的性质，其导数如式 (6-32) 所示。

$$f'(x) = f(x)\big[1 - f(x)\big] \tag{6-32}$$

显然，若在神经网络中使用 Sigmoid 函数，则计算相关参数的梯度时将会比较方便，也有利于编程实现。Sigmoid 函数图像如图 6.4 所示。从图 6.4 中可以得知，Sigmoid 函数的值域为 $(0,1)$，且在实数范围内连续可导；但是当 $x \to \infty$ 时，函数区域平缓，导数趋向于 0，因此 Sigmoid 函数是饱和函数，容易在训练后期出现梯度消失的问题；Sigmoid 函数值不是以 0 为中心的，而是以 0.5 为中心的。这也可能造成部分数值特殊处理上的困难。同时，Sigmoid 函数在编程中，还需面对因数据过大或过小而导致内存溢出的问题，即必须对内存溢出的数据进行特殊处理。

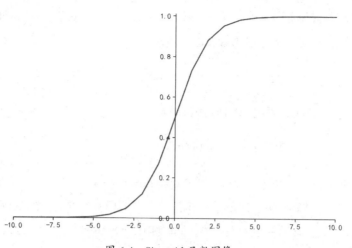

图 6.4　Sigmoid 函数图像

Tanh 函数与 Sigmoid 函数属于同一函数簇，结合式 (6-31)，Tanh 函数的解析式如式 (6-33) 所示。

$$h(x) = \frac{1-e^{-2x}}{1+e^{-2x}} = \frac{2}{1+e^{-2x}} - 1$$
$$= 2f(2x) - 1 \tag{6-33}$$

对式 (6-33) 求导可以得出 Tanh 函数的导数，如式 (6-34) 所示。

$$h'(x) = 1 - h(x)^2 \tag{6-34}$$

Tanh 函数与 Sigmoid 函数的函数图像对比如图 6.5 所示。由图 6.5 可以得知，Tanh 函数比 Sigmoid 函数能更快收敛。同时 Tanh 函数值是以 0 为中心对称的，有利于相关数值的特殊处理。但是与 Sigmoid 函数一样，当 $x \to \infty$ 时，Tanh 函数的导数趋向于 0，即仍未消除函数饱和性带来的梯度消失的问题。同时，与 Sigmoid 函数一样也要对内存溢出的数据进行特殊处理。

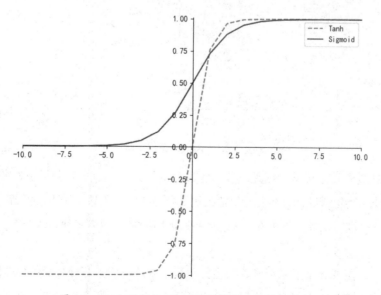

图 6.5　Tanh 函数与 Sigmoid 函数的函数图像对比

自 2012 年卷积神经网络 AlexNet 在 ImageNet 图像分类竞赛中夺冠后，ReLU 激活函数在神经网络中也开始广泛应用。ReLU 激活函数表达式如式 (6-35) 所示。

$$g(x)=\begin{cases} 0 & x \leqslant 0 \\ x & x > 0 \end{cases} \tag{6-35}$$

显然，结合式 (6-35) 可以看出，ReLU 函数的导数非常简单，ReLU 函数的导数如式 (6-36) 所示。

$$g'(x)=\begin{cases} 0 & x \leqslant 0 \\ 1 & x > 0 \end{cases} \tag{6-36}$$

从式 (6-33) 和式 (6-34) 中可以看出，与 Sigmoid 函数和 Tanh 函数相比，ReLU 函数及其导数没有复杂的指数运算和乘除运算，减少了计算负担。在编程实现方面，ReLU 函数比前文提及的激活函数更加易于实现，且计算速度大大加快。同时相比于 Sigmoid 函数和 Tanh 函数，ReLU 函数在编程中降低了内存溢出的风险。

ReLU 函数图像如图 6.6 所示。从图 6.6 和式 (6-35) 中可以得知，ReLU 函数是左硬饱和函数。相比于 Sigmoid 函数和 Tanh 函数，ReLU 函数在一定程度上缓解了梯度消失现象。同时当 $x < 0$ 时，$g(x) = 0$ 恒成立。这就会导致在训练神经网络的过程中部分神经元会被抑制，并提高学习的精度，更好更快地提取稀疏特征，即具有一定的稀疏表达能力。

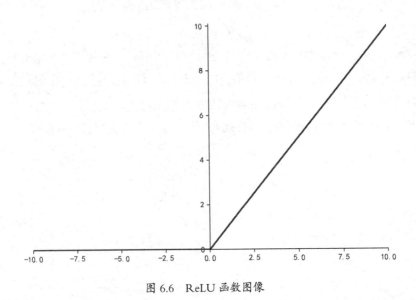

图 6.6 ReLU 函数图像

虽然稀疏性具有很多优势，但是随着训练过程的深入，过分的强制稀疏性处理会屏蔽过多的神经网络的特征。换句话说，可能会发生神经元不可逆死亡，连接权重无法更新。这样的情况如果发生，神经元的梯度将从此永远为 0，这就会导致神经网络不能学习到有效的特征，降低神经网络的学习精度。

在本小节中，主要介绍了激活函数的相关性质，以及对比了几种激活函数的性质及其优缺点。虽然 ReLU 函数及其变体应用广泛，但是这也不代表 Sigmoid 函数和 Tanh 函数没有用武之地。具体问题具体分析，使用哪种激活函数必须对具体问题进行详细分析后再选择。

6.3.2　L2 正则化

神经网络在利用梯度下降算法进行迭代训练搜索最优超参数时可能会陷入过拟合。虽然 BP 神经网络模型无法避免过拟合，但是可以减缓过拟合。那么减缓过拟合的有效方法之一就是对超参数进行 L2 正则化。

事实上，神经网络模型极其灵活。隐含层个数、每层的激活函数和损失函数的不同会导致超参数更新公式的不同。因此，为了比较清晰地说明 BP 神经网络中的 L2 正则化，在本小节采取抽象性的数学表示方式，不针对特定的层次结构的神经网络。在加入 L2 正则化下，只给出神经网络的超参数抽象性更新公式。至于具体超参数更新公式如何，要根据具体的层次结构的神经网络进行具体推导。

L2 正则化的本质是将所有层与层之间的连接权重的平方和作为损失函数的一部分，然后根据新的损失函数来搜索超参数最优值。加入 L2 正则化后的损失函数的数学表示如式 (6-37) 所示。

$$E = E_0 + \frac{\lambda}{2} \sum \|v\|^2 \tag{6-37}$$

式中，E_0 为不加入 L2 正则化之前的原始损失函数；$\frac{\lambda}{2} \sum \|v\|^2$ 为 L2 正则化项；v 为神经网络模型内某两层之间的连接权重；$\|v\|^2$ 为 v 的 F- 范数的平方；λ 为正则化系数；m 为训练数据集规模。那么进行 L2 正则化后，我们的优化目标就是使损失函数 E 最小化。那么，损失函数 E 分别对层与层之间的连接权重 v 和每层的阈值项 ζ 的偏导数如式 (6-38) 所示。

$$\frac{\partial E}{\partial v} = \frac{\partial E_0}{\partial v} + \lambda v$$
$$\frac{\partial E}{\partial \zeta} = \frac{\partial E_0}{\partial \zeta} \tag{6-38}$$

由式 (6-38) 可知，L2 正则化对每层的阈值项 ζ 梯度只与未进行 L2 正则化的损失函数有关，即阈值项 ζ 的更新与是否加入 L2 正则化无关。L2 正则化只影响了层与层之间的连接权重的更新，加入 L2 正则化后连接权重 v 的更新公式如式 (6-39) 所示。

$$v = v - \eta \lambda v - \eta \Delta v$$
$$= (1 - \eta \lambda) v - \eta \Delta v \tag{6-39}$$

式中，η 为学习率。未加入 L2 正则化时，连接权重 v 的系数为 1；加入 L2 正则化后，连接权重 v 的系数为 $1 - \eta \lambda$。由于 η 和 λ 都是正数，所以 $1 - \eta \lambda$ 小于 1，那么 L2 正则化的效果就是减小连接权重 v。因此在神经网络模型中，L2 正则化也称为权重衰减。在具体实践中，主要将 L2 正则化运用到输入层与隐含层、隐含层与输入层之间的连接权重，即将 Δv 替换成对应的变量与梯度增量即可。

6.3.3　动量梯度下降算法

从之前的部分章节中可以得知，BGD 算法收敛速度较慢，但却能获得比较稳定的性能；SGD 算法虽然收敛速度较快，但是性能极其不稳定；MBGD 算法则是 BGD 算法与 SGD 算法之间的折中方案，虽有略慢于 SGD 算法的收敛速度，但又具备略差于 BGD 算法的稳定性。因此为了获得更加稳定且收敛速度更快的性能，必须采用别的优化算法来搜索最优超参数。动量梯度下降算法便是其中一种可以替代 SGD 算法的优化算法。

"动量"的概念来源于物理学，解释力在一段时间内作用所产生的物理量。例如，如果你站在一个地方不动，让你立刻向后转齐步走，你可以迅速向后转，然后就向相反的方向走了起来，批量梯度下降和随机梯度下降就是这样，某一时刻的梯度只与这一时刻有关，改变方向可以做到立刻就变。而如果你正在按照某个速度向前跑，再让你立刻向后转，可以想象到此时你无法立刻将速度降为 0 然后改变方向，你由于之前的速度的作用，有可能会慢慢减速然后转一个弯。

动量梯度下降是同理的，每一次梯度下降都会有一个之前的速度的作用，如果这次的方向与之前相同，则会因为之前的速度继续加速；如果这次的方向与之前相反，则会由于之前存在速度的作用不会产生一个急转弯，而是尽量把搜索方向从之前的方向拉过来。这就解决了随机梯度下降的不稳定性问题。

动量梯度下降算法的本质就是超参数在每次更新时积累了之前梯度的指数加权平均，并且继续沿该梯度对应的方向移动。那么，在 BP 神经网络中，利用动量梯度下降算法的超参数更新公式如式 (6-40) 所示。

$$\varepsilon_t = \beta\varepsilon_{t-1} + (1-\beta)\nabla_\theta J(\boldsymbol{\theta})$$
$$\theta_t = \theta_{t-1} - \eta\varepsilon_t \tag{6-40}$$

式中，β 为动量因子，通常 β 取 0.9；η 为学习率；ε_t 为第 t 时刻的动量；θ_t 为第 t 时刻的超参数；$\nabla_\theta J(\boldsymbol{\theta})$ 为第 t 时刻的超参数 θ_t 在损失函数 $J(\boldsymbol{\theta})$ 下的梯度。式 (6-40) 给出的是抽象的模型参数在动量梯度下降算法下的更新公式，至于具体的模型参数更新公式，只需参照式 (6-30) 给出的超参数更新公式来替代式 (6-40) 中的 $\nabla_\theta J(\boldsymbol{\theta})$ 即可。同时，若令式 (6-40) 中的 $\beta=0$，则可以推导出 $\varepsilon_t = \nabla_\theta J(\boldsymbol{\theta})$。也就是说，当动量因子为 0 时，动量梯度下降算法退化为随机梯度下降算法，即随机梯度下降算法是动量梯度下降算法的一个特例，动量梯度下降算法是随机梯度下降算法的扩展。

6.3.4　指数衰减学习率

在神经网络训练过程中，若使用固定学习，则当学习率过大时，在参数优化前期，算法能够很快将参数收敛到全局最优解附近，但在参数优化后期，过大的学习率会使模型参数在全局最优解附近内振荡。

同时过小的学习率也会减缓模型的收敛速度。所以为了解决固定学习率给迭代训练带来的问题，有必要引入学习率衰减的概念。简单来说，就是在模型训练初期，会使用较大的学习率进行模型优化，随着迭代次数增加，学习率会逐渐减小，保证模型在训练后期不会有太大的波动，从而更加接近最优解。指数衰减学习率的计算公式如式 (6-41) 所示。

$$\eta = \eta_0 \cdot decay\_rate^{\frac{global\_step}{decay\_steps}} \tag{6-41}$$

式中，η 为指数衰减学习率；η_0 为初始学习率；$decay\_rate$ 为衰减系数；$global\_step$ 为当前迭代次数；$decay\_steps$ 为衰减速度。具体实践中，通常是利用一个数值较大的学习率作为初始学习率，然后在训练过程中利用衰减率逐步降低学习率，防止在训练后期参数在全局最优解附近振荡。

6.3.5 损失函数

传统 BP 神经网络模型中，损失函数主要使用的是预测值与实际值之间的均方误差，但由于当前深度学习的崛起，目前输出层的激活函数主要使用的是 Softmax 函数，因此，为了配合 Softmax 激活函数的求导，在神经网络中采用交叉熵损失函数也成为当下的主流。

由于损失函数从之前的均方误差损失函数变成了交叉熵损失函数，并且这一改变也连带使输出层的激活函数发生变化，因此在进行超参数更新时，所有的更新公式将完全改变。因此有必要对使用交叉熵损失函数下的超参数更新公式进行重新推导。为了表述方便，同样设定为 3 层神经网络结构，即所有神经网络中的参数表示全部遵循 6.1.3 小节的表述形式，且隐含层的激活函数为 ReLU 函数。

首先定义神经网络的损失函数，如式 (6-42) 所示。

$$E = -\frac{1}{m}\sum_{k=1}^{m}\sum_{p=1}^{l} y_p^{(k)} \log \hat{y}_p^{(k)}$$
$$= -\frac{1}{m}\sum_{k=1}^{m} E_k \tag{6-42}$$

式中，m 为数据集的规模；l 为输出层的结点数。在本小节中，主要推导交叉熵损失函数下的超参数梯度更新公式。至于是采用 BGD 算法、SGD 算法还是 MBGD 算法来训练网络，甚至是否加入 L2 正则化、利用动量梯度下降算法和指数衰减学习率，在这里不做详细叙述，请读者参照前文所述内容自行推导。

由于 Softmax 函数的求导比较复杂，同时为了方便读者阅读，因此有必要对神经网络的各层输入、输出进行统一记号。为了阅读的连贯性，有必要对式 (6-13)～式 (6-17) 进行重写。

在隐含层激活函数为 ReLU 函数、输出层激活函数为 Softmax 函数、损失函数为交叉熵的神经网络中，对于任意的输入数据 $x \in \mathbb{R}^d$，结合式 (6-4) 和式 (6-10)，第 h 个隐含层神经元的输入如式 (6-43) 所示。

$$\alpha_h = \sum_{i=1}^{d} v_{ih} x_i \tag{6-43}$$

然后，结合式 (6-43) 和式 (6-35) 表示的 ReLU 函数，第 h 个隐含层神经元的输出如式 (6-44) 所示。

$$b_h = g(\alpha_h + \theta_h) \tag{6-44}$$

类似地，结合式 (6-11) 和式 (6-14)，第 j 个输出层神经元的输入如式 (6-45) 所示。

$$\beta_j = \sum_{h=1}^{q} w_{hj} b_h \tag{6-45}$$

最后，结合式 (6-11) 和式 (6-16)，第 j 个输出层神经元在未经过 Softmax 激活函数激活前的输入如式 (6-46) 所示。

$$z_j = \beta_j + \gamma_j \tag{6-46}$$

那么结合式 (6-46)，输出层输入在经过 Softmax 函数的激活后的最终输出如式 (6-47) 所示。

$$\hat{y}_j = \frac{\exp(z_j)}{\sum_{n=1}^{l} \exp(z_n)} \tag{6-47}$$

在这里，先绕开即将叙述的超参数梯度下降更新公式的推导这一主题，来介绍有关 Softmax 函数的相关性质。式 (6-47) 中，对于输入任意自变量 $a \in R^l$，经过 Softmax 函数处理后的函数值如式 (6-48) 所示。

$$c_j = \frac{\exp(a_j)}{\sum_{n=1}^{l} \exp(a_n)} \tag{6-48}$$

从式 (6-48) 中可以看出，Softmax 函数的作用就是将输入向量进行归一化，映射成 (0,1) 之间的概率分布，即输出向量的各个元素之和为 1。同时由于指数函数是连续可导的，因此这也就使得 Softmax 函数不存在不可导点，有利于神经网络中超参数的梯度求解。

接下来介绍 Softmax 函数的一个重要性质。对于任意常数 C，Softmax 函数有如下性质，该性质如式 (6-49) 所示。

$$c_j = \frac{\exp(a_j)}{\sum_{n=1}^{l} \exp(a_n)} = \frac{\exp(-C)\exp(a_j)}{\exp(-C)\sum_{n=1}^{l} \exp(a_n)} = \frac{\exp(a_j - C)}{\sum_{n=1}^{l} \exp(a_n - C)} \tag{6-49}$$

也就是说，对输入向量的每个元素减去一个常数不会影响 Softmax 函数的输入值。考虑到自变量大于 1000 时，指数函数会出现指数爆炸情况，即函数值会变得非常庞大，这可能导致该数值在计算机中数值溢出，哪怕是 Python 这样支持科学计算的编程语言。因此在实际 Softmax 函数的编写中，通常会利用广播的形式对每个分量减去最大分量，再计算相应的 Softmax 函数值。这样就可以在计算机内存中避免数值溢出。

接下来回到推导神经网络超参数梯度下降更新公式这一主题上来。结合式 (6-42)、式 (6-45) ~ 式 (6-47)，根据求导的链式法则，E_k 对 w_{hj} 的偏导数如式 (6-50) 所示。

$$\frac{\partial E_k}{\partial w_{hj}} = \frac{\partial E_k}{\partial \hat{y}_p^{(k)}} \cdot \frac{\partial \hat{y}_p^{(k)}}{\partial z_j} \cdot \frac{\partial z_j}{\partial \beta_j} \cdot \frac{\partial \beta_j}{\partial w_{hj}} \tag{6-50}$$

根据式 (6-45) 中 β_j 的定义，β_j 对 w_{hj} 的偏导数如式 (6-51) 所示。

$$\frac{\partial \beta_j}{\partial w_{hj}} = b_h \tag{6-51}$$

接下来结合式 (6-42)、式 (6-46)、式 (6-47) 和式 (6-50) 可计算出 E_k 对 β_j 的偏导数，如式 (6-52) 所示。

$$
\begin{aligned}
g_j &= \frac{\partial E_k}{\partial \beta_j} = \frac{\partial E_k}{\partial \hat{y}_p^{(k)}} \cdot \frac{\partial \hat{y}_p^{(k)}}{\partial z_j} \cdot \frac{\partial z_j}{\partial \beta_j} = \frac{\partial E_k}{\partial \hat{y}_p^{(k)}} \cdot \frac{\partial \hat{y}_p^{(k)}}{\partial z_j} \\
&= \sum_{p=1}^{l} \frac{y_p^{(k)}}{\hat{y}_p^{(k)}} \cdot \frac{\exp(z_p) \cdot \dfrac{\partial z_p}{\partial z_j} \cdot \displaystyle\sum_{n=1}^{l} \exp(z_n) - \exp(z_p) \cdot \exp(z_p)}{\left[\displaystyle\sum_{n=1}^{l} \exp(z_n) \right]^2} \\
&= \sum_{p=1}^{l} \frac{y_p^{(k)}}{\hat{y}_p^{(k)}} \left(\hat{y}_p^{(k)} \frac{\partial z_p}{\partial z_j} - \hat{y}_p^{(k)} \hat{y}_j^{(k)} \right) \\
&= \sum_{p=1}^{l} y_p^{(k)} \left(\frac{\partial z_p}{\partial z_j} - \hat{y}_j^{(k)} \right) \\
&= \sum_{p=1}^{l} y_p^{(k)} \frac{\partial z_p}{\partial z_j} - \hat{y}_j^{(k)} \sum_{p=1}^{l} y_p^{(k)}
\end{aligned}
\tag{6-52}
$$

式 (6-52) 中，当 $p = j$ 时，$\dfrac{\partial z_p}{\partial z_j} = 1$；当 $p \neq j$ 时，$\dfrac{\partial z_p}{\partial z_j} = 0$。同时，对于任意实际输出 $y^{(k)}$，有 $\displaystyle\sum_{p=1}^{l} y_p^{(k)} = 1$。那么，对式 (6-52) 进行化简，化简结果如式 (6-53) 所示。

$$
\begin{aligned}
g_j &= \frac{\partial E_k}{\partial \beta_j} = \frac{\partial E_k}{\partial \hat{y}_p^{(k)}} \cdot \frac{\partial \hat{y}_p^{(k)}}{\partial z_j} \cdot \frac{\partial z_j}{\partial \beta_j} = \frac{\partial E_k}{\partial y_p^{(k)}} \cdot \frac{\partial y_p^{(k)}}{\partial z_j} \\
&= y_j^{(k)} - \hat{y}_j^{(k)}
\end{aligned}
\tag{6-53}
$$

结合式 (6-50) ~ 式 (6-53)，E_k 对 w_{hj} 的偏导数的最终结果如式 (6-54) 所示。

$$
\begin{aligned}
\Delta w_{hj} &= \frac{\partial E_k}{\partial w_{hj}} = \frac{\partial E_k}{\partial \hat{y}_p^{(k)}} \cdot \frac{\partial \hat{y}_p^{(k)}}{\partial z_j} \cdot \frac{\partial z_j}{\partial \beta_j} \cdot \frac{\partial \beta_j}{\partial w_{hj}} \\
&= (y_j^{(k)} - \hat{y}_j^{(k)}) b_h \\
&= g_j b_h
\end{aligned}
\tag{6-54}
$$

结合式 (6-42)、式 (6-46)、式 (6-47) 和式 (6-53)，E_k 对 γ_j 的偏导数的推导过程如式 (6-55) 所示。

$$\Delta \gamma_j = \frac{\partial E_k}{\partial \gamma_j} = \frac{\partial E_k}{\partial \hat{y}_p^{(k)}} \cdot \frac{\partial \hat{y}_p^{(k)}}{\partial z_j} \cdot \frac{\partial z_j}{\partial \gamma_j} = \frac{\partial E_k}{\partial y_p^{(k)}} \cdot \frac{\partial y_p^{(k)}}{\partial z_j}$$

$$= y_j^{(k)} - \hat{y}_j^{(k)}$$

$$= g_j \tag{6-55}$$

类似地，结合式 (6-42)、式 (6-44) ~ 式 (6-47) 和式 (6-53)，E_k 对 α_h 的偏导数的推导过程如式 (6-56) 所示。

$$e_h = \frac{\partial E_k}{\partial \alpha_h} = \frac{\partial E_k}{\partial b_h} \cdot \frac{\partial b_h}{\partial \alpha_h} = g'(\alpha_h + \theta_h) \sum_{j=1}^{l} \frac{\partial E_k}{\partial \beta_j} \cdot \frac{\partial \beta_j}{\partial b_h}$$

$$= g'(\alpha_h + \theta_h) \sum_{j=1}^{l} w_{hj} g_j \tag{6-56}$$

$$= \begin{cases} \sum_{j=1}^{l} w_{hj} g_j & \alpha_h + \theta_h \geqslant 0 \\ 0 & \alpha_h + \theta_h < 0 \end{cases}$$

结合式 (6-42)、式 (6-44) ~ 式 (6-47) 和式 (6-56)，E_k 对 θ_h 的偏导数的推导过程如式 (6-57) 所示。

$$\Delta \theta_h = \frac{\partial E_k}{\partial \theta_h} = \frac{\partial E_k}{\partial b_h} \cdot \frac{\partial b_h}{\partial \theta_h}$$

$$= g'(\alpha_h + \theta_h) \sum_{j=1}^{l} w_{hj} g_j \tag{6-57}$$

$$= e_h$$

类似地，结合式 (6-42)、式 (6-43) ~ 式 (6-47) 和式 (6-56)，E_k 对 v_{ih} 的偏导数的推导过程如式 (6-58) 所示。

$$\Delta v_{ih} = \frac{\partial E_k}{\partial v_{ih}} = \frac{\partial E_k}{\partial b_h} \cdot \frac{\partial b_h}{\partial \alpha_h} \cdot \frac{\partial \alpha_h}{\partial v_{ih}}$$

$$= x_i^{(k)} g'(\alpha_h + \theta_h) \sum_{j=1}^{l} \frac{\partial E_k}{\partial \beta_j} \cdot \frac{\partial \beta_j}{\partial b_h} \tag{6-58}$$

$$= e_h x_i^{(k)}$$

结合式 (6-42)、式 (6-53) ~ 式 (6-58)，隐含层激活函数为 ReLU 函数、输出层激活函数为 Softmax 函数、损失函数为交叉熵的 BP 神经网络的所有超参数在梯度下降算法中的更新公式如式 (6-59) 所示。

$$w_{hj} = w_{hj} + \frac{\eta}{m} g_j b_h$$

$$\gamma_j = \gamma_j + \frac{\eta}{m} g_j$$

$$v_{ih} = v_{ih} + \frac{\eta}{m} e_h x_i^{(k)} \tag{6-59}$$

$$\theta_i = \theta_i + \frac{\eta}{m} e_h$$

BP 神经网络的 Python 实现

为了更好地在 6.5 节中利用 BP 神经网络对语音信号数据集进行分类，本节利用 Python 结合面向对象思想来实现 BP 神经网络。下面首先给出整个 BP 神经网络的类定义。

```python
#!/usr/bin/env python
# -*- coding: utf-8 -*-
import numpy as np
from copy import deepcopy
from Activation_Function.Activation_Function import Sigmoid
from Activation_Function.Activation_Function import Sigmoid_Derivative
class BPNN(object):
    def __init__(self,input_n,hidden_n,output_n,input_hidden_weights=None,
                hidden_threshold=None,hidden_output_weights=None,
                output_threshold=None):
    def predict(self,input):
    def Gradient(self,train_label,predict_label):
    def back_propagate(self,hidden_output_weights_gradient_increasement,
                    output_threshold_gradient_increasement,
                    input_hidden_weights_gradient_increasement,
                    hidden_threshold_gradient_increasement,
                    learning_rate,beta,lambd):
    def MSE(self,Train_Label,Predict_Label):
    def BGD(self,learning_rate,beta,lambd):
    def SGD(self,learning_rate,beta,lambd):
    def MBGD(self,batch_size,learning_rate,beta,lambd):
    def Shuffle_Sequence(self,size):
    def Init(self,Train_Data,Train_Label):
    def train_BGD(self,Train_Data,Train_Label,iteration,learning_rate,beta,lambd):
    def train_SGD(self,Train_Data,Train_Label,iteration,learning_rate,beta,lambd):
    def train_MBGD(self,Train_Data,Train_Label,iteration,batch_size,learning_rate,beta,lambd):
    def test(self,Test_Data,one_hot=False):
```

在上述代码中，准备实现了经典的 3 层 BP 神经网络模型，其中隐含层和输出层的激活函数都是使用 Sigmoid 函数，并利用 BP 算法和梯度下降算法来优化参数。为了给读者在实际操作中更多的选择空间，在本代码中也准备实现了 BGD、SGD 和 MBGD 三种梯度下降算法来优化 BP 神经网络参数。

并且在 3 个优化算法中，也都给出了动量梯度下降算法的接口。BP 神经网络模型的所有参数都采用随机生成，并且服从标准正态分布。损失函数采用的是预测结果与训练标签之间的均方误差。接下来对每个函数进行详细讲解。

6.4.1 BP 神经网络的构造函数

下面介绍 BP 神经网络的构造函数 __init__。__init__ 函数的主要功能是初始化输入层、隐含层、输出层神经元及其个数，以及初始化训练数据集及其标签集、训练集规模和 BP 神经网络的连接权重与阈值参数及其对应的动量。

其中 BP 神经网络的连接权重与阈值参数有两种初始化方式。当构造函数的相应形参为 None 时，则连接权重与阈值参数采取随机生成并服从标准正态分布；当构造函数的相应形参不为 None 时，则连接权重与阈值参数直接深拷贝形参。__init__ 函数的定义如下所示。

```python
def __init__(self,input_n,hidden_n,output_n,input_hidden_weights=None,
             hidden_threshold=None,hidden_output_weights=None,
             output_threshold=None):
    """
    这是 BP 神经网络类的构造函数
    :param input_n: 输入层神经元个数
    :param hidden_n: 隐藏层神经元个数
    :param output_n: 输出层神经元个数
    :param input_hidden_weights: 输入层与隐含层之间的权重
    :param hidden_threshold: 隐含层的阈值
    :param hidden_output_weights: 隐含层与输出层之间的权重
    :param output_threshold: 输出层的阈值
    """
    # 初始化训练数据、训练标签、数据规模和当前迭代次数
    self.Train_Data = []                    # 训练数据集
    self.Train_Label = []                   # 训练数据集标签
    self.Size = []                          # 训练数据集规模性
    # 初始化输入层、隐含层和输出层的神经元个数
    self.input_n = input_n                  # 输入层神经元个数
    self.hidden_n = hidden_n                # 隐含层神经元个数
    self.output_n = output_n                # 输出层神经元个数
    # 初始化输入层、隐含层和输出层的神经元
    self.input_cells = np.zeros(self.input_n).reshape((1,self.input_n))
                                            # 输入层神经元
    self.hidden_cells = np.zeros(self.hidden_n).reshape((1,self.hidden_n))
                                            # 隐含层神经元
    self.output_cells = np.zeros(self.output_n).reshape((1,self.output_n))
                                            # 输出层神经元
    # 初始化输入层与隐含层之间的权重
    if input_hidden_weights is None: # 输入层与隐含层之间的权重为 None，则随机生成
        self.input_hidden_weights = np.random.randn(self.input_n,self.hidden_n)
    else: # 输入层与隐含层之间的权重不为 None，则直接进行深拷贝
        self.input_hidden_weights = deepcopy(input_hidden_weights)
    # 初始化隐含层的阈值
    if hidden_threshold is None: # 隐含层的阈值为 None，则随机生成
```

```
        self.hidden_threshold = np.random.randn(1,self.hidden_n)
    else:  # 输入层与隐含层之间的权重不为 None，则直接进行深拷贝
        self.hidden_threshold = deepcopy(hidden_threshold)
    # 初始化隐含层与输出层之间的权重
    if hidden_output_weights is None:  # 隐含层与输出层之间的权重为 None，则随机生成
        self.hidden_output_weights = np.random.randn(self.hidden_n,self.output_n)
    else:  # 输入层与隐含层之间的权重不为 None，则直接进行深拷贝
        self.hidden_output_weights = deepcopy(hidden_output_weights)
    # 初始化输出层的阈值
    if output_threshold is None:  # 输出层的阈值为 None，则随机生成
        self.output_threshold = np.random.randn(1,self.output_n)
    else:      # 输入层与隐含层之间的权重不为 None，则直接进行深拷贝
        self.output_threshold = deepcopy(output_threshold)
    # 初始化超参数的动量
    self.input_hidden_weights_momentum = 0      # 输入层与隐含层之间权重的动量
    self.hidden_threshold_momentum = 0          # 隐含层阈值的动量
    self.hidden_output_weights_momentum = 0     # 隐含层与输出层之间权重的动量
    self.output_threshold_momentum = 0          # 输出层阈值的动量
```

6.4.2 前向传播函数

下面介绍 BP 神经网络的前向传播函数 predict。predict 函数的形参为输入层的输入数据，该函数的主要目的是计算输入数据在连接权重与阈值等参数的作用下对应输出层的预测结果。在前向传播函数中，隐含层与输出层的激活函数为 Sigmoid 函数。predict 函数的定义如下所示。

```python
import numpy as np
from copy import deepcopy
from Activation_Function.Activation_Function import Sigmoid

def predict(self,input):
    """
    这是 BP 神经网络的前向传播函数
    :param input: 输入数据
    :return: 返回输出层预测结果
    """
    # 初始化输入神经元
    self.input_cells = deepcopy(input)
    # 输入层到隐含层的前向传播过程，计算隐含层输出
    self.hidden_cells = self.input_cells.dot(self.input_hidden_weights)
    self.hidden_cells = Sigmoid(self.hidden_cells + self.hidden_threshold)
    # 隐含层到输出层的前向传播过程，计算输出层输出
    self.output_cells = self.hidden_cells.dot(self.hidden_output_weights)
    self.output_cells = Sigmoid(self.output_cells + self.output_threshold)
    return self.output_cells
```

6.4.3　反向传播函数

下面介绍 BP 神经网络在反向传播优化参数过程中的两个重要函数。第一个函数 Gradient 的参数为训练数据标签和训练数据在前向传播函数 predict 计算出的预测结果。该函数的主要功能是根据上述两个参数计算 BP 神经网络的各个连接权重与阈值的梯度增量。Gradient 函数的定义如下所示。

```python
from Activation_Function.Activation_Function import Sigmoid_Derivative

def Gradient(self,train_label,predict_label):
    """
    这是计算在反馈过程中相关参数的梯度增量的函数，
    损失函数为训练标签与预测标签之间的均方误差
    :param train_label: 训练数据标签
    :param predict_label: BP 神经网络的预测结果
    """
    # 这是输出层与隐含层之间的反向传播过程，计算
    # 隐含层与输出层之间权重与输出层阈值的梯度增量
    error = predict_label - train_label
    derivative = Sigmoid_Derivative(predict_label)
    g = derivative * error
    # 计算隐藏层与输出层之间权重的梯度增量
    hidden_output_weights_gradient_increasement = self.hidden_cells.T.dot(g)
    # 计算隐藏层阈值的梯度增量
    output_threshold_gradient_increasement = g
    # 这是隐含层与输入层之间的反向传播过程，计算
    # 输入层与隐含层之间权重与隐含层阈值的梯度增量
    e = Sigmoid_Derivative(self.hidden_cells) * g.dot(self.hidden_output_weights.T)
    # 计算输入层与隐藏层之间权重的梯度增量
    input_hidden_weights_gradient_increasement = self.input_cells.T.dot(e)
    # 计算输入层阈值的梯度增量
    hidden_threshold_gradient_increasement = e
    return  hidden_output_weights_gradient_increasement,
            output_threshold_gradient_increasement,
            input_hidden_weights_gradient_increasement,
            hidden_threshold_gradient_increasement
```

第二个函数就是 BP 神经网络中的误差反向传播优化参数的函数 back_propagate。该函数的主要功能是根据已知的 BP 神经网络的各个连接权重与阈值的梯度增量并结合学习率、L2 正则化系数和动量因子参数进行 BP 神经网络的反向传播进而优化参数。back_propagate 函数中预留了加入 L2 正则化与动量梯度下降算法的参数接口。

L2 正则化系数和动量参数都默认为 0，若有需要进行 L2 正则化优化参数或利用动量梯度下降算法加速 BP 神经网络的训练过程，只需根据实际需要设置这两个函数的参数即可。back_propagate 函数的定义如下所示。

```
def back_propagate(self,hidden_output_weights_gradient_increasement,
                   output_threshold_gradient_increasement,
                   input_hidden_weights_gradient_increasement,
                   hidden_threshold_gradient_increasement,
                   learning_rate,beta=0,lambd=0):
    """
    这是利用误差反向传播算法对 BP 神经网络的模型参数进行迭代更新的函数
    :param hidden_output_weights_gradient_increasement: 隐含层与输出层之间权重的梯度增量
    :param output_threshold_gradient_increasement: 输出层阈值的梯度增量
    :param input_hidden_weights_gradient_increasement: 输入层与隐含层之间权重的梯度增量
    :param hidden_threshold_gradient_increasement: 隐含层阈值的梯度增量
    :param learning_rate: 学习率
    :param beta: 指数衰减系数 ( 动量因子 )，默认为 0
    :param lambd: L2 正则化系数，默认为 0
    """
    # 更新各个超参数的动量
    self.input_hidden_weights_momentum = beta * self.input_hidden_weights_momentum + \
                                (1 - beta) * input_hidden_weights_gradient_increasement
    self.hidden_threshold_momentum = beta * self.hidden_threshold_momentum + \
                                (1 - beta) * hidden_threshold_gradient_increasement
    self.hidden_output_weights_momentum = beta * self.hidden_output_weights_momentum + \
                                (1 - beta) * hidden_output_weights_gradient_increasement
    self.output_threshold_momentum = beta * self.output_threshold_momentum + \
                                (1 - beta) * output_threshold_gradient_increasement
    # 隐含层与输出层之间权重的更新
    self.hidden_output_weights = (1 - lambd * learning_rate) * self.hidden_output_weights - \
                                learning_rate * self.hidden_output_weights_momentum
    # 输出层阈值的更新
    self.output_threshold = self.output_threshold - learning_rate * \
                                self.output_threshold_momentum
    # 输入层与隐含层之间权重的更新
    self.input_hidden_weights = (1 - lambd * learning_rate) * self.input_hidden_weights - \
                                learning_rate * self.input_hidden_weights_momentum
    # 隐含层阈值的更新
    self.hidden_threshold = self.hidden_threshold - learning_rat * \
                                self.hidden_threshold_momentum
```

6.4.4　梯度下降算法函数

下面介绍 BP 算法中优化参数的 3 种梯度下降算法函数。首先介绍的是批量梯度下降 (BGD) 算法函数。BGD 函数的参数为学习率、动量因子和 L2 正则化系数，其中动量因子和 L2 正则化系数默认为 0。在实际使用中，这两个参数必须根据实际需要来设置。

在 BGD 函数中，首先遍历整个训练数据集及其标签集；然后利用 Gradient 函数计算每组数据下的参数的梯度增量；之后利用整个数据集下的各个模型参数的梯度增量平均值作为 back_ propagate 函数的输入，并结合学习率、动量因子和 L2 正则化系数这 3 个超参数进行反向传播优化 BP 神经网络的模型参数；最后利用 MSE 函数计算训练数据集在当前模型参数下的平均训练损失，并作为结果返回。BGD 函数的定义如下所示。

```python
def BGD(self,learning_rate,beta=0,lambd=0):
    """
    这是利用 BGD 算法进行一次迭代调整参数的函数
    :param learning_rate: 学习率
    :param beta: 指数衰减系数 ( 动量因子 )，默认为 0
    :param lambd: L2 正则化系数，默认为 0
    """
    # 分别定义 BP 神经网络模型参数的梯度增量数组
    hidden_output_weights_gradient_increasements = []
                                            # 隐含层与输出层之间权重的梯度增量
    output_threshold_gradient_increasements = []     # 输出层阈值的梯度增量
    input_hidden_weights_gradient_increasements = []
                                            # 输入层与隐含层之间权重的梯度增量
    hidden_threshold_gradient_increasements = []     # 隐含层阈值的梯度增量
    # 定义预测结果数组
    Predict_Label = []
    # 遍历整个训练数据集
    for (train_data,train_label) in zip(self.Train_Data,self.Train_Label):
        # 首先计算 train_data 在当前模型的预测结果
        train_data = np.reshape(train_data,(1,len(train_data)))
        train_label = np.reshape(train_label,(1,len(train_label)))
        # 对训练数据 train_data 进行预测，并保存预测结果
        predict = self.predict(train_data)
        Predict_Label.append(predict)
        # 计算 BP 神经网络在每组 train_data 下的各个模型参数的梯度增量，并放入梯度增量数组
        hidden_output_weights_gradient_increasement,
        output_threshold_gradient_increasement,
        input_hidden_weights_gradient_increasement,
        hidden_threshold_gradient_increasement = self.Gradient(train_label,predict)
        hidden_output_weights_gradient_increasements.append
                        (hidden_output_weights_gradient_increasement)
        output_threshold_gradient_increasements.append
                        (output_threshold_gradient_increasement)
        input_hidden_weights_gradient_increasements.append
                        (input_hidden_weights_gradient_increasement)
        hidden_threshold_gradient_increasements.append
                        (hidden_threshold_gradient_increasement)
    # 对参数的梯度增量求取平均值
    hidden_output_weights_gradient_increasement_avg =
                    np.average(hidden_output_weights_gradient_increasements,0)
    output_threshold_gradient_increasement_avg =
```

```
                                        np.average(output_threshold_gradient_increasements,0)
    input_hidden_weights_gradient_increasement_avg =
                            np.average(input_hidden_weights_gradient_increasements,0)
    hidden_threshold_gradient_increasement_avg =
                            np.average(hidden_threshold_gradient_increasements,0)
    # 对 BP 神经网络模型参数进行更新
    self.back_propagate(hidden_output_weights_gradient_increasement_avg,
                            output_threshold_gradient_increasement_avg,
                            input_hidden_weights_gradient_increasement_avg,
                            hidden_threshold_gradient_increasement_avg,
                            learning_rate,beta,lambd)
    # 计算训练数据的均方误差
    mse = self.MSE(self.Train_Label,Predict_Label)
    return mse
```

然后介绍的是随机梯度下降 (SGD) 算法函数。SGD 函数的形参与前文介绍的 BGD 函数的形参一样，即学习率、动量因子和 L2 正则化系数。SGD 函数首先利用 Shuffle_Sequence 函数将训练数据集随机打乱；然后遍历整个训练数据集，利用 Gradient 函数计算每组数据下的参数的梯度增量；之后将各个模型的梯度增量作为 back_propagate 函数的输入，并结合学习率、动量因子和 L2 正则化系数这 3 个超参数进行反向传播从而优化 BP 神经网络的模型参数；最后利用 MSE 函数计算训练数据集在当前模型参数下的平均训练损失，并作为结果返回。SGD 函数的定义如下所示。

```
def SGD(self,learning_rate,beta=0,lambd=0):
    """
    这是利用 SGD 算法进行一次迭代调整参数的函数
    :param learning_rate: 学习率
    :param beta: 指数衰减系数 ( 动量因子 )，默认为 0
    :param lambd: L2 正则化系数，默认为 0
    """
    # 获取随机序列
    random_sequence = self.Shuffle_Sequence(self.Size)
    # 随机打乱整个训练数据集及其标签
    self.Train_Data = self.Train_Data[random_sequence]
    self.Train_Label = self.Train_Label[random_sequence]
    # 定义预测结果数组
    Predict_Label = []
    # 初始化衰减学习率
    self.learning_rate_decay = learning_rate
    # 遍历整个训练数据集
    for (train_data,train_label) in zip(self.Train_Data,self.Train_Data):
        # 首先计算 train_data 在当前模型的预测结果
        train_data = np.reshape(train_data,(1,len(train_data)))
        train_label = np.reshape(train_label,(1,len(train_label)))
        # 对训练数据 train_data 进行预测，并保存预测结果
        predict = self.predict(train_data)
```

```
    Predict_Label.append(predict)
    # 计算 BP 神经网络在每组 train_data 下的各个模型参数的梯度增量，并放入梯度增量数组
    hidden_output_weights_gradient_increasement,
    output_threshold_gradient_increasement,
    input_hidden_weights_gradient_increasement,
    hidden_threshold_gradient_increasement = self.Gradient(train_label,predict)
    # 对 BP 神经网络模型参数进行更新
    self.back_propagate(hidden_output_weights_gradient_increasement/self.Size,
                        output_threshold_gradient_increasement/self.Size,
                        input_hidden_weights_gradient_increasement/self.Size,
                        hidden_threshold_gradient_increasement/self.Size,
                        learning_rate,beta,lambd)
# 计算训练数据集的均方误差
mse = self.MSE(self.Train_Label,Predict_Label)
return mse
```

最后介绍的是小批量梯度下降 (MBGD) 算法函数。与 BGD 函数和 SGD 函数不同的是，MBGD 函数多了一个小批量样本规模的形参，剩下的学习率、动量因子和 L2 正则化系数的作用与 BGD 函数和 SGD 函数一样。MBGD 函数与 SGD 函数和 BGD 函数都有类似的地方，MBGD 函数与 SGD 函数一样，首先也得利用 Shuffle_Sequence 函数将训练数据集随机打乱；然后将训练集按小批量样本规模划分为多个小批量训练样本；之后遍历这些小样本训练集，与 BGD 函数类似，利用 Gradient 函数计算每个小批量样本训练集上的平均模型参数的梯度增量，再结合学习率、动量因子和 L2 正则化系数这 3 个超参数在 back_propagate 函数的作用下优化模型参数；最后利用 MSE 函数计算训练数据集在当前模型参数下的平均训练损失，并作为结果返回。MBGD 函数的定义如下所示。

```
def MBGD(self,batch_size,learning_rate,beta=0,lambd=0):
    """
    这是利用 MBGD 算法进行一次迭代调整参数的函数
    :param batch_size: 小批量样本规模
    :param learning_rate: 学习率
    :param decay_rate: 学习率衰减指数
    :param decay_step: 学习率衰减步数
    :param beta: 指数衰减系数 ( 动量因子 )，默认为 0
    :param lambd: L2 正则化系数，默认为 0
    """
    # 获取随机序列
    random_sequence = self.Shuffle_Sequence(self.Size)
    # 随机打乱整个训练数据集及其标签
    self.Train_Data = self.Train_Data[random_sequence]
    self.Train_Label = self.Train_Label[random_sequence]
    # 定义小批量数据集上均方误差数组
    MSE = []
    # 更新当前迭代次数与学习率
```

```
# 遍历每个小批量样本数据集及其标签
for start in np.arange(0,self.Size,batch_size):
    # 判断 start + batch_size 是否大于数组长度，
    # 防止最后一组小批量样本规模可能小于 batch_size 的情况
    end = np.min([start + batch_size,self.Size])
    # 获取训练小批量样本集及其标签
    Mini_Train_Data = self.Train_Data[start:end]
    Mini_Train_Label = self.Train_Label[start:end]
    # 在小批量样本上利用 BGD 算法对模型参数进行更新，并计算训练数据集的均方误差
    # 首先分别定义 BP 神经网络模型参数的梯度增量数组
    # 隐含层与输出层之间权重的梯度增量
    hidden_output_weights_gradient_increasements = []
    output_threshold_gradient_increasements = []    # 输出层阈值的梯度增量
    # 输入层与隐含层之间权重的梯度增量
    input_hidden_weights_gradient_increasements = []
    hidden_threshold_gradient_increasements = []    # 隐含层阈值的梯度增量
    # 定义预测结果数组
    Predict_Label = []
    # 遍历整个小批量训练数据集
    for (train_data,train_label) in zip(Mini_Train_Data,Mini_Train_Label):
        # 首先计算 train_data 在当前模型的预测结果
        train_data = np.reshape(train_data,(1,len(train_data)))
        train_label = np.reshape(train_label,(1,len(train_label)))
        # 对训练数据 train_data 进行预测，并保存预测结果
        predict = self.predict(train_data)
        Predict_Label.append(predict)
        # 计算 BP 神经网络在每组 train_data 下的各个模型参数的
        # 梯度增量，并放入梯度增量数组
        hidden_output_weights_gradient_increasement,
        output_threshold_gradient_increasement,
        input_hidden_weights_gradient_increasement,
        hidden_threshold_gradient_increasement = self.Gradient(train_label,predict)
        hidden_output_weights_gradient_increasements.append
                        (hidden_output_weights_gradient_increasement)
        output_threshold_gradient_increasements.append
                        (output_threshold_gradient_increasement)
        input_hidden_weights_gradient_increasements.append
                        (input_hidden_weights_gradient_increasement)
        hidden_threshold_gradient_increasements.append
                        (hidden_threshold_gradient_increasement)
    # 对参数的梯度增量求取平均值
    hidden_output_weights_gradient_increasement_avg =
                np.average(hidden_output_weights_gradient_increasements,0)
    output_threshold_gradient_increasement_avg =
                np.average(output_threshold_gradient_increasements,0)
    input_hidden_weights_gradient_increasement_avg =
```

```
                            np.average(input_hidden_weights_gradient_increasements,0)
            hidden_threshold_gradient_increasement_avg =
                            np.average(hidden_threshold_gradient_increasements,0)
            # 对 BP 神经网络模型参数进行更新
            self.back_propagate(hidden_output_weights_gradient_increasement_avg,
                                output_threshold_gradient_increasement_avg,
                                input_hidden_weights_gradient_increasement_avg,
                                hidden_threshold_gradient_increasement_avg,
                                learning_rate,beta,lambd)
            # 计算训练数据的均方误差
            mse = self.MSE(Mini_Train_Label,Predict_Label)
            MSE.append(mse * 2 * len(Mini_Train_Label))
        # 计算整个训练集上的均方误差
        mse = np.sum(MSE) / (self.Size * 2)
        return mse
```

6.4.5　迭代训练函数

本小节将对 BP 神经网络的迭代训练函数进行解释。由于存在 3 种梯度下降算法函数，因此 BP 神经网络也存在 3 种迭代训练函数。这 3 个迭代训练函数分别为 train_BGD、train_SGD 和 train_MBGD。3 个函数的形参基本一致：训练数据集、训练标签集、迭代次数、学习率、动量因子和 L2 正则化系数。不同的是，train_MBGD 函数多了一个参数——小批量样本规模 batch_size。

3 个迭代训练函数的整体流程都是一样的，都是在迭代训练中结合超参数来优化模型参数。不同的是，这 3 个不同的迭代训练函数所用的优化算法不同。train_BGD 函数在每次迭代训练中利用的是 BGD 函数；train_SGD 函数在每次迭代训练中利用的是 SGD 函数；train_MBGD 函数在每次迭代训练中利用的是 MBGD 函数。同时，这 3 个迭代训练函数在迭代训练结束后都会返回每次迭代后训练数据集的平均训练损失数组。上述 3 个迭代训练函数的定义如下所示。

```
import numpy as np

def train_BGD(self,Train_Data,Train_Label,iteration,learning_rate,beta=0,lambd=0):
    """
    这是利用 BGD 算法对训练数据集进行迭代训练的函数
    :param Train_Data: 训练数据集
    :param Train_Label: 训练标签集
    :param iteration: 迭代次数
    :param learning_rate: 学习率
    :param beta: 指数衰减系数 ( 动量因子 )，默认为 0
    :param lambd: L2 正则化系数，默认为 0
    """
    # 初始化训练数据集及其标签
    self.Init(Train_Data,Train_Label)
```

```
    # 定义每次迭代过程的训练集均方误差数组
    MSE = []
    # 进行 iteration 次迭代训练
    for i in range(iteration):
        # 利用 BGD 算法对模型参数进行更新，并获取训练集的均方误差
        mse = self.BGD(learning_rate,beta,lambd)
        MSE.append(mse)
    return np.array(MSE)


def train_SGD(self,Train_Data,Train_Label,iteration,learning_rate,beta=0,lambd=0):
    """
    这是利用 SGD 算法对训练数据集进行迭代训练的函数
    :param Train_Data: 训练数据集
    :param Train_Label: 训练标签集
    :param iteration: 迭代次数
    :param learning_rate: 学习率
    :param beta: 指数衰减系数 ( 动量因子 )，默认为 0
    :param lambd: L2 正则化系数，默认为 0
    """
    # 初始化训练数据集及其标签
    self.Init(Train_Data,Train_Label)
    # 定义每次迭代过程的训练集均方误差数组
    MSE = []
    # 进行 iteration 次迭代训练
    for i in range(iteration):
        # 利用 SGD 算法对模型参数进行更新，并获取训练集的均方误差
        mse = self.SGD(learning_rate,beta,lambd)
        MSE.append(mse)
    return np.array(MSE)


def train_MBGD(self,Train_Data,Train_Label,iteration,batch_size,learning_rate,
            beta=0,lambd=0):
    """
    这是利用 BGD 算法对训练数据集进行迭代训练的函数
    :param Train_Data: 训练数据集
    :param Train_Label: 训练标签集
    :param iteration: 迭代次数
    :param batch_size: 小批量样本规模
    :param learning_rate: 学习率
    :param beta: 指数衰减系数 ( 动量因子 )，默认为 0
    :param lambd: L2 正则化系数，默认为 0
    """
    # 初始化训练数据集及其标签
    self.Init(Train_Data,Train_Label)
    # 定义每次迭代过程的训练集均方误差数组
    MSE = []
```

```
    # 进行 iteration 次迭代训练
    for i in range(iteration):
        # 利用 MBGD 算法对模型参数进行更新，并获取训练集的均方误差
        mse = self.MBGD(batch_size,learning_rate,beta,lambd)
        MSE.append(mse)
    return np.array(MSE)
```

6.4.6　测试函数

在这一小节中，主要介绍的函数是测试函数 test。test 函数的参数为测试数据集 Test_Data 和 one_hot 编码标志。one_hot 编码标志默认为 False，即输出的预测分类标签为数值型，因此要得到 one_hot 编码预测标签，必须将这个标志设置成 True。在 test 函数中，遍历整个测试数据集，调用前向传播函数得到测试数据 test_data 对应的预测分类概率，然后将概率最大的分类作为最终的预测分类。test 函数的定义如下所示。

```
def test(self,Test_Data,one_hot=False):
    """
    这是 BP 神经网络测试函数
    :param Test_Data: 测试数据集
    """
    predict_labels = []
    for test_data in Test_Data:
        # 对测试数据进行预测
        test_data = np.reshape(test_data,(1,len(test_data)))
        predict_output = self.predict(test_data)
        # 计算预测分类
        index = np.argmax(predict_output)
        if one_hot == True:
            # 生成标准输出神经元并置 0
            tmp = [0] * self.output_n
            tmp[index] = 1
            predict_labels.append(tmp)
        else:
            predict_labels.append(index)
    predict_labels = np.array(predict_labels)
    return predict_labels
```

6.4.7　辅助函数

下面介绍在前文某些函数中需要用到的 3 个辅助函数。首先介绍的是 Shuffle_Sequence 函数。Shuffle_Sequence 函数的主要功能是根据给定大小随机生成指定大小内自然数的随机序列。该函数主要运用在 SGD 函数和 MBGD 函数中，用于生成训练集的随机打乱的随机序列，进而打乱训练集

及其标签，避免数据集中的数据顺序对的影响，增加随机性。Shuffle_Sequence 函数的定义如下所示。

```python
def Shuffle_Sequence(self,size):
    """
    这是在运行 SGD 算法或 MBGD 算法之前，随机打乱后原始数据集的函数
    :param size: 数据集规模
    """
    # 首先按照数据集规模生成自然数序列
    random_sequence = list(range(size))
    # 利用 numpy 的随机打乱函数打乱训练数据下标
    random_sequence = np.random.permutation(random_sequence)
    return random_sequence          # 返回数据集随机打乱后的数据序列
```

然后介绍的是 Init 函数。Init 函数的主要功能是初始化训练数据集、训练标签集和训练集规模。该函数在 3 个迭代训练函数中都有使用。Init 函数的定义如下所示。

```python
def Init(self,Train_Data,Train_Label):
    """
    这是初始化训练数据集的函数
    :param Train_Data: 训练数据集
    :param Train_Label: 训练标签集
    :return:
    """
    self.Train_Data = Train_Data            # 训练数据集
    self.Train_Label = Train_Label          # 训练数据集标签
    self.Size = np.shape(Train_Data)[0]     # 训练数据集规模性
```

最后介绍的是 MSE 函数。MSE 函数的主要功能是计算训练标签集与 BP 神经网络的预测结果之间的均方误差。MSE 函数的定义如下所示。

```python
def MSE(self,Train_Label,Predict_Label):
    """
    这是计算训练集的平均训练损失的函数
    :param Train_Label: 训练标签集
    :param Predict_Label: 预测结果集
    """
    # 计算训练数据集的均方误差
    mse = np.average((Train_Label - Predict_Label) ** 2) / 2
    return mse
```

6.5 案例：利用 BP 神经网络对语音信号数据集进行分类

下面利用 BP 神经网络再次对第 4 章、第 5 章提及的语音信号数据集进行分类。在这个案例中，

首先利用 Python 来实现 BP 神经网络模型；然后在语音信号数据集下，分析学习率、小批量样本规模、L2 正则化系数和动量因子对 BP 神经网络的影响。该案例的主要流程如图 6.7 所示。

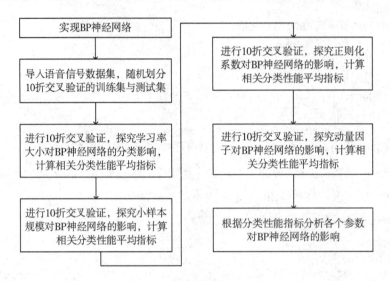

图 6.7　BP 神经网络案例流程

在实现 BP 神经网络算法的代码后，第 3 次回到语音信号数据集分类的问题上来。与 Softmax 回归不同，BP 神经网络模型的参数较多，训练周期也较长。这就给 BP 神经网络的调参带来了极大的困难，那么为了训练出分类性能较高的 BP 神经网络，必须进行较长的迭代训练与交叉验证。这也就直接导致了本案例中源代码的运行时间很长，甚至需要 1 天才能跑出想要的结果。

在本案例中，会将 BP 神经网络的分类性能与第 4 章和第 5 章的 Softmax 回归模型的分类性能进行比较。由于 Softmax 回归模型的分类性能和参数选择已经在前两章中给出详细叙述，因此为了节省案例程序运行时间，在本案例的代码中只给出 BP 神经网络的训练与测试程序，而在此案例中，Softmax 回归模型的训练与测试结果全部利用前两章所述的实验结果和相关结论。

首先需要再次导入语音信号数据集，并且在导入数据集时设置 one-hot 标志为 True，即返回 one-hot 编码的数据标签；然后对数据集进行去中心化预处理；最后初始化 BP 神经网络的输入神经元个数、隐含层神经元个数和输出层神经元个数。其中隐含层神经元个数初始化为输入神经元个数和输出层神经元个数乘积的 $\frac{2}{3}$。这个过程的代码如下所示。

```
from sklearn.preprocessing import MinMaxScaler
import matplotlib as mpl
# 导入语音数据集
path = "./voice_data.txt"
Data,Label = Load_Voice_Data(path,True)
# 数据归一化
Data = MinMaxScaler().fit_transform(Data)
# 初始化 BPNN 模型参数
```

```
INPUT_NODE = np.shape(Data)[1]   # 输入层神经元个数
OUTPUT_NODE = 4   # 输出层神经元个数
HIDDEN_NODE = int(round((INPUT_NODE * OUTPUT_NODE) * 2.0 / 3))   # 隐含层神经元个数
# 解决画图时的中文乱码问题
mpl.rcParams['font.sans-serif'] = [u'simHei']
mpl.rcParams['axes.unicode_minus'] = False
```

在本次案例中，对第 4 章和第 5 章案例中的导入语音信号数据集的函数 Load_Voice_Data 进行相关修改，主要的改动是在函数形参上加了 one-hot 标志位，one-hot 标志位默认为 False，即返回数值标签，当 one-hot 标志位为 True 时，函数返回 one-hot 编码标签。Load_Voice_Data 函数的定义如下所示。

```
def Load_Voice_Data(path,one_hot=False):
    """
    这是导入数据的函数
    :param path: 数据文件的路径
    :return: 数据集
    """
    Data = []
    Label = []
    with open(path) as f:
        for line in f.readlines():
            str = line.strip().split("\t")
            data = []
            for i in range(1,len(str)):
                data.append(float(str[i]))
            Data.append(data)
            Label.append(int(str[0]))
    if one_hot == True:
        for (index,label) in enumerate(Label):
            _label = [0] * 4
            _label[label - 1] = 1
            Label[index] = _label
    Data = np.array(Data)
    Label = np.array(Label)
    return Data,Label
```

在接下来的案例中会用到将 one-hot 编码标签转化为数值标签的转换函数 Transform 和将数据转化为结构化数据的转换函数 Merge，由于这两个函数都在第 4 章中给出了详细解释，因此在此不做更多解释。若有不熟悉这两个函数的读者，请返回 4.8 节中查看这两个函数的代码。

在导入完语音信号数据集后，初始化 BP 神经网络模型，开始训练 BP 神经网络。首先是探究学习率对 BP 神经网络性能的影响。为了获得较为稳定的性能，在此使用 10 折交叉验证计算平均分类性能指标。

在寻找最佳学习率时，对其他参数进行固定，迭代次数初始化为 2 万，动量因子初始化为 0，即只利用简单的 MBGD 算法来优化参数，小批量样本规模初始化为 16，L2 正则化系数初始化为 0.00001。这一初始化超参数过程的代码如下所示。

```python
from BPNN.BPNN import BPNN

# 寻求最佳的学习率
learning_rates = [0.0001,0.001,0.01,0.1]
HIDDEN_NODE = int(round((INPUT_NODE * OUTPUT_NODE) * 2.0 / 3))  # 隐含层神经元个数
choices = ["b-","g-.",'r:','k--']
label = []              # 图例标签
Accuracy = []           # 精度数组
F1 = []                 # F1 系数
Precision = []          # 查准率
Recall = []             # 召回率
MSE = []                # 平均训练损失
# 初始化 BPNN 模型的相关参数
iteration = 20000   # 迭代次数
batch_size = 16     # 小批量样本规模
beta = 0            # 动量因子
lambd = 0.00001     # L2 正则化系数
# 初始化权重和阈值
input_hidden_weights = np.random.randn(INPUT_NODE,HIDDEN_NODE)
hidden_threshold = np.random.randn(1,HIDDEN_NODE)
hidden_output_weights = np.random.randn(HIDDEN_NODE,OUTPUT_NODE)
output_threshold = np.random.randn(1,OUTPUT_NODE)
# 构造 MBGD 优化算法的 BPNN 模型
BPNN_MBGD = BPNN(INPUT_NODE,HIDDEN_NODE,OUTPUT_NODE,input_hidden_weights,
                 hidden_threshold,hidden_output_weights,output_threshold)
```

初始化相关超参数后，利用不同的学习率来训练 BP 神经网络，并统计了 10 折交叉验证下的精度、查准率、召回率和 F1 性能指标的平均值作为最终分类性能，最后将各个性能指标结果可视化或保存为 Excel 文档。这个寻找最佳学习率的实验代码如下所示。

```python
import numpy as np
import matplotlib.pyplot as plt
from sklearn.model_selection import KFold
from sklearn.metrics import accuracy_score
from sklearn.metrics import f1_score
from sklearn.metrics import precision_score
from sklearn.metrics import recall_score
from BPNN.BPNN import BPNN
from Other import Transform
from Other import Merge

for learning_rate,choice in zip(learning_rates,choices):
    # 生成每组结果的图例标签
```

```
        _label = "learning_rate=" + str(learning_rate)
        label.append(_label)
        # 生成交叉验证的训练集与测试集的下标组合
        kf = KFold(n_splits=10,shuffle=True,random_state=np.random.randint(0,len(Data)))
        train_test_index = []
        for (train_index,test_index) in kf.split(Data):
                train_test_index.append((train_index,test_index))
        accuracy = []              # 精度数组
        f1 = []                    # f1 系数
        precision = []             # 查准率
        recall = []                # 召回率
        mse = []                   # 训练 MSE
        for (train_index,test_index) in train_test_index:
                # 将数据集分成训练数据集与测试数据集
                Train_Data = Data[train_index]
                Train_Label = Label[train_index]
                Test_Data = Data[test_index]
                Test_Label = Label[test_index]
                Test_Label = Transform(Test_Label)        # 转化为数字编码
                # 利用 MBGD 算法训练 BPNN，并返回平均训练损失
                MBGD_Cost = BPNN_MBGD.train_MBGD(Train_Data,Train_Label,
                                      iteration,batch_size,learning_rate,beta,lambd)
                mse.append(MBGD_Cost)
                # 利用 BPNN 模型对测试数据集进行预测
                Test_predict = BPNN_MBGD.test(Test_Data,one_hot=False)
                # 计算分类性能
                # 计算精度
                accuracy.append(accuracy_score(Test_Label,Test_predict))
                # 计算 f1
                f1.append(f1_score(Test_Label,Test_predict,average="micro"))
                # 计算查准率
                precision.append(precision_score(Test_Label,Test_predict,average="micro"))
                # 计算召回率
                recall.append(recall_score(Test_Label,Test_predict,average="micro"))
        # 计算交叉验证平均训练损失
        mse = np.average(mse,0)
        MSE.append(mse)
        # 计算交叉验证平均分类性能
        Accuracy.append(np.average(accuracy))            # 计算精度
        F1.append(np.average(accuracy))                  # 计算 F1
        Precision.append(np.average(accuracy))           # 计算查准率
        Recall.append(np.average(accuracy))              # 计算召回率
        # 绘制迭代次数与平均训练损失曲线
plt.plot(np.arange(len(mse)),mse,choice)
# 平均训练损失可视化的相关操作
```

```
plt.xlabel(" 迭代次数 ")
plt.ylabel(" 平均训练损失 ")
plt.grid(True)
plt.legend(labels=label,loc="best")
plt.savefig("./ 不同学习率下 MBGD 的平均训练损失 .jpg",bbox_inches='tight')
#plt.show()
plt.close()


# 合并分类性能
data = [Accuracy]
col = [" 精度 "]
data = Merge(data,label,col)
# 将结果保存为 Excel 文档
data.to_excel("./ 不同学习率下 MBGD 的精度 .xlsx")
#plt.show()
plt.close()


# 合并分类性能
data = [F1]
col = ["f1"]
data = Merge(data,label,col)
# 将结果保存为 Excel 文档
data.to_excel("./ 不同学习率下 MBGD 的 f1.xlsx")


# 合并分类性能
data = [Precision]
col = [" 查准率 "]
data = Merge(data,label,col)
# 将结果保存为 Excel 文档
data.to_excel("./ 不同学习率下 MBGD 的查准率 .xlsx")


# 合并分类性能
data = [Recall]
col = [" 召回率 "]
data = Merge(data,label,col)
# 将结果保存为 Excel 文档
data.to_excel("./ 不同学习率下 MBGD 的召回率 .xlsx")
```

在迭代训练过程中，不同学习率下的 BP 神经网络模型的平均训练损失如图 6.8 所示。在图 6.8 中，从上到下的 4 条曲线分别是学习率为 0.1、0.01、0.001 和 0.0001 时 BP 神经网络在 2 万次迭代过程中的平均训练损失走势。

在图 6.8 中，学习率为 0.1 时，经过 10 折交叉验证后，平均训练损失收敛于 0.16 左右；学习率为 0.01 时，平均训练损失收敛于 0.155 左右；学习率为 0.001 时，平均训练损失收敛于 0.148 左右；学习率为 0.0001 时，平均训练损失还未收敛，呈现增大的趋势。

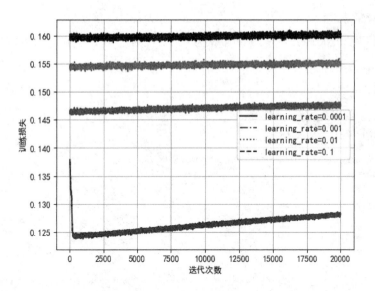

图 6.8　不同学习率下 BP 神经网络模型的平均训练损失

从上述实验结果可以看出，学习率越大，在迭代训练过程中，BP 神经网络的平均训练损失就越大。值得注意的是，当学习率为 0.0001 时，虽然在迭代训练初期 BP 神经网络的平均训练损失迅速下降，但是在迭代训练后期 BP 神经网络的平均训练损失却在逐渐增大，且 2 万次迭代后仍未见收敛趋势。即便学习率为 0.0001 时，BP 神经网络的平均训练损失在 0.13 之下，远低于学习率为 0.1 时的平均训练损失。但这也说明，过低的学习率虽然使得模型在训练过程中表现出稳定的性能，但是极大减缓了模型收敛速度。

同时也统计了不同学习率下 BP 神经网络在 10 折交叉验证训练后的精度、查准率、召回率和 F1 的平均值，具体结果如表 6.5 所示。从表 6.5 中可以看出，在 10 折交叉验证下，BP 神经网络的分类性能都比较稳定，在不同学习率下 4 个分类性能指标都在 0.83 以上，甚至最大能达到 0.9195。

表6.5　不同学习率下BP神经网络模型的分类性能

学习率	精度	查准率	召回率	F1
0.0001	0.835	0.835	0.835	0.835
0.001	0.8745	0.8745	0.8745	0.8745
0.01	0.9055	0.9055	0.9055	0.9055
0.1	0.9195	0.9195	0.9195	0.9195

同时结合表 4.12，当学习率大于等于 0.001 时，Softmax 最好的精度只能达到 0.868，不及学习率为 0.01 时 BP 神经网络的精度。也就是说，BP 神经网络的分类性能远好于 Softmax 回归，但这也是建立在长时间训练之上的分类性能。综合考虑平均训练损失和分类性能指标，在语音信号数据集上，BP 神经网络的最佳学习率为 0.001 或 0.01。

下面进行小批量样本规模对 BP 神经网络影响的实验。由于整个语音信号数据集只有 2000 组数据，因此小批量样本规模选择了 $[16, 32, 64, 128]$ 作为备选。在该组实验中，迭代次数初始化为 2 万，学习率初始化为 0.001，动量因子初始化为 0，L2 正则化系数初始化为 0.0001。这一初始化超参数过程的代码如下所示。

```
from BPNN.BPNN import BPNN

# 寻求最佳的小批量样本规模
batch_sizes = [16,32,64,128]
HIDDEN_NODE = int(round((INPUT_NODE * OUTPUT_NODE) * 2.0 / 3))    # 隐含层神经元个数
choices = ["b-","g-.",'r:','k--']
label = []                  # 图例标签
Accuracy = []               # 精度数组
F1 = []                     # F1 系数
Precision = []              # 查准率
Recall = []                 # 召回率
MSE = []                    # 平均训练损失
# 初始化 BPNN 模型的相关参数
iteration = 20000           # 迭代次数
learning_rate = 0.001       # 学习率
beta = 0                    # 动量因子
lambd = 0.0001              # L2 正则化系数
# 初始化权重和阈值
input_hidden_weights = np.random.randn(INPUT_NODE,HIDDEN_NODE)
hidden_threshold = np.random.randn(1,HIDDEN_NODE)
hidden_output_weights = np.random.randn(HIDDEN_NODE,OUTPUT_NODE)
output_threshold = np.random.randn(1,OUTPUT_NODE)
# 构造 MBGD 优化算法的 BPNN 模型
BPNN_MBGD = BPNN(INPUT_NODE,HIDDEN_NODE,OUTPUT_NODE,input_hidden_weights,
                 hidden_threshold,hidden_output_weights,output_threshold)
```

与探究学习率对 BP 神经网络的影响一样，在这组实验中，同样使用了 10 折交叉验证，统计这 10 折交叉验证中的平均训练损失和 4 个平均分类性能指标，最后将各个性能指标结果可视化或保存为 Excel 文档。这个寻找最佳小批量样本规模的实验代码如下所示。

```
import numpy as np
import matplotlib.pyplot as plt
from sklearn.model_selection import KFold
from sklearn.metrics import accuracy_score
from sklearn.metrics import f1_score
from sklearn.metrics import precision_score
from sklearn.metrics import recall_score
from Other import Transform
from Other import Merge


for batch_size,choice in zip(batch_sizes,choices):
    # 生成每组结果的图例标签
```

```
        _label = "batch_size=" + str(batch_size)
        label.append(_label)
        # 生成交叉验证的训练集与测试集的下标组合
        kf = KFold(n_splits=10,shuffle=True,random_state=np.random.randint(0,len(Data)))
        train_test_index = []
        for (train_index,test_index) in kf.split(Data):
                train_test_index.append((train_index,test_index))
        accuracy = []              # 精度数组
        f1 = []                    # f1 系数
        precision = []             # 查准率
        recall = []                # 召回率
        mse = []                   # 训练 MSE
        for (train_index,test_index) in train_test_index:
                # 将数据集分成训练数据集与测试数据集
                Train_Data = Data[train_index]
                Train_Label = Label[train_index]
                Test_Data = Data[test_index]
                Test_Label = Label[test_index]
                Test_Label = Transform(Test_Label)         # 转化为数字编码
                # 利用 MBGD 算法训练 BPNN，并返回平均训练损失
                MBGD_Cost = BPNN_MBGD.train_MBGD(Train_Data,Train_Label,
                                      iteration,batch_size,learning_rate,beta,lambd)
                mse.append(MBGD_Cost)
                # 利用 BPNN 模型对测试数据集进行预测
                Test_predict = BPNN_MBGD.test(Test_Data,one_hot=False)
                # 计算分类性能
                # 计算精度
                accuracy.append(accuracy_score(Test_Label,Test_predict))
                # 计算 f1
                f1.append(f1_score(Test_Label,Test_predict,average="micro"))
                # 计算查准率
                precision.append(precision_score(Test_Label,Test_predict,average="micro"))
                # 计算召回率
                recall.append(recall_score(Test_Label,Test_predict,average="micro"))
        # 计算交叉验证平均训练损失
        mse = np.average(mse,0)
        MSE.append(mse)
        # 计算交叉验证平均分类性能
        Accuracy.append(np.average(accuracy))          # 计算精度
        F1.append(np.average(accuracy))                # 计算 F1
        Precision.append(np.average(accuracy))         # 计算查准率
        Recall.append(np.average(accuracy))            # 计算召回率
        # 绘制迭代次数与平均训练损失曲线
        plt.plot(np.arange(len(mse)),mse,choice)
# 平均训练损失可视化的相关操作
plt.xlabel(" 迭代次数 ")
```

```
plt.ylabel(" 平均训练损失 ")
plt.grid(True)
plt.legend(labels=label,loc="best")
plt.savefig("./ 不同小批量样本规模下 MBGD 的平均训练损失 .jpg",bbox_inches='tight')
#plt.show()
plt.close()

# 合并分类性能
data = [Accuracy]
col = [" 精度 "]
data = Merge(data,label,col)
# 将结果保存为 Excel 文档
data.to_excel("./ 不同小批量样本规模下 MBGD 的精度 .xlsx")
#plt.show()
plt.close()

# 合并分类性能
data = [F1]
col = ["f1"]
data = Merge(data,label,col)
# 将结果保存为 Excel 文档
data.to_excel("./ 不同小批量样本规模下 MBGD 的 f1.xlsx")

# 合并分类性能
data = [Precision]
col = [" 查准率 "]
data = Merge(data,label,col)
# 将结果保存为 Excel 文档
data.to_excel("./ 不同小批量样本规模下 MBGD 的查准率 .xlsx")

# 合并分类性能
data = [Recall]
col = [" 召回率 "]
data = Merge(data,label,col)
# 将结果保存为 Excel 文档
data.to_excel("./ 不同小批量样本规模下 MBGD 的召回率 .xlsx")
```

在不同小批量样本规模下，BP 神经网络在 10 折交叉验证后的平均训练损失如图 6.9 所示。在图 6.9 中，从上到下的 4 条曲线分别是小批量样本为 128、64、32 和 16 时 BP 神经网络在 2 万次迭代过程中的平均训练损失走势。

从图 6.9 中可以看出，除小批量样本规模为 16 时，平均训练损失收敛于 0.14 以下外，其他的小批量样本规模下的平均训练损失基本稳定在 0.14 ~ 0.145，且不同超参数下的平均训练损失都相差不大；随着小批量样本规模增大，BP 神经网络的平均训练损失变得越来越稳定。小批量样本规模为 128 时，BP 神经网络的平均训练损失走势最为平缓稳定。

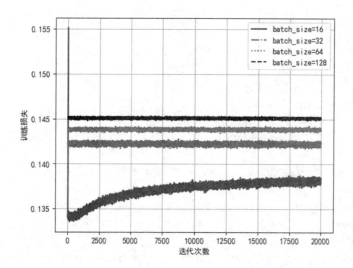

图 6.9　不同小批量样本规模下 BP 神经网络模型的平均训练损失

同时在 10 折交叉验证后，在不同小批量样本规模下，BP 神经网络的 4 种分类性能结果如表 6.6 所示。不难发现，随着小批量样本规模的增大，BP 神经网络的分类性能不断上升，从 0.8595 上升至 0.874。同时也可以发现，在 10 折交叉验证下，4 种分类性能完全一样，可见交叉验证给 BP 神经网络带来的极大好处。结合图 6.9 和表 6.6，在语音信号数据集下，BP 神经网络最佳的小批量样本规模为 64 或 128。

表6.6　不同小批量样本规模下BP神经网络模型的分类性能

小批量样本规模	精度	查准率	召回率	F1
16	0.8595	0.8595	0.8595	0.8595
32	0.8685	0.8685	0.8685	0.8685
64	0.872	0.872	0.872	0.872
128	0.874	0.874	0.874	0.874

接下来寻找最优 L2 正则化系数。在该组实验中，迭代次数初始化为 2 万，学习率初始化为 0.001，动量因子初始化为 0，小批量样本规模初始化为 64。在这里，设置候选的 L2 正则化系数为 0.00001、0.0001、0.001 和 0.01。这一初始化超参数过程的代码如下所示。

```
from BPNN.BPNN import BPNN

# 寻求最佳的 L2 正则化系数
lambds = [0.00001,0.0001,0.001,0.01]
HIDDEN_NODE = int(round((INPUT_NODE * OUTPUT_NODE) * 2.0 / 3))    # 隐含层神经元个数
choices = ["b-","g-.",'r:','k--']
label = []                # 图例标签
Accuracy = []             # 精度数组
F1 = []                   # F1 系数
```

```
Precision = []              # 查准率
Recall = []                 # 召回率
MSE = []                    # 平均训练损失
# 初始化 BPNN 模型的相关参数
iteration = 20000           # 迭代次数
learning_rate = 0.001       # 学习率
batch_size = 64             # 小批量样本规模
beta = 0                    # 动量因子
# 初始化权重和阈值
input_hidden_weights = np.random.randn(INPUT_NODE,HIDDEN_NODE)
hidden_threshold = np.random.randn(1,HIDDEN_NODE)
hidden_output_weights = np.random.randn(HIDDEN_NODE,OUTPUT_NODE)
output_threshold = np.random.randn(1,OUTPUT_NODE)
# 构造 MBGD 优化算法的 BPNN 模型
BPNN_MBGD = BPNN(INPUT_NODE,HIDDEN_NODE,OUTPUT_NODE,input_hidden_weights,
                 hidden_threshold,hidden_output_weights,output_threshold)
```

在这组实验中，同样使用了 10 折交叉验证，统计这 10 折交叉验证中的平均训练损失和 4 个平均分类性能指标，最后将各个性能指标结果可视化或保存为 Excel 文档。这个寻找最佳 L2 正则化系数过程的实验代码如下所示。

```
import numpy as np
import matplotlib.pyplot as plt
from sklearn.model_selection import KFold
from sklearn.metrics import accuracy_score
from sklearn.metrics import f1_score
from sklearn.metrics import precision_score
from sklearn.metrics import recall_score
from BPNN.BPNN import BPNN
from Other import Transform
from Other import Merge

for lambd,choice in zip(lambds,choices):
    # 生成每组结果的图例标签
    _label = "lambd=" + str(lambd)
    label.append(_label)
    # 生成交叉验证的训练集与测试集的下标组合
    kf = KFold(n_splits=10,shuffle=True,random_state=np.random.randint(0,len(Data)))
    train_test_index = []
    for (train_index,test_index) in kf.split(Data):
            train_test_index.append((train_index,test_index))
    accuracy = []               # 精度数组
    f1 = []                     # f1 系数
    precision = []              # 查准率
    recall = []                 # 召回率
    mse = []                    # 训练 MSE
```

```
      for (train_index,test_index) in train_test_index:
            # 将数据集分成训练数据集与测试数据集
            Train_Data = Data[train_index]
            Train_Label = Label[train_index]
            Test_Data = Data[test_index]
            Test_Label = Label[test_index]
            Test_Label = Transform(Test_Label)        # 转化为数字编码
            # 利用 MBGD 算法训练 BPNN，并返回平均训练损失
            MBGD_Cost = BPNN_MBGD.train_MBGD(Train_Data,Train_Label,
                                    iteration,batch_size,learning_rate,beta,lambd)
            mse.append(MBGD_Cost)
            # 利用 BPNN 模型对测试数据集进行预测
            Test_predict = BPNN_MBGD.test(Test_Data,one_hot=False)
            # 计算分类性能
            # 计算精度
            accuracy.append(accuracy_score(Test_Label,Test_predict))
            # 计算 f1
            f1.append(f1_score(Test_Label,Test_predict,average="micro"))
            # 计算查准率
            precision.append(precision_score(Test_Label,Test_predict,average="micro"))
            # 计算召回率
            recall.append(recall_score(Test_Label,Test_predict,average="micro"))
      # 计算交叉验证平均训练损失
      mse = np.average(mse,0)
      MSE.append(mse)
      # 计算交叉验证平均分类性能
      Accuracy.append(np.average(accuracy))            # 计算精度
      F1.append(np.average(accuracy))                  # 计算 F1
      Precision.append(np.average(accuracy))           # 计算查准率
      Recall.append(np.average(accuracy))              # 计算召回率
      # 绘制迭代次数与平均训练损失曲线
      plt.plot(np.arange(len(mse)),mse,choice)
# 平均训练损失可视化的相关操作
plt.xlabel(" 迭代次数 ")
plt.ylabel(" 平均训练损失 ")
plt.grid(True)
plt.legend(labels=label,loc="best")
plt.savefig("./ 不同 L2 正则化系数下 MBGD 的平均训练损失 .jpg",bbox_inches='tight')
#plt.show()
plt.close()

# 合并分类性能
data = [Accuracy]
col = [" 精度 "]
data = Merge(data,label,col)
```

```
# 将结果保存为 Excel 文档
data.to_excel("./ 不同 L2 正则化系数下 MBGD 的精度 .xlsx")
#plt.show()
plt.close()

# 合并分类性能
data = [F1]
col = ["f1"]
data = Merge(data,label,col)
# 将结果保存为 Excel 文档
data.to_excel("./ 不同 L2 正则化系数下 MBGD 的 f1.xlsx")

# 合并分类性能
data = [Precision]
col = [" 查准率 "]
data = Merge(data,label,col)
# 将结果保存为 Excel 文档
data.to_excel("./ 不同 L2 正则化系数下 MBGD 的查准率 .xlsx")

# 合并分类性能
data = [Recall]
col = [" 召回率 "]
data = Merge(data,label,col)
# 将结果保存为 Excel 文档
data.to_excel("./ 不同 L2 正则化系数下 MBGD 的召回率 .xlsx")
```

在不同 L2 正则化系数下，BP 神经网络在 10 折交叉验证后的平均训练损失如图 6.10 所示。在图 6.10 中，从上到下的 4 条曲线分别是 L2 正则化系数为 0.0001、0.00001、0.001 和 0.01 时 BP 神经网络在 2 万次迭代过程中的平均训练损失走势。

从图 6.10 中可以看出，在 2 万次迭代后，L2 正则化系数为 0.01 和 0.00001 时，BP 神经网络的平均训练损失走势比较平稳。L2 正则化系数为 0.001 和 0.0001 时，BP 神经网络的平均训练损失在 2 万次迭代后仍未表现出收敛的趋势。值得注意的是，L2 正则化系数为 0.01 时，BP 神经网络的平均训练损失在 2500 次迭代后收敛接近 0，可能出现了神经元过早不可逆"死亡"。

同时在 10 折交叉验证后，在不同 L2 正则化系数下，BP 神经网络的 4 种分类性能结果如表 6.7 所示。不难发现，随着 L2 正则化系数大于 0.001，BP 神经网络的分类性能下降迅速，从 0.813 下降至 0.234。结合图 6.10，在语音信号数据集内，当 L2 正则化过大，将导致在迭代过程中惩罚连接权重过大，进而导致神经元过早"死亡"。因此在语音信号数据集中，L2 正则化最好不要超过 0.001，最佳 L2 正则化系数可以选择 0.0001。

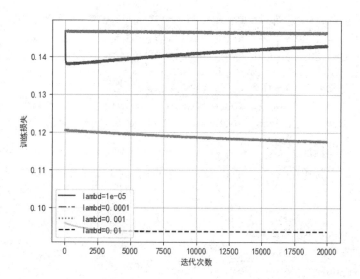

图 6.10 不同 L2 正则化系数下 BP 神经网络模型的平均训练损失

表6.7 不同L2正则化系数下BP神经网络模型的分类性能

L2正则化系数	精度	查准率	召回率	F1
0.00001	0.859	0.859	0.859	0.859
0.0001	0.8725	0.8725	0.8725	0.8725
0.001	0.813	0.813	0.813	0.813
0.01	0.234	0.234	0.234	0.234

最后探究不同动量因子对 BP 神经网络的影响。在该组实验中,迭代次数初始化为 2 万,学习率初始化为 0.001,L2 正则化系数初始化为 0.00001,小批量样本规模初始化为 64。在这里,设置候选的动量因子为 0、0.5、0.9 和 0.99。这一初始化超参数过程的代码如下所示。

```
# 寻求最佳的动量
betas = [0,0.5,0.9,0.99]         # 动量因子数组
HIDDEN_NODE = int(round((INPUT_NODE * OUTPUT_NODE) * 2.0 / 3))  # 隐含层神经元个数
choices = ["b-","g-.",'r:','k--']
label = []                # 图例标签
Accuracy = []             # 精度数组
F1 = []                   # F1 系数
Precision = []            # 查准率
Recall = []               # 召回率
MSE = []                  # 平均训练损失
# 初始化 BPNN 模型的相关参数
iteration = 20000         # 迭代次数
learning_rate = 0.001     # 学习率
batch_size = 64           # 小批量样本规模
lambd = 0.00001           # L2 正则化系数
# 初始化权重和阈值
```

```
input_hidden_weights = np.random.randn(INPUT_NODE,HIDDEN_NODE)
hidden_threshold = np.random.randn(1,HIDDEN_NODE)
hidden_output_weights = np.random.randn(HIDDEN_NODE,OUTPUT_NODE)
output_threshold = np.random.randn(1,OUTPUT_NODE)
# 构造 MBGD 优化算法的 BPNN 模型
BPNN_MBGD = BPNN(INPUT_NODE,HIDDEN_NODE,OUTPUT_NODE,input_hidden_weights,
                hidden_threshold,hidden_output_weights,output_threshold)
```

在这组实验中，同样使用了 10 折交叉验证，统计这 10 折交叉验证中的平均训练损失和 4 个平均分类性能指标，最后将各个性能指标结果可视化或保存为 Excel 文档。这个寻找最佳动量因子的实验代码如下所示。

```
for beta,choice in zip(betas,choices):
    # 生成每组结果的图例标签
    _label = "beta=" + str(beta)
    label.append(_label)
    # 生成交叉验证的训练集与测试集的下标组合
    kf = KFold(n_splits=10,shuffle=True,random_state=np.random.randint(0,len(Data)))
    train_test_index = []
    for (train_index,test_index) in kf.split(Data):
            train_test_index.append((train_index,test_index))
    accuracy = []              # 精度数组
    f1 = []                    # f1 系数
    precision = []             # 查准率
    recall = []                # 召回率
    mse = []                   # 训练 MSE
    for (train_index,test_index) in train_test_index:
        # 将数据集分成训练数据集与测试数据集
        Train_Data = Data[train_index]
        Train_Label = Label[train_index]
        Test_Data = Data[test_index]
        Test_Label = Label[test_index]
        Test_Label = Transform(Test_Label)         # 转化为数字编码
        # 利用 MBGD 算法训练 BPNN，并返回平均训练损失
        MBGD_Cost = BPNN_MBGD.train_MBGD(Train_Data,Train_Label,
                                iteration,batch_size,learning_rate,beta,lambd)
        mse.append(MBGD_Cost)
        # 利用 BPNN 模型对测试数据集进行预测
        Test_predict = BPNN_MBGD.test(Test_Data,one_hot=False)
        # 计算分类性能
        # 计算精度
        accuracy.append(accuracy_score(Test_Label,Test_predict))
        # 计算 f1
        f1.append(f1_score(Test_Label,Test_predict,average="micro"))
        # 计算查准率
        precision.append(precision_score(Test_Label,Test_predict,average="micro"))
```

```
                # 计算召回率
                recall.append(recall_score(Test_Label,Test_predict,average="micro"))
        # 计算交叉验证平均训练损失
        mse = np.average(mse,0)
        MSE.append(mse)
        # 计算交叉验证平均分类性能
        Accuracy.append(np.average(accuracy))          # 计算精度
        F1.append(np.average(accuracy))                # 计算 F1
        Precision.append(np.average(accuracy))         # 计算查准率
        Recall.append(np.average(accuracy))            # 计算召回率
        # 绘制迭代次数与平均训练损失曲线
        plt.plot(np.arange(len(mse)),mse,choice)
# 平均训练损失可视化的相关操作
plt.xlabel(" 迭代次数 ")
plt.ylabel(" 平均训练损失 ")
plt.grid(True)
plt.legend(labels=label,loc="best")
plt.savefig("./ 不同动量因子下 MBGD 的平均训练损失 .jpg",bbox_inches='tight')
#plt.show()
plt.close()


# 合并分类性能
data = [Accuracy]
col = [" 精度 "]
data = Merge(data,label,col)
# 将结果保存为 Excel 文档
data.to_excel("./ 不同动量因子下 MBGD 的精度 .xlsx")
#plt.show()
plt.close()


# 合并分类性能
data = [F1]
col = ["f1"]
data = Merge(data,label,col)
# 将结果保存为 Excel 文档
data.to_excel("./ 不同动量因子下 MBGD 的 f1.xlsx")


# 合并分类性能
data = [Precision]
col = [" 查准率 "]
data = Merge(data,label,col)
# 将结果保存为 Excel 文档
data.to_excel("./ 不同动量因子下 MBGD 的查准率 .xlsx")


# 合并分类性能
data = [Recall]
```

```
col = [" 召回率 "]
data = Merge(data,label,col)
# 将结果保存为 Excel 文档
data.to_excel("./ 不同动量因子下 MBGD 的召回率 .xlsx")
```

在不同动量因子下，BP 神经网络在 10 折交叉验证后的平均训练损失如图 6.11 所示。在图 6.10 中，从上到下的 4 条曲线分别是动量因子为 0.99、0.9、0.5 和 0 时 BP 神经网络在 2 万次迭代过程中的平均训练损失走势。从图 6.11 中可以看出，在 2 万次迭代训练过程中，动量因子为 0 时，采用普通 MBGD 算法的 BP 神经网络的平均训练损失仍在逐渐上升，且没有任何收敛趋势。反观采用动量梯度下降算法的 BP 神经网络的平均训练损失收敛迅速。也就是说，动量梯度下降算法能够加速 BP 神经网络收敛。

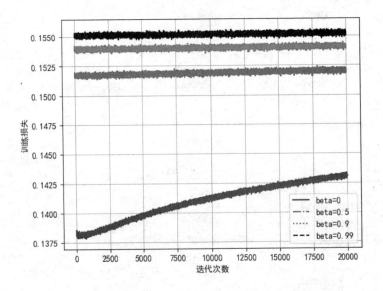

图 6.11　不同动量因子下 BP 神经网络模型的平均训练损失

同时在 10 折交叉验证后，在不同动量因子下，BP 神经网络的 4 种分类性能结果如表 6.8 所示。不难看出，利用动量梯度下降算法的 BP 神经网络在相同迭代次数后的分类性能较高，最高能达到 0.889，最低也有 0.8785，而普通 MBGD 算法只有 0.8565。动量梯度下降算法的 BP 神经网络将分类性能至少提高了 2.2%。也就是说，动量梯度下降算法不仅加快了 BP 神经网络的收敛速度，而且带来了比梯度下降算法高的精度。

表6.8　不同动量因子下BP神经网络模型的分类性能

动量因子	精度	查准率	召回率	F1
0	0.8565	0.8565	0.8565	0.8565
0.5	0.8785	0.8785	0.8785	0.8785
0.9	0.8845	0.8845	0.8845	0.8845
0.99	0.889	0.889	0.889	0.889

6.6 本章小结

本章主要介绍了经典 BP 神经网络的相关理论。在 6.1 节的第一部分，介绍了神经网络的基础——神经元模型，对神经元模型的架构及其理论进行了简单的介绍。神经元模型的本质就是利用激活函数形成了神经元输入的线性组合与神经元输入之间的函数映射。

在 6.1 节的第二部分，介绍了感知机模型。首先对感知机模型的架构及其理论进行了简单的介绍，然后详细分析了感知机模型的优缺点。作为与 Logistic 回归类似的二分类模型，感知机模型有着较强的线性可分性。但是，对非线性可分的数据集，感知机模型的性能不是很好。因此为了给感知机引入非线性表达能力，神经网络模型应运而生。

在 6.1 节的第三部分，主要介绍了经典的 3 层神经网络模型。经典的 3 层神经网络模型主要由输入层、隐含层和输出层组成，层与层之间由连接权重相互连接。在给出 3 层神经网络模型的架构后，结合神经元和感知机的相关理论，给出了每层神经元的计算公式。

为了更好地优化 BP 神经网络参数，在 6.2 节中详细介绍了 BP 神经网络优化参数的核心算法——误差反向传播 (BP) 算法。在 6.2 节中，首先给出了 BP 神经网络中的 BP 算法的主要流程；然后具体介绍了 BP 算法中优化参数的梯度下降算法，在介绍梯度下降算法的过程中，对经典的 3 层 BP 神经网络各个参数的梯度增量进行了严谨的数学推导；最后根据推导出来的参数的梯度增量，进一步给出了 BGD、SGD 和 MBGD 三种算法的流程。

相比于 Logistic 回归和 Softmax 回归，虽然经典的 3 层 BP 神经网络模型在性能上有了极大的提升，但是不能说 BP 神经网络毫无缺陷。实际上相比于 Logistic 回归和 Softmax 回归，虽然 3 层 BP 神经网络多了一个隐含层，增加了 BP 神经网络的非线性表达能力，但是这也带来了巨大的训练代价。通常，BP 神经网络的分类性能就是靠大量的训练换来的。因此，必须对模型进行改进以此来加快 BP 神经网络的训练过程。

在 6.3 节的第一部分，对神经网络的激活函数做了详细的介绍。首先对激活函数的定义进行了详细介绍；然后从函数表达式、函数相关性质入手对 Sigmoid、Tanh 和 ReLU 三个激活函数进行了详细分析，并对上述函数的优缺点进行了综述性的概括。

在 6.3 节的第二部分，介绍了 BP 神经网络的 L2 正则化。不同于 Logistic 回归和 Softmax 回归，BP 神经网络的参数较多。因此，在本小节中，主要给出 BP 神经网络加入 L2 正则化后的参数抽象性更新公式，至于参数更新公式具体如何，必须根据 BP 神经网络架构进行具体的数学推导。

在 6.3 节的第三部分，介绍了比 SGD 算法更快的优化算法——动量梯度优化算法。首先对动量的物理意义进行了简单的介绍；然后与加入 L2 正则化的参数更新公式一样，在动量梯度下降算法中也只给出 BP 神经网络的参数抽象性更新公式；最后对动量梯度下降算法和 SGD 算法进行了比较，SGD 算法只是动量梯度下降算法的一个特例，动量梯度下降算法是 SGD 算法的扩展。动量梯度下降算法之所以能比 SGD 算法更快的原因在于，动量梯度下降算法利用动量因子"记住"了前一次迭代更新的方向，每次更新都是沿着这个方向调整参数。这也就导致了动量梯度下降算法不会像 SGD 算法那样在训练过程中出现"振荡"，且在训练后期陷入局部最优解。

在 6.3 节的第四部分，介绍了指数衰减学习率。传统 BP 神经网络中使用的是固定学习率，学习率过小则会极大降低模型的收敛速度；学习率过大则会导致在训练后期，参数在最优解附近来回振荡。因此为了解决这个问题，比较可行的方式就是在训练开始前设置一个较大的学习率，在训练过程中，学习率在每次迭代过程中以一定的衰减速度进行衰减。

在 6.3 节的第五部分，介绍了交叉熵损失函数。首先对交叉熵的概念进行了简单的介绍；然后将 BP 神经网络原有的输出层输入与实际标签之间的均方误差替换为两者之间的交叉熵，并将隐含层的激活函数替换成 ReLU 函数，输出层的激活函数替换成 Softmax 函数；最后推导了在上述 BP 神经网络架构下的参数的梯度下降更新公式。

在 6.4 节中，主要利用 Python 结合面向对象思想实现了经典 3 层 BP 神经网络模型，并对代码进行了深度剖析。其中激活函数为 Sigmoid 函数，损失函数为训练集标签与预测分类之间的均方误差，并实现了 3 种梯度下降算法，且在这 3 种梯度下降算法中预留了动量梯度下降算法和 L2 正则化的接口。

在 6.5 节中，再次回到语音信号数据集分类这一案例上来。在这个案例中，利用传统 BP 神经网络模型对语音信号数据集进行分类，并分别分析了学习率、小批量样本规模、L2 正则化系数和动量因子对 BP 神经网络的影响。

在接下来的三章将转向无监督学习领域，主要介绍两种聚类算法和一种降维算法。在第 7 章中，将主要介绍实际应用广泛的聚类算法——K-Means 聚类算法。

第 7 章

K-Means 聚类算法

在第 2 ~ 6 章中，主要聚焦于监督学习这一主题，叙述了 6 种不同的算法来解决监督学习中的分类与预测这两大基本问题。在接下来的三章将转向无监督学习领域。在这三章中，将主要介绍两种聚类算法——K-Means 聚类算法与高斯混合模型 (GMM) 和一种降维算法——主成分分析 (PCA)。在第 7 章中，主要介绍在聚类算法中应用比较广泛的 K-Means 聚类算法。

本章主要涉及的内容

◆ 无监督学习与聚类

◆ K-Means 聚类算法

◆ K-Means 聚类的 Python 实现

◆ 案例：利用 K-Means 算法对 Iris 数据集进行聚类

无监督学习与聚类

本节将主要介绍机器学习中的无监督学习与聚类。首先以无监督学习的定义为出发点，介绍无监督学习的本质及其基本任务；然后介绍无监督学习中的聚类的本质及其具体应用。

7.1.1 无监督学习

第 2 ~ 6 章主要讲解的是监督学习中的分类与预测算法。但是从本章至第 9 章将聚焦于无监督学习，主要讲解无监督学习中的聚类算法。那么什么是无监督学习呢？

在现实生活中，经常会遇到因先验知识缺乏而导致没有人工标注类别的数据，与此同时，往往对这一类数据进行人工类别标注的成本也非常昂贵。那么最自然的想法就是利用计算机来帮助我们完成标注数据类别的工作。

那么，无监督学习主要是根据类别未知的训练样本来解决模式识别中的各种问题，无监督学习的目标就是通过这些无标记的训练样本进行学习来揭示数据的内在性质与规律，从而为下一步数据分析做准备。无监督学习的任务主要有聚类、密度估计和异常检测等。在这些领域中，研究最多且应用最广的当属"聚类"。下面就对聚类进行简单的介绍。

7.1.2 聚类

聚类的本质就是将整个数据集的样本划分为若干个互不相交的子集，每个子集就称为一个"簇"。通常来说，经过这样的划分，每个簇都有一个潜在的类别（标签）。这些若干潜在的类别对于聚类算法来说是未知的，聚类只能实现数据自动聚成若干簇的结构，而这些若干簇对应的潜在类别的实际意义是事先定义的，即为先验知识。

聚类不仅能作为一个单独的过程，而且还能作为其他任务的前驱过程。作为一个单独的过程，聚类可以用于寻找数据内部结构。作为前驱过程，聚类可以为分类等学习任务提供训练标签。

举个例子来说，在现在的各种电商平台中，新用户对商品的喜好程度是很难得知的。那么这些电商平台能做的就是根据用户在该平台下所积累的数据进行聚类，根据聚类结果将每个簇定义为一个类，再根据这些带有"标签"的数据去判别用户对商品的喜好程度，进而向用户精准推荐用户喜欢的商品。

7.2 K-Means 聚类算法

下面介绍聚类算法中最为常见的 K-Means 聚类算法，并对其原理进行严谨的数学推导。本节首先对 K-Means 聚类算法的理论进行了详细的介绍，并推导出了相关参数的数学计算公式；然后罗列了一些 K-Means 算法的优缺点及其改进思路。

7.2.1 算法详解

K-Means 聚类算法也称为 K- 均值聚类算法。K-Means 聚类算法的大致过程如下：定义了 k 个质心，然后计算数据集中每个点到这 k 个点的距离，并将每组数据聚类到这 k 个距离最小的一个对应的那个簇，之后将每个簇的质心更新为所有聚类到每个簇的所有数据的均值，重复上述过程直至收敛。

接下来利用数学化语言描述上述过程。首先定义数据集为 $\mathcal{D} = \left\{ \boldsymbol{x}^{(1)}, \cdots, \boldsymbol{x}^{(m)} \right\}$，通常 $\boldsymbol{x}^{(i)} \in \mathbb{R}^n$，即每组数据 $\boldsymbol{x}^{(i)}$ 是 n 维向量。与之前章节讲述的监督学习问题不同，K-Means 聚类算法属于无监督学习算法，因此类似于监督学习的标签 $y^{(i)}$ 是没有给定的。

类似于监督学习，K-Means 聚类算法也定义了一个损失函数。K-Means 聚类算法的本质是根据每组数据与每簇质心之间的距离大小来决定每组数据聚集到哪个簇。为了更好地描述 K-Means 聚类算法的整个过程，在这里使用的距离度量为欧氏距离。首先定义损失函数，如式 (7-1) 所示。

$$J(\boldsymbol{c}, \boldsymbol{\mu}) = \sum_{j=1}^{k} \sum_{\substack{i=1 \\ \boldsymbol{x}^{(i)} \in c^{(j)}}}^{m} \left\| \boldsymbol{x}^{(i)} - \boldsymbol{\mu}_{c^{(j)}} \right\|_2^2 \tag{7-1}$$

式中，m 为数据集 $\mathcal{D}$ 的规模；$c^{(i)}$ 为第 i 个簇标签；$\boldsymbol{\mu}$ 为聚类质心数组；$\boldsymbol{\mu}_{c^{(j)}}$ 为第 j 个簇的质心；$\left\| \boldsymbol{x}^{(i)} - \boldsymbol{\mu}_{c^{(j)}} \right\|_2$ 为第 i 个数据样本与第 j 个簇的质心之差的二范式，即欧氏距离。那么 K-Means 聚类算法的目标可以表示为式 (7-2)。

$$\arg \min_{\boldsymbol{c}} J(\boldsymbol{c}, \boldsymbol{\mu}) = \arg \min_{\boldsymbol{c}} \sum_{j=1}^{k} \sum_{\substack{i=1 \\ \boldsymbol{x}^{(i)} \in c^{(j)}}}^{m} \left\| \boldsymbol{x}^{(i)} - \boldsymbol{\mu}_{c^{(j)}} \right\|_2^2 \tag{7-2}$$

从式 (7-2) 中可以看出，K-Means 聚类算法也看成在迭代过程中寻找合适的 k 个聚类质心，并根据这 k 个聚类质心把整个数据集分成 k 个互不相交的子集，同时这 k 个子集尽可能靠近聚类质心。

那么定义最大似然函数，如式 (7-3) 所示。

$$\ell(\boldsymbol{c}, \boldsymbol{\mu}) = \sum_{j=1}^{k} \log J(\boldsymbol{c}, \boldsymbol{\mu}_j)$$

$$= \sum_{j=1}^{k} \log \left[\sum_{i=1}^{m} \left\| \boldsymbol{x}^{(i)} - \boldsymbol{\mu}_j \right\|_2^2 \right]^{1\left\{ c^{(i)} = j \right\}} \tag{7-3}$$

$$= \sum_{j=1}^{k} 1\left\{ c^{(i)} = j \right\} \log \sum_{i=1}^{m} \left\| \boldsymbol{x}^{(i)} - \boldsymbol{\mu}_j \right\|_2^2$$

其中式 (7-3) 中的 $1\{x\}$ 是在 Softmax 回归中定义的指标函数，具体定义详见式 (4-24)。那么，对式 (7-3) 求导，$\ell(\boldsymbol{c}, \boldsymbol{\mu})$ 对 $\boldsymbol{\mu}_j$ 的偏导数如式 (7-4) 所示。

$$\frac{\partial \ell}{\partial \boldsymbol{\mu}_j} = 1\left\{ c^{(i)} = j \right\} \frac{-2 \sum\limits_{i=1}^{m} (\boldsymbol{x}^{(i)} - \boldsymbol{\mu}_j)}{\sum\limits_{i=1}^{m} \left\| \boldsymbol{x}^{(i)} - \boldsymbol{\mu}_j \right\|^2}$$

$$= \frac{-2 \left[\sum\limits_{i=1}^{m} 1\left\{ c^{(i)} = j \right\} \boldsymbol{x}^{(i)} - \boldsymbol{\mu}_j \sum\limits_{i=1}^{m} 1\left\{ c^{(i)} = j \right\} \right]}{\sum\limits_{i=1}^{m} \left\| \boldsymbol{x}^{(i)} - \boldsymbol{\mu}_{c^{(i)}} \right\|^2} \tag{7-4}$$

令式 (7-4) 等于 0，可以求得 $\boldsymbol{\mu}_j$，如式 (7-5) 所示。

$$\boldsymbol{\mu}_j = \frac{\sum\limits_{i=1}^{m} 1\left\{ c^{(i)} = j \right\} \boldsymbol{x}^{(i)}}{\sum\limits_{i=1}^{m} 1\left\{ c^{(i)} = j \right\}} \tag{7-5}$$

因此，K-Means 聚类算法的伪代码如表 7.1 所示。

表7.1　K-Means聚类算法

Initialize cluster centroids $\boldsymbol{\mu}_1, \cdots, \boldsymbol{\mu}_k \in \mathbb{R}^n$ *randomly.*

Repeat until convergence : {

　　For every i, set

$$c^{(i)} := \arg\min_{c} \sum_{j=1}^{k} \sum_{\substack{i=1 \\ \boldsymbol{x}^{(i)} \in c^{(j)}}}^{m} \left\| \boldsymbol{x}^{(i)} - \boldsymbol{\mu}_{c^{(j)}} \right\|_2^2$$

　　For each j, set

$$\boldsymbol{\mu}_j = \frac{\sum\limits_{i=1}^{m} 1\left\{ c^{(i)} = j \right\} \boldsymbol{x}^{(i)}}{\sum\limits_{i=1}^{m} 1\left\{ c^{(i)} = j \right\}}$$

　　}

上述算法的内循环重复执行两个步骤：首先分配每个训练样例 $\boldsymbol{x}^{(i)}$ 到最近簇的质心，然后将每个簇的质心 $\boldsymbol{\mu}_j$ 更新为与之距离最近的训练样本点的平均值。具体来说，K-Means 聚类算法首先保持 $\boldsymbol{\mu}$ 不变，重复迭代更新 $\boldsymbol{c}$ 来最小化 J，然后再保持 $\boldsymbol{c}$ 不变，更新参数 $\boldsymbol{\mu}$ 来最小化 J。因此，J 一定

单调递减，即 J 一定收敛。理论上，K-Means 聚类算法可能在几个不同的聚类质心之间振荡，即不同 c 和（或）μ 可能得到相同的 J 值。

下面用一组随机生成的随机数来讲解聚类过程，全过程如图 7.1 所示。图 7.1 显示了 K-Means 聚类的实验结果。假设 $k = 2$，图 7.1 a 展示了初始的数据集与初始的两个质心，即图中星形质心和十字形质心。

在图 7.1 b 中，求出样本集中每组样本到这两个质心的距离，并标记每个样本的类别为与该样本距离最小的质心的类别，其中圆点代表与十字形质心较近的数据，叉形代表与星形质心较近的数据。

在图 7.1 c 中，经过计算样本与星形质心和十字形质心的距离，得到了所有样本点的第一轮迭代后的类别，新的星形质心和十字形质心的位置已经发生了变动。图 7.1 e ~ 图 7.1 g 是重复迭代调整质心与数据类别的过程，即将每组样本的类别标记为距离最近的质心的类别并求新的质心。最终得到的两个类别如图 7.1 h 所示。

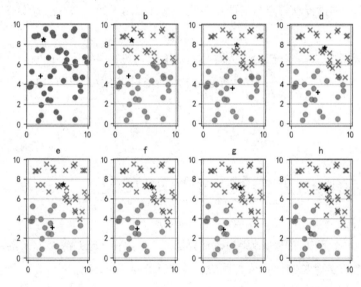

图 7.1　K-Means 聚类过程

虽然在图 7.1 中利用随机数简单地展示了 K-Means 聚类算法，但是在实际应用中并不能实现这样精准的分类。式 (7-1) 的损失函数 J 是非凸函数，因此利用坐标下降不能保证函数 J 收敛到全局最小值。换句话说，K-Means 聚类算法可能陷入局部最优解。因此如果担心陷入局部最优解，最常见的解决方法就是多次运行 K-Means 聚类算法，每次运行采用不同聚类质心 μ，在所有不同聚类结果中选择 J 值最小对应的聚类结果。

7.2.2　K-Means 算法的优缺点

K-Means 聚类算法是基于距离的聚类算法，其优缺点也是比较明显的。首先来看该算法的优点。K-Means 算法是一种比较常见、原理比较简单且编程也容易实现的收敛速度较快的算法。同时，

K-Means 聚类效果也较优，并且该算法参数也仅有一个聚类簇数 K。此外，K-Means 算法的可解释度也比较强。

当然，K-Means 算法也有很多缺点。首先，K 值的选取不好把握。最简单的方法可以选取一组 K 值，并给定评判函数 E，选取不同 K 值下评判函数值最优的一个作为最佳的 K 值。另外，由于经典 K-Means 聚类算法使用的欧氏距离作为相似性度量，因此最终的聚类结果通常是球簇型。那么 K-Means 算法对于非球簇的数据集则比较难收敛，基于密度的聚类算法更加适合这类数据集，如 DBSCAN 算法。

同时，若数据集内部各隐含类别的数据不平衡，则会导致聚类效果不佳。例如，各隐含类别的数据量严重失衡，或者各隐含类别的方差不同。另外，由于 K-Means 算法采用的迭代方法求解最优质心，因此 K-Means 聚类算法可能陷入局部最优解。

其次，K-Means 聚类算法对噪声和异常点比较敏感，为了使 K-Means 算法的聚类效果较优，因此必须在进行聚类之前进行异常点与离群点检验。这种思路下的改进算法有 LOF 算法和 K-Mediods 算法。

最后，K-Means 聚类算法对初始聚类质心非常敏感。初始聚类质心选取的好坏决定了 K-Means 聚类算法性能的好坏。对这个问题的改进算法有 K-Means++ 算法和二分 K-Means 算法。

7.3　K-Means 聚类的 Python 实现

为了更好地在 7.4 节中讲解利用 K-Means 算法对 Iris 数据集进行聚类的案例，本节利用 Python 结合面向对象思想来实现 K-Means 聚类算法。首先给出 K-Means 算法的类定义，然后对类中的每个函数进行解释。

```
import numpy as np
class KMeansCluster(object):
def __init__(self,Data):
def EcludDistance(self,dataA,dataB):
def Initial_Centroids(self,k,centroids=None):
def cluster(self,k,centroids=None)
```

7.3.1　K-Means 聚类的构造函数

下面介绍 K-Means 聚类的构造函数 __init__。__init__ 函数的参数为聚类数据集。__init__ 函数的主要功能是用来在创建对象时初始化对象，定义并初始化了聚类数据集、聚类簇数、数据集聚类标签和聚类质心数组。__init__ 函数的定义如下所示。

```python
def __init__(self,Data):
    """
    K-Means 聚类算法的构造函数
    :param Data: 数据集
    :param k: 聚类簇数
    :param centroids: 聚类质心数组
    """
    self.Data = Data                        # 数据集
    row = np.shape(Data)[0]
    self.Label = np.array([0] * row)        # 数据集聚类标签
    self.centroids = []                     # 聚类质心数组
```

7.3.2　欧氏距离函数

下面介绍欧氏距离函数 EcludDistance。EcludDistance 函数的参数为两组数据：dataA 和 dataB，EcludDistance 函数的主要目的是计算两组数据之间的欧氏距离。欧氏距离（欧几里得距离）是最常见的距离度量，衡量的是多维空间中各个点之间的绝对距离。EcludDistance 函数的定义如下所示。

```python
def EcludDistance(self,dataA,dataB):
    """
    计算欧氏距离
    :paramdataA: 数据 A
    :paramdataB: 数据 B
    """
    return np.sqrt(np.sum((dataA - dataB) ** 2))
```

7.3.3　初始化聚类质心函数

下面介绍初始化聚类质心的函数 Initial_Centroids。Initial_Centroids 函数的参数为聚类簇数 k 和聚类质心数组 centroids。在函数中首先初始化聚类簇数 k，然后根据 centroids 类型对聚类质心进行初始化。参数 centroids 默认为 None，当参数 centroids 不为 None 时，直接将 centroids 赋值给 self.centroids，否则将聚类质心初始化为数据集中最小数据与最大数据之间的随机数。这个函数主要是在聚类函数中用来初始化聚类数据集的每个聚类质心。Initial_Centroids 函数的定义如下所示。

```python
def Initial_Centroids(self,k,centroids=None):
    """
    这是初始化聚类质心的函数
    :param k: 聚类簇数
    :param centroids: 聚类质心数组，默认为 None
    :return:
    """
```

```
    # 初始化 k
    self.K = k
    # centroids 为 None 时，将聚类质心初始化为数据集中
    # 最小数据与最大数据之间的随机数
    if centroids is None:
        col = np.shape(self.Data)[1]
        self.centroids = np.zeros((k,col))  # 质心坐标
        # 开始初始化质心坐标
        for i in range(col):
            # 获取数据集中的最小值与最大值
            Min = np.min(self.Data[:,i])
            Max = np.max(self.Data[:,i])
            # 初始化聚类簇质心为最小值与最大值之间的随机数
            self.centroids[:,i] = Min + float(Max − Min) * np.random.rand(k)
    else:
        # centroids 不为空则直接初始化为聚类质心
        self.centroids = centroids
```

7.3.4 聚类函数

下面介绍 K-Means 聚类算法的核心函数——聚类函数 cluster。cluster 函数首先调用 Initial_Centroid 来初始化聚类质心，然后对数据集进行聚类。迭代更新聚类质心与每组数据的聚类标签。迭代的停止条件为在前后两次迭代过程中，每组数据与其相邻最近的聚类质心之间的距离之和的差值小于 10^{-6}。cluster 函数的定义如下所示。

```
def cluster(self,k,centroids=None):
    """
    这是进行 K-Means 聚类算法的函数
    :param k: 聚类簇数
    :param centroids: 聚类质心数组
    """
    # 初始化聚类质心
    self.Initial_Centroids(k,centroids)
    # 开始执行 K-Means 聚类算法
    newdist = 0        # 当前迭代的距离之和
    olddist = 1        # 前一次迭代的距离之和
    # newdist 与 olddist 之间的差值小于 1E − 6 结束循环
    while np.abs(newdist − olddist) > 1E − 6:
        print(self.centroids)
        # 将 newdist 赋值给 olddist
        olddist = newdist
        # 更新每组训练数据的标签
        for (i,data) in enumerate(self.Data):
            # 初始化每组数据与每个质心之间的距离数组
            _dist = []
```

```
            # 计算每组数据与质心之间的距离
            for centroid in self.centroids:
                _dist.append(self.EcludDistance(data,centroid) ** 2)
            # 选择距离最小对应的质心作为这组数据的聚类标签
            self.Label[i] = np.argmin(_dist)
        # 更新聚类质心的坐标
        for i in range(self.K):
            # 获取聚类标签为 i 的子数据集
            cluster_data = self.Data[self.Label==i]
            size = len(cluster_data)
            # 防止出现聚类标签为 i 的子数据集为空的情况
            if size != 0:
                self.centroids[i] = np.sum(cluster_data,0) / size
        # 初始化当前距离之和为 0
        newdist = 0
        # 遍历整个数据集及其聚类标签集，计算每组数据与
        # 对应聚类簇质心之间的距离
        for (data,label) in zip(self.Data,self.Label):
            newdist += self.EcludDistance(data,self.centroids[label]) ** 2
        return self.Label,self.centroids,newdist
```

7.4 案例：利用 K-Means 算法对 Iris 数据集进行聚类

本节利用 K-Means 聚类算法来实现 UCI 数据集中的 Iris 数据集聚类。Iris 数据集共有 150 组数据，并且该数据集未出现数据缺失的情况。每组数据包含 4 个属性：花萼长度、花萼宽度、花瓣长度和花瓣宽度。虽然该数据集是带有标签的，且可均等分成 3 类，但是在这个案例中，我们不使用该数据的分类标签，而使用属性数据用于 K-Means 聚类。该案例的主要流程如图 7.2 所示。

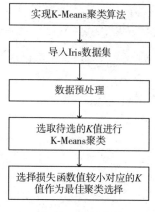

图 7.2 案例流程

在实现 K-Means 聚类算法后，开始对 Iris 数据集进行聚类。Iris 数据集是 UCI 数据库中最受欢迎的数据集之一，其下载网址为 http://archive.ics.uci.edu/ml/datasets/iris。但是由于该数据集只有 150 组数据，且每组数据只有 4 维属性，因此数据量很小。正是因为数据集较小，所以 scikit-learn 机器学习库收录了该数据集。故在该案例中不需要从官方下载数据集再编程导入该数据集，而只需导入 scikit-learn 库就能得到 Iris 数据集了。

首先导入 Iris 数据集并进行最小最大化数据预处理，然后对数据集进行可视化。这个过程的代码如下所示。

```python
import matplotlib as mpl
import matplotlib.pyplot as plt
from sklearn.preprocessing import MinMaxScaler
from sklearn.datasets import load_iris

# 导入 Iris 数据集
Data,Label = load_iris(return_X_y=True)

# 对数据进行最小最大标准化
Data = MinMaxScaler().fit_transform(X=Data,y=None)

# 解决画图时的中文乱码问题
mpl.rcParams['font.sans-serif'] = [u'simHei']
mpl.rcParams['axes.unicode_minus'] = False

# 可视化 Iris 数据集
col = np.shape(Data)[1]
Col = ["花萼长度","花萼宽度","花瓣长度","花瓣宽度"]
for i in range(0,col - 1):
    for j in range(i + 1,col):
        plt.scatter(Data[:,i],Data[:,j])
        plt.grid(True)
        plt.xlabel(Col[i])
        plt.ylabel(Col[j])
        plt.tight_layout()
        plt.savefig("./ 标准化数据集可视化 Iris/" + str(i) + "-" + str(j) + ".jpg", bbox_inches='tight')
        plt.close()
```

Iris 数据集可视化结果如图 7.3 所示。

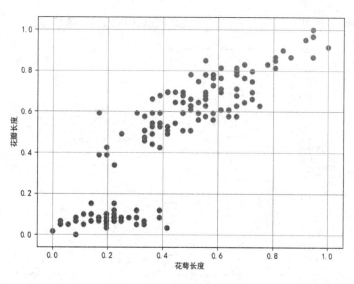

图 7.3　Iris 数据集可视化

　　之后选取了一组合适的 *K* 值来执行 K-Means 聚类算法。这一组 *K* 值为 1～10 的自然数。同时，统计了每个不同 *K* 值下聚类结果与各自聚类质心之间的距离和。这个过程的代码如下所示。

```
from KMeansCluster.KMeansCluster import KMeansCluster
import numpy as np

# 构建K-Means 聚类算法类
K = np.arange(1,11)
Dist = []
Labels = []
Centroids = []
for k in K:
    kmeans = KMeansCluster(Data=Data)
    Label,centroids,dist = kmeans.cluster(k,None)
    Dist.append(dist)
    Labels.append(Label)
    Centroids.append(centroids)
    print("k=%d 下的质心: " %(k))
    print(Centroids)
plt.plot(K,Dist)
plt.grid(True)
plt.xlabel("k")
plt.ylabel(" 聚类后的距离 ")
plt.savefig("./ 性能对比 Iris.jpg",bbox_inches="tight")
plt.close()
```

　　不同聚类簇数下的 K-Means 算法的性能统计结果如图 7.4 所示。从图 7.4 中可以看出，当 *K* 值小于等于 3 时，每组数据与对应聚类质心之间的距离平方和下降明显；当 *K* 值大于 3 时，每组数据与对应聚类质心之间的距离平方和减少缓慢。那么，*K* 值取 3 或 4 可以作为最佳选择。由于 Iris

数据集是带有标签的，且可均等分成 3 类，因此 K 值取 3 可以视为最佳选择。

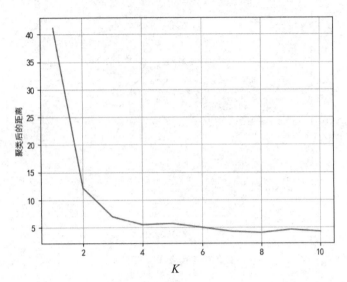

图 7.4　不同 K 值下的数据与质心之间的距离和

下面把 K 为 3 时的聚类结果进行可视化，这个过程的代码如下所示。

```python
# 对 K=3 的聚类结果进行可视化
# 遍历所有数据及其聚类标签
colors = ['r','g',"b"]
markers = ['o','*','x']
for i in np.arange(0,col - 1):
    for j in np.arange(i + 1,col):
        # 画每簇数据
        for (index,(c,m)) in enumerate(zip(colors,markers)):
            data = Data[Labels[2]==index]
            plt.scatter(data[:,i],data[:,j],c=c,marker=m,alpha=0.5)
        # 画聚类质心
        for centroid in Centroids[2]:
            plt.scatter(centroid[i],centroid[j],c="k",marker="+",s=100)
        # 画面属性设置
        plt.xlabel(Col[i])
        plt.ylabel(Col[j])
        plt.grid(True)
        plt.tight_layout()
        plt.savefig("./K=3聚类结果 Iris/" + str(i) + "-" + str(j) + ".jpg",bbox_inches='tight')
        plt.close()
```

K 为 3 时的 Iris 数据集的聚类结果如图 7.5 所示。其中星形、叉形和圆点表示的是 Iris 数据，3 个十字形表示的是 3 个聚类质心。从图 7.5 中可以看出，3 类数据之间的界限比较分明，聚类结果较好。

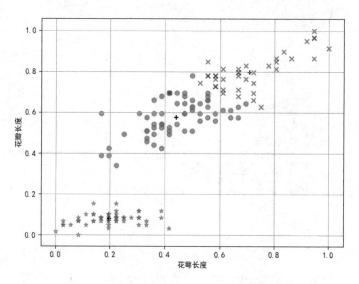

图 7.5　K 为 3 时的 Iris 数据集的聚类

7.5　本章小结

从本章起，从监督学习转移到了无监督学习。无监督学习的基本任务就是聚类。因此，本章讲解了聚类分析最常见、效果较强的算法——K-Means 聚类算法。

在 7.1 节中，从无监督学习的概念出发，介绍了什么是无监督学习及其基本任务；然后介绍了聚类的概念及其本质，也用形象化的语言对聚类进行了简单的描述；最后简要介绍了聚类的实际应用。

在 7.2 节中，利用大量的篇幅介绍了聚类算法中最常见的 K-Means 聚类算法。从基本原理开始，对该算法所有的过程进行了严谨的数学推理，给出了算法中重要数学公式的由来。最后也分析了 K-Means 聚类算法的优缺点，并给出了相应的解决思路。

在 7.3 节中，利用 Python 结合面向对象思想实现了 K-Means 聚类算法，并对类中的各个函数进行了深度剖析。

在 7.4 节中，利用 Iris 数据集作为案例，讲解了 K-Means 聚类算法的实现过程，并给出了 Python 代码。

聚类算法的评价标准极其不唯一，这就导致了"聚类"成为机器学习中极具创新的领域，新算法层出不穷。因此，本章和接下来的几章内容不可能像之前监督学习的预测和分类算法那样给出较多评价指标的对比，因而篇幅过短。

在第 8 章中，将介绍另一种无监督学习中的聚类算法——高斯混合模型 (GMM)。

第 8 章

高斯混合模型

在本章中，将继续沿着无监督学习的主题，介绍一种经典的聚类算法——高斯混合模型 (Gaussian Mixture Model，GMM)。与第 7 章介绍的 K-Means 聚类算法一样，高斯混合模型也是聚类算法中比较常见的算法，严格来说，K-Means 聚类算法是高斯混合模型的一种特例。

本章主要涉及的内容

- EM 算法
- 高斯混合模型
- GMM 与 K-Means 的区别与联系
- 聚类性能评价指标
- GMM 的 Python 实现
- 案例：利用 GMM 对葡萄酒数据集进行聚类

8.1 EM 算法

高斯混合模型之所以强大是在于 EM 算法的强大。因此为了更好地理解高斯混合模型的所有理论，必须对 EM 算法进行详细介绍。同时，EM 算法的理论推导需要灵活运用到 Jensen 不等式，所以对于不知道 Jensen 不等式或对 Jensen 不等式理解不深刻的读者，笔者建议读者首先跳回到第 1 章的 1.5 节对 Jensen 不等式的相关理论进行仔细研读，然后再阅读下面 EM 算法的理论推导部分。接下来就开始介绍 EM 算法。

首先抛开任何实际问题来详细讨论 EM 算法。EM 算法也叫作期望最大化算法。假设有一个数据集 $\mathcal{D} = \left\{ \boldsymbol{x}^{(1)}, \cdots, \boldsymbol{x}^{(m)} \right\}$，该数据集由 m 个独立的样本组成。现在，我们的问题就是利用该数据集去拟合一个未知模型 $p(\boldsymbol{x}, \boldsymbol{z})$ 的参数，其中该问题的极大似然函数如式 (8-1) 所示。

$$\ell(\boldsymbol{\theta}) = \sum_{i=1}^{m} \log p(\boldsymbol{x}^{(i)}; \boldsymbol{\theta}) = \sum_{i=1}^{m} \log \sum_{z} p(\boldsymbol{x}^{(i)}, z; \boldsymbol{\theta}) \tag{8-1}$$

式中，z 为随机隐含变量；$\boldsymbol{\theta}$ 为模型 $p(\boldsymbol{x}, \boldsymbol{z})$ 的参数。由于随机隐含变量 z 的存在，寻找参数 $\boldsymbol{\theta}$ 的极大似然估计变得异常困难，因此，如果知道了隐式随机变量 z，那么参数 $\boldsymbol{\theta}$ 的极大似然估计的求解就会很容易。

那么在这种情况下只能利用 EM 算法来求解参数 $\boldsymbol{\theta}$ 的极大似然估计的近似值。实际上，EM 算法是一种求解参数有效估计的极大似然算法。之前说过最大化 $\ell(\boldsymbol{\theta})$ 明显很困难，因此我们能做的就是重复构造 $\ell(\boldsymbol{\theta})$ 的一个上确界，然后迭代优化这个上确界。其中重复构造 $\ell(\boldsymbol{\theta})$ 的一个上确界是 EM 算法的 E-step，迭代优化这个上确界是 EM 算法的 M-step。

EM 算法的第一步即 E-step 就是构造 $\ell(\boldsymbol{\theta})$ 的上确界，这个步骤由 Jensen 不等式来完成。首先构造 Jensen 不等式的必要条件。对于任意一个 i，令 Q_i 是 z 的函数，且有 $\sum_{z} Q_i(z) = 1$，$Q_i(z) \geqslant 0$。那么根据 Jensen 不等式并结合式 (8-1)，能构造出如式 (8-2) 所示的不等式。

$$\begin{aligned}
\ell(\boldsymbol{\theta}) &= \sum_{i} \log p(\boldsymbol{x}^{(i)}; \boldsymbol{\theta}) = \sum_{i} \log \sum_{z} p(\boldsymbol{x}^{(i)}, z; \boldsymbol{\theta}) \\
&= \sum_{i} \log \sum_{z^{(i)}} Q_i(z^{(i)}) \frac{p(\boldsymbol{x}^{(i)}, v^{(i)}; \boldsymbol{\theta})}{Q_i(z^{(i)})} \\
&\geqslant \sum_{i} \sum_{z^{(i)}} Q_i(z^{(i)}) \log \frac{p(\boldsymbol{x}^{(i)}, z^{(i)}; v)}{Q_i(z^{(i)})}
\end{aligned} \tag{8-2}$$

显然，对于任何一组分布 Q_i，式 (8-2) 为极大似然函数 $\ell(\boldsymbol{\theta})$ 给出了一个下界。同时，任意 Q_i 都有很多可能的选择。现在最重要的问题就是哪种选择使得这个下界最大？EM 算法的目标就是使得式 (8-2) 给出的不等式下界最大，即使得式 (8-2) 的不等式取得等号。

为了简化理论推导过程，令 $\dfrac{p(\boldsymbol{x}^{(i)}, z^{(i)}; \boldsymbol{\theta})}{Q_i(z^{(i)})} = c$，则 $Q_i(z^{(i)}) = \dfrac{p(\boldsymbol{x}^{(i)}, z^{(i)}; \boldsymbol{\theta})}{c}$。又已知 $\sum_{z} Q_i(z^{(i)}) = 1$，

且常数 c 不依赖于 $\boldsymbol{z}^{(i)}$，那么可以推导出 $Q_i(\boldsymbol{z}^{(i)})$，如式 (8-3) 所示。

$$Q_i(\boldsymbol{z}^{(i)}) = \frac{p(\boldsymbol{x}^{(i)}, \boldsymbol{z}^{(i)}; \boldsymbol{\theta})}{\sum\limits_z p(\boldsymbol{x}^{(i)}, z; \boldsymbol{\theta})} = \frac{p(\boldsymbol{x}^{(i)}, \boldsymbol{z}^{(i)}; \boldsymbol{\theta})}{p(\boldsymbol{x}^{(i)}; \boldsymbol{\theta})}$$

$$= p(\boldsymbol{z}^{(i)} | \boldsymbol{x}^{(i)}; \boldsymbol{\theta}) \qquad (8\text{-}3)$$

显然，从式 (8-3) 中可以得知，在 $\dfrac{p(\boldsymbol{x}^{(i)}, \boldsymbol{z}^{(i)}; \boldsymbol{\theta})}{Q_i(\boldsymbol{z}^{(i)})}$ 为常数的情况下，$Q_i(\boldsymbol{z}^{(i)})$ 是 $\boldsymbol{z}^{(i)}$ 的后验分布。因此，在实际问题中只需将 Q_i 设置为 $\boldsymbol{z}^{(i)}$ 的后验分布即可。

那么换句话说，EM 算法的 E-step 就是将 Q_i 赋值为 $\boldsymbol{z}^{(i)}$ 的后验分布，之后 M-step 在现有的 Q_i 下，选择式 (8-2) 中的不等式下界最大时的模型参数 $\boldsymbol{\theta}$。整个算法就是反复执行这两个步骤直至收敛。EM 算法的伪代码如表 8.1 所示。

表8.1　EM算法

Repeat until convergence {

　　(*E-Step*) *For each i, set*

$$Q_i(\boldsymbol{z}^{(i)}) = p(\boldsymbol{z}^{(i)} | \boldsymbol{x}^{(i)}; \boldsymbol{\theta})$$

　　(*M-step*) *Set*

$$\boldsymbol{\theta} = \arg\max_{\boldsymbol{\theta}} \sum_i \sum_{\boldsymbol{z}^{(i)}} Q_i(\boldsymbol{z}^{(i)}) \log \frac{p(\boldsymbol{z}^{(i)} | \boldsymbol{x}^{(i)}; \boldsymbol{\theta})}{Q_i(\boldsymbol{z}^{(i)})}$$

}

最后的疑问就是为什么 EM 算法一定收敛？首先令 $\boldsymbol{\theta}^{(t)}$ 和 $\boldsymbol{\theta}^{(t+1)}$ 为连续两次迭代的模型参数。那么要证明 EM 算法收敛，只需证明 $\ell(\boldsymbol{\theta}^{(t)}) \leqslant \ell(\boldsymbol{\theta}^{(t+1)})$，即每次迭代之后，EM 算法能够单调递增 $\ell(\boldsymbol{\theta})$。具体来说，在 EM 算法的迭代过程中，参数总是从 $\boldsymbol{\theta}^{(t)}$ 开始，那么令 $Q_i^{(t)}(\boldsymbol{z}^{(i)}) = p(\boldsymbol{z}^{(i)} | \boldsymbol{x}^{(i)}; \boldsymbol{\theta}^{(t)})$。

同时从 EM 算法的伪代码描述可知，$\boldsymbol{\theta}^{(t+1)} = \arg\max\limits_{\boldsymbol{\theta}} \sum_i \sum_{\boldsymbol{z}^{(i)}} Q_i(\boldsymbol{z}^{(i)}) \log \dfrac{p(\boldsymbol{z}^{(i)} | \boldsymbol{x}^{(i)}; \boldsymbol{\theta})}{Q_i(\boldsymbol{z}^{(i)})}$。那么令 $Q_i = Q_i^{(t)}$，$\boldsymbol{\theta} = \boldsymbol{\theta}^{(t+1)}$，则有如下不等式，如式 (8-4) 所示。

$$\ell(\boldsymbol{\theta}^{(t+1)}) \geqslant \sum_i \sum_{\boldsymbol{z}^{(i)}} Q_i^{(t)}(\boldsymbol{z}^{(i)}) \log \frac{p(\boldsymbol{x}^{(i)}, \boldsymbol{z}^{(i)}; \boldsymbol{\theta}^{(t+1)})}{Q_i^{(t)}(\boldsymbol{z}^{(i)})}$$

$$\geqslant \sum_i \sum_{\boldsymbol{z}^{(i)}} Q_i^{(t)}(\boldsymbol{z}^{(i)}) \log \frac{p(\boldsymbol{x}^{(i)}, \boldsymbol{z}^{(i)}; \boldsymbol{\theta}^{(t)})}{Q_i^{(t)}(\boldsymbol{z}^{(i)})} \qquad (8\text{-}4)$$

$$= \ell(\boldsymbol{\theta}^{(t)})$$

从式 (8-4) 中可以得出，EM 算法能够使 $\ell(\boldsymbol{\theta})$ 单调收敛。那么在编程实现 EM 算法时，只需检测连续两次迭代 $\ell(\boldsymbol{\theta})$ 之间的误差是否小于一个极小的常数，若小于，则说明 EM 算法已经收敛，可以停止迭代。

如果损失函数为式 (8-5)：

$$J(Q,\boldsymbol{\theta}) = \sum_i \sum_{z^{(i)}} Q_i(z^{(i)}) \log \frac{p(\boldsymbol{x}^{(i)}, z^{(i)}; \boldsymbol{\theta})}{Q_i^{(t)}(z^{(i)})} \tag{8-5}$$

那么就可以简化式 (8-2) 为$\ell(\boldsymbol{\theta}) \geqslant J(Q,\boldsymbol{\theta})$。因此，EM 算法也可以看成是通过不断迭代使得$J(Q,\boldsymbol{\theta})$不断逼近$\ell(\boldsymbol{\theta})$的上界的过程，其中 E-step 是最大化$Q$，M-step 是最大化$\boldsymbol{\theta}$。

8.2 高斯混合模型

下面介绍高斯混合模型 (Gaussian Mixture Model，GMM)。顾名思义，高斯混合模型就是假设数据服从高斯分布，换句话说，数据集可以看成是从多个不同的高斯分布中生成的。

首先假设高斯混合模型由k个高斯分布组成，高斯混合模型的目标是通过数据$\boldsymbol{x}$与随机隐含变量z之间的联合分布$p(\boldsymbol{x},z) = p(\boldsymbol{x}|z)p(z)$对数据进行建模。其中假定$z \sim Multinomial(\boldsymbol{\phi})$，即$z$服从多项式分布，$\phi_j \geqslant 0$，$\sum_{j=1}^k \phi_j = 1$，$z \in \mathbb{R}^k$。那么根据全概率公式，可以得出高斯混合模型的概率密度函数为式 (8-6)。

$$p(\boldsymbol{x}) = \sum_{k=1}^K p(z^{(k)}) p(\boldsymbol{x}|z^{(k)}) \tag{8-6}$$

首先定义数据集为 $\mathcal{D} = \left\{ \boldsymbol{x}^{(i)}, \cdots, \boldsymbol{x}^{(m)} \right\}$，那么高斯混合模型的对数极大似然函数为式 (8-7)。

$$\begin{aligned}
\ell(\boldsymbol{\phi}, \boldsymbol{\mu}, \boldsymbol{\Sigma}) &= \sum_{i=1}^m \log p(\boldsymbol{x}^{(i)}; \boldsymbol{\phi}, \boldsymbol{\mu}, \boldsymbol{\Sigma}) \\
&= \sum_{i=1}^m \log \left[p(\boldsymbol{x}^{(i)}|z^{(i)}; \boldsymbol{\phi}, \boldsymbol{\mu}, \boldsymbol{\Sigma}) p(z^{(i)}; \boldsymbol{\phi}) \right] \\
&= \sum_{i=1}^m \left[\log p(\boldsymbol{x}^{(i)}|z^{(i)}; \boldsymbol{\phi}, \boldsymbol{\mu}, \boldsymbol{\Sigma}) + \log p(z^{(i)}; \boldsymbol{\phi}) \right]
\end{aligned} \tag{8-7}$$

在高斯混合模型中，假设$\boldsymbol{x}^{(i)}|z^{(i)} = j \sim \mathcal{N}(\boldsymbol{\mu}_j \boldsymbol{\Sigma}_j)$，$\boldsymbol{\mu}_j$是均值向量，$\boldsymbol{\Sigma}_j$是协方差矩阵，$z \sim Multinomial(\boldsymbol{\phi})$，那么有如下公式，如式 (8-8) 所示。

$$p(z^{(i)}; \boldsymbol{\phi}) = \prod_{j=1}^k p(z^{(i)} = j; \boldsymbol{\phi}) = \prod_{j=1}^k \phi_j^{\mathbb{1}\left\{z^{(i)} = j\right\}}$$

$$p(\boldsymbol{x}^{(i)}|z^{(i)}; \boldsymbol{\mu}, \boldsymbol{\Sigma}) = \prod_{j=1}^k p(\boldsymbol{x}^{(i)}|z^{(i)} = j; \boldsymbol{\mu}, \boldsymbol{\Sigma})$$

$$= \prod_{j=1}^k \left\{ \frac{1}{(2\pi)^{\frac{n}{2}} |\boldsymbol{\Sigma}_j|^{\frac{1}{2}}} \exp\left[-\frac{1}{2} (\boldsymbol{x}^{(i)} - \boldsymbol{\mu}_j)^{\mathrm{T}} \boldsymbol{\Sigma}_j^{-1} (\boldsymbol{x}^{(i)} - \boldsymbol{\mu}_j) \right] \right\}^{\mathbb{1}\left\{z^{(i)} = j\right\}} \tag{8-8}$$

对于高斯混合模型的参数估计求解，可以分为每个样本所属分类已知与未知两种情况进行讨论。下面就对这两种情况进行详细讨论。

8.2.1　样本分类已知的情况

首先从简单的情况开始讨论，即样本分类已知。在样本分类已知的情况下，只需对对数极大似然函数进行求导就能得到高斯混合模型的参数估计。因此，将式 (8-8) 代入式 (8-7)，如式 (8-9) 所示。

$$
\begin{aligned}
\ell(\boldsymbol{\phi}, \boldsymbol{\mu}, \boldsymbol{\Sigma}) &= \sum_{i=1}^{m}\Big[\log p(\boldsymbol{x}^{(i)}\big|\boldsymbol{z}^{(i)};\boldsymbol{\phi},\boldsymbol{\mu},\boldsymbol{\Sigma}) + \log p(\boldsymbol{z}^{(i)};\boldsymbol{\phi})\Big] \\
&= \sum_{i=1}^{m}\log\prod_{j=1}^{k}\left\{\frac{1}{(2\pi)^{\frac{n}{2}}\left|\boldsymbol{\Sigma}_j\right|^{\frac{1}{2}}}\exp\left[-\frac{1}{2}(\boldsymbol{x}^{(i)}-\boldsymbol{\mu}_j)^{\mathrm{T}}\boldsymbol{\Sigma}_j^{-1}(\boldsymbol{x}^{(i)}-\boldsymbol{\mu}_j)\right]\right\}^{1\{z^{(i)}=j\}} + \\
&\quad \sum_{i=1}^{m}\log\prod_{j=1}^{k}\phi_j^{1\{z^{(i)}=j\}} \\
&= \sum_{i=1}^{m}\sum_{j=1}^{k}1\{z^{(i)}=j\}\left\{-\frac{1}{2}(\boldsymbol{x}^{(i)}-\boldsymbol{\mu}_j)^{\mathrm{T}}\boldsymbol{\Sigma}_j^{-1}(\boldsymbol{x}^{(i)}-\boldsymbol{\mu}_j)-\frac{n}{2}\log 2\pi-\frac{1}{2}\log\left|\boldsymbol{\Sigma}_j\right|\right\} + \\
&\quad \sum_{i=1}^{m}\sum_{j=1}^{k}1\{z^{(i)}=j\}\log\phi_j
\end{aligned} \tag{8-9}
$$

接着，在式 (8-9) 中，对 $\boldsymbol{\mu}_j$ 求偏导。$\ell(\boldsymbol{\phi},\boldsymbol{\mu},\boldsymbol{\Sigma})$ 对 $\boldsymbol{\mu}_j$ 的偏导数如式 (8-10) 所示。

$$
\frac{\partial\ell}{\partial\boldsymbol{\mu}_j} = \sum_{i=1}^{m}1\{z^{(i)}=j\}\boldsymbol{\Sigma}_j^{-1}(\boldsymbol{x}^{(i)}-\boldsymbol{\mu}_j) \tag{8-10}
$$

由于 $\boldsymbol{\Sigma}_j$ 是协方差矩阵，所以 $\boldsymbol{\Sigma}_j^{-1}$ 也是一个矩阵。那么，令式 (8-10) 等于 0，并在等式两端右乘 $\boldsymbol{\Sigma}_j$，则有如下等式，如式 (8-11) 所示。

$$
\sum_{i=1}^{m}1\{z^{(i)}=j\}(\boldsymbol{x}^{(i)}-\boldsymbol{\mu}_j)=0 \tag{8-11}
$$

因此，可以得出 $\boldsymbol{\mu}_j$ 的参数估计，如式 (8-12) 所示。

$$
\boldsymbol{\mu}_j = \frac{\sum_{i=1}^{m}1\{z^{(i)}=j\}\boldsymbol{x}^{(i)}}{\sum_{i=1}^{m}1\{z^{(i)}=j\}} \tag{8-12}
$$

类似地，在式 (8-9) 中，对 $\boldsymbol{\Sigma}_j$ 求偏导。由于 $\boldsymbol{\Sigma}_j$ 是多元高斯分布的协方差矩阵，因此在求导之前，必须对相关矩阵求导公式进行说明，如式 (8-13) 所示。

$$
\begin{cases}
\dfrac{\partial|\boldsymbol{\Sigma}|}{\partial\boldsymbol{\Sigma}} = |\boldsymbol{\Sigma}|\boldsymbol{\Sigma}^{-1} \\[2mm]
\dfrac{\partial\boldsymbol{\Sigma}^{-1}}{\partial\boldsymbol{\Sigma}} = \boldsymbol{\Sigma}^{-2}
\end{cases} \tag{8-13}
$$

$\ell(\boldsymbol{\phi}, \boldsymbol{\mu}, \boldsymbol{\Sigma})$ 对 $\boldsymbol{\Sigma}_j$ 的偏导数如式 (8-14) 所示。

$$\frac{\partial \ell}{\partial \boldsymbol{\Sigma}_j} = \sum_{i=1}^{m} 1\{z^{(i)} = j\} \left\{ \frac{1}{2}(\boldsymbol{x}^{(i)} - \boldsymbol{\mu}_j)(\boldsymbol{x}^{(i)} - \boldsymbol{\mu}_j)^{\mathrm{T}} \boldsymbol{\Sigma}_j^{-2} - \frac{1}{2}\boldsymbol{\Sigma}_j^{-1} \right\} \tag{8-14}$$

令式 (8-13) 等于 0，并在等式两端右乘 $\boldsymbol{\Sigma}_j^2$，则有如下等式，如式 (8-15) 所示。

$$\sum_{i=1}^{m} 1\{z^{(i)} = j\} \left\{ \frac{1}{2}(\boldsymbol{x}^{(i)} - \boldsymbol{\mu}_j)(\boldsymbol{x}^{(i)} - \boldsymbol{\mu}_j)^{\mathrm{T}} - \frac{1}{2}\boldsymbol{\Sigma}_j \right\} = 0 \tag{8-15}$$

因此，可以得出 $\boldsymbol{\Sigma}_j$ 的参数估计，如式 (8-16) 所示。

$$\boldsymbol{\Sigma}_j = \frac{\sum_{i=1}^{m} 1\{z^{(i)} = j\}(\boldsymbol{x}^{(i)} - \boldsymbol{\mu}_j)(\boldsymbol{x}^{(i)} - \boldsymbol{\mu}_j)^{\mathrm{T}}}{\sum_{i=1}^{m} 1\{z^{(i)} = j\}} \tag{8-16}$$

最后求解参数 ϕ_j 的参数估计。由于 $\sum_{j=1}^{k} \phi_j = 1$ 这个限制条件的存在，所以不同于 $\boldsymbol{\mu}_j$ 和 $\boldsymbol{\Sigma}_j$ 的参数估计的求解，必须利用拉格朗日乘数法来求解 ϕ_j 的参数估计。因此结合式 (8-9)，构造如式 (8-17) 所示的拉格朗日函数。

$$f(z; \boldsymbol{\phi}, \alpha) = \sum_{i=1}^{m} \sum_{j=1}^{k} 1\{z^{(i)} = j\} \log \phi_j + \alpha \left(1 - \sum_{j=1}^{k} \phi_j\right) \tag{8-17}$$

在式 (8-17) 中，分别对 ϕ_j 和 α 求偏导数。$f(z; \boldsymbol{\phi}, \alpha)$ 分别对 ϕ_j 和 α 的偏导数并令之为 0，如式 (8-18) 所示。

$$\begin{cases} \dfrac{\partial f}{\partial \phi_j} = \sum_{i=1}^{m} \dfrac{1\{z^{(i)} = j\}}{\phi_j} - \alpha = 0 \\ \dfrac{\partial f}{\partial \alpha} = 1 - \sum_{j=1}^{k} \phi_j = 0 \end{cases} \tag{8-18}$$

根据式 (8-18)，可以求得 ϕ_j 的参数估计，如式 (8-19) 所示。

$$\phi_j = \frac{1}{m} \sum_{i=1}^{m} 1\{z^{(i)} = j\} \tag{8-19}$$

从式 (8-12)、式 (8-16) 和式 (8-19) 中可以看出，随机隐含变量 $z^{(i)}$ 可以看成是数据的聚类标签。同时，结合式 (8-18) 和式 (8-19) 可以看出，在数据样本类别已知的情况下，经过理论推导，ϕ_j 是对应标签 j 的数据占整体数据集的比例。也就是说，数据集中的每组数据在高斯混合模型中都会按照一定的概率"软分配"到各个类别。

8.2.2　样本分类未知的情况

介绍完样本分类已知情况下的高斯混合模型，接下来重点介绍样本分类未知情况下的高斯混合模型。在实际情况中，高斯混合模型大多数情况是用于聚类，数据样本分类是未知的。那么就不能简单地利用极大似然估计来求解参数估计。本章前文叙述的 EM 算法就可以用来求解样本分类未知情况下的高斯混合模型。

下面就来具体介绍在高斯混合模型中的 EM 算法。由于在 8.1 节中介绍了一般性的高斯混合模型，因此结合式 (8-2) 和 EM 算法，可以给出高斯混合模型中的 EM 算法的 E-step，如式 (8-20) 所示。

$$w_j^{(i)} = Q_i(z^{(i)} = j) = p(z^{(i)} = j | \boldsymbol{x}^{(i)}; \boldsymbol{\phi}, \boldsymbol{\mu}, \boldsymbol{\Sigma}) \tag{8-20}$$

式中，$Q_i(z^{(i)} = j)$ 表示在分布 Q_i 下 $z^{(i)} = j$ 的概率。那么，在 M-step 中，我们要做的就是最大化参数 $\boldsymbol{\phi}, \boldsymbol{\mu}, \boldsymbol{\Sigma}$。结合式 (8-8) 和式 (8-20)，将式 (8-2) 的不等式下界具体化，如式 (8-21) 所示。

$$
\begin{aligned}
\ell(\boldsymbol{\phi}, \boldsymbol{\mu}, \boldsymbol{\Sigma}) &= \sum_{i=1}^{m} \sum_{z^{(i)}} Q_i(z^{(i)}) \log \frac{p(\boldsymbol{x}^{(i)}, z^{(i)}; \boldsymbol{\phi}, \boldsymbol{\mu}, \boldsymbol{\Sigma})}{Q_i(z^{(i)})} \\
&= \sum_{i=1}^{m} \sum_{j=1}^{k} Q_i(z^{(i)} = j) \log \frac{p(\boldsymbol{x}^{(i)} | z^{(i)}; \boldsymbol{\phi}, \boldsymbol{\mu}, \boldsymbol{\Sigma}) p(z^{(i)} = j; \boldsymbol{\phi})}{Q_i(z^{(i)} = j)} \\
&= \sum_{i=1}^{m} \sum_{j=1}^{k} w_j^{(i)} \log \frac{\dfrac{1}{(2\pi)^{\frac{n}{2}} |\boldsymbol{\Sigma}_j|^{\frac{1}{2}}} \exp\left[-\dfrac{1}{2} (\boldsymbol{x}^{(i)} - \boldsymbol{\mu}_j)^{\mathrm{T}} \boldsymbol{\Sigma}_j^{-1} (\boldsymbol{x}^{(i)} - \boldsymbol{\mu}_j) \right] \phi_j}{w_j^{(i)}} \\
&= \sum_{i=1}^{m} \sum_{j=1}^{k} w_j^{(i)} \left[-\frac{n}{2} \log 2\pi - \frac{1}{2} \log |\boldsymbol{\Sigma}_j| + \log \phi_j - \log w_j^{(i)} - \frac{1}{2} (\boldsymbol{x}^{(i)} - \boldsymbol{\mu}_j)^{\mathrm{T}} \boldsymbol{\Sigma}_j^{-1} (\boldsymbol{x}^{(i)} - \boldsymbol{\mu}_j) \right]
\end{aligned}
\tag{8-21}
$$

利用极大似然估计的思想求解所有参数的参数估计。首先最大化 $\boldsymbol{\mu}_j$，$\ell(\boldsymbol{\phi}, \boldsymbol{\mu}, \boldsymbol{\Sigma})$ 对 $\boldsymbol{\mu}_j$ 的偏导数如式 (8-22) 所示。

$$\frac{\partial \ell}{\partial \boldsymbol{\mu}_j} = \sum_{i=1}^{m} w_j^{(i)} \boldsymbol{\Sigma}_j^{-1} (\boldsymbol{x}^{(i)} - \boldsymbol{\mu}_j) \tag{8-22}$$

令式 (8-22) 等于 0，并在等式两端右乘 $\boldsymbol{\Sigma}_j$，则有如下等式，如式 (8-23) 所示。

$$\sum_{i=1}^{m} w_j^{(i)} (\boldsymbol{x}^{(i)} - \boldsymbol{\mu}_j) = 0 \tag{8-23}$$

根据式 (8-23)，参数 $\boldsymbol{\mu}_j$ 的极大似然估计值如式 (8-24) 所示。

$$\boldsymbol{\mu}_j = \frac{\sum_{i=1}^{m} w_j^{(i)} \boldsymbol{x}^{(i)}}{\sum_{i=1}^{m} w_j^{(i)}} \tag{8-24}$$

接下来最大化 $\boldsymbol{\Sigma}_j$。结合式 (8-13)，$\ell(\boldsymbol{\phi}, \boldsymbol{\mu}, \boldsymbol{\Sigma})$ 对 $\boldsymbol{\Sigma}_j$ 的偏导数如式 (8-25) 所示。

$$\frac{\partial \ell}{\partial \boldsymbol{\Sigma}_j} = -\frac{1}{2} \sum_{i=1}^{m} w_j^{(i)} \left[\boldsymbol{\Sigma}_j^{-1} - \boldsymbol{\Sigma}_j^{-2} (\boldsymbol{x}^{(i)} - \boldsymbol{\mu}_j)(\boldsymbol{x}^{(i)} - \boldsymbol{\mu}_j)^{\mathrm{T}} \right] \tag{8-25}$$

令式 (8-13) 等于 0，并在等式两端左乘 $\boldsymbol{\Sigma}_j^2$，则有如下等式，如式 (8-26) 所示。

$$-\frac{1}{2} \sum_{i=1}^{m} w_j^{(i)} \left[\boldsymbol{\Sigma}_j - (\boldsymbol{x}^{(i)} - \boldsymbol{\mu}_j)(\boldsymbol{x}^{(i)} - \boldsymbol{\mu}_j)^{\mathrm{T}} \right] = 0 \tag{8-26}$$

根据式 (8-26)，参数 $\boldsymbol{\Sigma}_j$ 的极大似然估计值如式 (8-27) 所示。

$$\Sigma_j = \frac{\sum_{i=1}^{m} w_j^{(i)} (\boldsymbol{x}^{(i)} - \boldsymbol{\mu}_j)(\boldsymbol{x}^{(i)} - \boldsymbol{\mu}_j)^{\mathrm{T}}}{\sum_{i=1}^{m} w_j^{(i)}} \tag{8-27}$$

最后利用拉格朗日乘数法来最大化 ϕ_j。由于 $\sum_{j=1}^{k} \phi_j = 1$，因此根据式 (8-21) 的极大对数似然函数构造如式 (8-28) 所示的拉格朗日函数。

$$\mathcal{L}(\boldsymbol{\phi}, \beta) = \sum_{i=1}^{m} \sum_{j=1}^{k} w_j^{(i)} \log \phi_j + \beta \left(1 - \sum_{j=1}^{k} \phi_j\right) \tag{8-28}$$

在式 (8-28) 中，分别对 ϕ_j 和 β 求偏导数。$\mathcal{L}(\boldsymbol{\phi}, \beta)$ 分别对 ϕ_j 和 β 的偏导数并令之为 0，如式 (8-29) 所示。

$$\begin{cases} \dfrac{\partial \mathcal{L}}{\partial \phi_j} = \sum_{i=1}^{m} \dfrac{w_j^{(i)}}{\phi_j} - \beta = 0 \\ \dfrac{\partial \mathcal{L}}{\partial \beta} = 1 - \sum_{j=1}^{k} \phi_j = 0 \end{cases} \tag{8-29}$$

根据式 (8-29)，可以求出 ϕ_j 的极大似然估计值，如式 (8-30) 所示。

$$\phi_j = \frac{1}{m} \sum_{i=1}^{m} w_j^{(i)} \tag{8-30}$$

高斯混合模型中的 EM 算法的伪代码如表 8.2 所示。

表8.2　GMM的EM算法

Repeat until convergence：{

　　(*E-step*) *For each* i, j, *set*

$$w_j^{(i)} := p(z^{(i)} = j \,|\, \boldsymbol{x}^{(i)}; \boldsymbol{\phi}, \boldsymbol{\mu}, \boldsymbol{\Sigma})$$

　　(*M-step*) *Update the parameters*：

$$\phi_j := \frac{1}{m} \sum_{i=1}^{m} w_j^{(i)}$$

$$\boldsymbol{\mu}_j := \frac{\sum_{i=1}^{m} w_j^{(i)} \boldsymbol{x}^{(i)}}{\sum_{i=1}^{m} w_j^{(i)}}$$

$$\boldsymbol{\Sigma}_j := \frac{\sum_{i=1}^{m} w_j^{(i)} (\boldsymbol{x}^{(i)} - \boldsymbol{\mu}_j)(\boldsymbol{x}^{(i)} - \boldsymbol{\mu}_j)^{\mathrm{T}}}{\sum_{i=1}^{m} w_j^{(i)}}$$

从表 8.2 的伪代码可以看出，在 E-step 中给定并使用当前设置的参数再结合贝叶斯公式，计算得到随机隐含变量的后验概率，如式 (8-31) 所示。

$$p(z^{(i)} = j | x^{(i)}; \phi, \mu, \Sigma) = \frac{p(x^{(i)} | z^{(i)} = j; \mu, \Sigma) p(z^{(i)} = j; \phi)}{\sum_{l=1}^{k} p(x^{(l)} | z^{(l)} = l; \mu, \Sigma) p(z^{(l)} = l; \phi)} \qquad (8\text{-}31)$$

式 (8-31) 中，$p(x^{(i)} | z^{(i)} = j; \mu, \Sigma)$ 由样本 $x^{(i)}$ 在均值向量为 μ_j，协方差矩阵为 Σ_j 的高斯分布上的概率给出；同时，$p(z^{(i)} = j; \phi)$ 由 ϕ_j 给出。在 E-step 中计算的 $w_j^{(i)}$ 的值表示 EM 算法在每次迭代过程中对 $z^{(i)}$ 的 "软" 猜测。

接着在 M-step 中对高斯混合模型参数 ϕ, μ, Σ 进行更新。对比样本分类已知情况下参数 ϕ, μ, Σ 的公式，两种情况下的参数计算公式基本相同。相比于样本分类已知情况下的参数计算公式，EM 算法中的参数计算公式虽然没有利用指示函数 $1\{z^{(i)} = j\}$ 表明每组数据来自哪个高斯分布，但是却利用多项式分布生成的概率 $w_j^{(i)}$ 表明了每组数据最可能属于哪个高斯分布。

可以看出，EM 算法是一种以贝叶斯概率为基础的迭代优化算法。在 E-step 中设置随机隐含变量在数据集下的后验概率，然后在 M-step 中根据 E-step 确定下来的后验概率优化 Jensen 不等式的下界，同时求解模型参数的极大似然估计。同时作为迭代优化算法，高斯混合模型可能在迭代优化后期陷入局部最优解，因此在参数的初始化问题上需要非常谨慎。

8.3 GMM 与 K-Means 的区别与联系

介绍完样本已知与未知两种情况下的高斯混合模型的参数求解过程，不难发现，利用 EM 算法求解的高斯混合模型与 K-Means 聚类算法在模型参数的求解上有着相似之处。接下来就对比高斯混合模型和 K-Means 聚类算法。

8.3.1 GMM 与 K-Means 的区别

首先 K-Means 聚类算法是基于距离的聚类算法，每组数据在聚类过程中都会被 "硬" 分配到一个子簇。换句话说，从概率论的角度来看，经过 K-Means 算法的聚类后，每组数据必然会以 100% 的概率聚类到一个子簇。

K-Means 聚类算法的模型参数是定义的一组聚类质心，在迭代算法的过程中，K-Means 聚类算法根据数据集与每个聚类质心之间的距离来决定每次迭代中数据到底分配到哪个子簇，然后根据每个子簇所有数据的均值作为新的聚类质心，直至算法收敛。从本质上看，K-Means 聚类算法在迭代过程中，参数就是利用 EM 算法进行求解的。其中确定每组数据属于哪种分类对应于 E-step，根据子簇内的数据调整质心对应于 M-step。

相反，高斯混合模型则是基于密度的聚类算法，每组数据在聚类过程中是被"软"分配到每个子簇。即经过高斯混合模型的聚类后，每个单独的高斯分布对每组数据的聚类都有贡献，只不过贡献的概率大小不同，我们最终会选择概率最大对应的标签作为每组数据的聚类标签。

高斯混合模型的模型参数是多个高斯分布的均值向量、协方差矩阵和指明属于哪个高斯分布的多项式分布参数。利用 EM 算法优化高斯混合模型参数，在每次迭代过程中首先在 E-step 中设置每个高斯分布的后验概率，然后在 M-step 中优化高斯混合模型的各个参数。

8.3.2 GMM 与 K-Means 的联系

叙述完高斯混合模型与 K-Means 聚类算法之间的区别，接下来就来叙述两者之间的联系。不难发现，高斯混合模型和 K-Means 聚类算法可利用 EM 算法来迭代求解模型参数。为了更好地叙述两者之间的联系，假设高斯混合模型中每个高斯分布的协方差矩阵为 εI，I 为单位矩阵，那么，每个单独的高斯分布的概率密度函数如式 (8-32) 所示。

$$p(\boldsymbol{x}^{(i)}|\boldsymbol{z}^{(i)};\boldsymbol{\mu}_k,\boldsymbol{\Sigma}_k) = \frac{1}{(2\pi\varepsilon)^{\frac{n}{2}}} \exp\left(-\frac{1}{2\varepsilon}\left\|\boldsymbol{x}^{(i)}-\boldsymbol{\mu}_k\right\|^2\right) \tag{8-32}$$

根据之前叙述高斯混合模型的 EM 算法可知，每组数据分配到每个高斯分布的概率如前文的式 (8-31) 所示，但是为了下文表述清晰，对式 (8-31) 进行简化，如式 (8-33) 所示。

$$
\begin{aligned}
p(\boldsymbol{z}^{(i)}=j|\boldsymbol{x}^{(i)};\boldsymbol{\phi},\boldsymbol{\mu},\boldsymbol{\Sigma}) &= \frac{p(\boldsymbol{x}^{(i)}|\boldsymbol{z}^{(i)}=j;\boldsymbol{\mu},\boldsymbol{\Sigma})p(\boldsymbol{z}^{(i)}=j;\boldsymbol{\phi})}{\sum_{l=1}^{k} p(\boldsymbol{x}^{(l)}|\boldsymbol{z}^{(l)}=l;\boldsymbol{\mu},\boldsymbol{\Sigma})p(\boldsymbol{z}^{(l)}=l;\boldsymbol{\phi})} \\
&= \frac{s}{\sum_{l=1}^{k} \exp\left(-\frac{1}{2\varepsilon}\left\|\boldsymbol{x}^{(l)}-\boldsymbol{\mu}_l\right\|^2\right)p(\boldsymbol{z}^{(l)}=l;\boldsymbol{\phi})}
\end{aligned}
\tag{8-33}
$$

从式 (8-33) 中可以看出，当 $\varepsilon \to 0$ 时，只有 $\left\|\boldsymbol{x}^{(i)}-\boldsymbol{\mu}_j\right\|^2$ 最小时，$\exp\left(-\frac{1}{2\varepsilon}\left\|\boldsymbol{x}^{(i)}-\boldsymbol{\mu}_j\right\|^2\right)p(\boldsymbol{z}^{(i)}=j;\boldsymbol{\phi})$ 趋向于 0 的速度最慢，也就意味着数据 $\boldsymbol{x}^{(i)}$ 被分配到第 j 个子簇的概率比其他子簇的概率大得多。换句话说，$\left\|\boldsymbol{x}^{(i)}-\boldsymbol{\mu}_j\right\|^2$ 取得最小值时，$p(\boldsymbol{z}^{(i)}=j|\boldsymbol{x}^{(i)};\boldsymbol{\phi},\boldsymbol{\mu},\boldsymbol{\Sigma}) \to 1$，并且 $\forall m \neq j$ 时，$p(\boldsymbol{z}^{(i)}=j|\boldsymbol{x}^{(i)};\boldsymbol{\phi},\boldsymbol{\mu},\boldsymbol{\Sigma}) \to 0$。那么，在这种极限情况下，高斯混合模型和 K-Means 聚类算法一样，数据被"硬"分配到一个子簇。简单来说，K-Means 聚类算法可以看成是高斯混合模型在协方差矩阵趋向于 0 时的一个特例。

8.4 聚类性能评价指标

在第 5 章中，介绍了监督学习的分类算法的性能评价指标。监督学习算法经常使用的评价指标有混淆矩阵、查准率、召回率、f1 度量和精度等。那么，利用何种评价指标来评价无监督学习的聚类算法的性能呢？

由于聚类算法得到的类别标签实际上不能说明任何问题，除非这些类别的分布与样本的真实类别分布相似，或者聚类的结果满足某种假设，即同一类别中样本间的相似性高于不同类别间样本的相似性，因此聚类模型的评价指标不能简单利用监督学习算法的评价指标，而必须重新定义聚类算法的性能评价指标。下面就来介绍 4 种不同的聚类性能评价指标，即调整兰德系数、调整互信息、轮廓系数和 Calinski-Harabaz 指数。

8.4.1 调整兰德系数

要想介绍调整兰德系数 (Adjusted Rand Index，ARI)，首先必须介绍兰德指数 (Rand Index，RI)。假定数据集的实际类别标签为 D，K 是数据集在聚类算法下的聚类标签。那么，兰德指数的定义如式 (8-34) 所示。

$$\mathrm{RI} = \frac{a+b}{C_2^n} \tag{8-34}$$

式中，a 表示在 D 与 K 中都是同一类别的元素对数；b 表示在 D 与 K 中都是不同类别的元素对数；n 为数据集规模；C_2^n 为数据集中可以组成的总元素对数。那么，RI 取值范围为 $[0,1]$。从式 (8-34) 中可以看出，RI 值越大，也就意味着聚类结果与真实情况越吻合。

但是 RI 有一个缺点，就是惩罚力度不够。换句话说，当数据集的类别标签是随机分配时，RI 值接近 0，即极端情况是类别数与数据集规模相等。因此，为了解决这个问题，ARI 被提出，ARI 具有更高的区分度。调整兰德系数的定义如式 (8-35) 所示。

$$\begin{aligned}
\mathrm{ARI} &= \frac{\mathrm{RI} - E[\mathrm{RI}]}{\max(\mathrm{RI}) - E[\mathrm{RI}]} \\
&= \frac{\sum_{ij} C_2^{n_{ij}} - \left[\sum_i C_2^{a_i} \sum_j C_2^{b_j}\right] \Big/ C_2^n}{\frac{1}{2}\left[\sum_i C_2^{a_i} + \sum_j C_2^{b_j}\right] - \left[\sum_i C_2^{a_i} \sum_j C_2^{b_j}\right] \Big/ C_2^n}
\end{aligned} \tag{8-35}$$

式中，n_{ij} 代表数据集的聚类类别为 i 但实际类别为 j 的样本数量。ARI 取值范围为 $[-1,1]$，ARI 值越大，意味着聚类结果与真实情况越吻合。从广义上讲，ARI 衡量的是两个数据分布的吻合程度。从上述叙述可以得知，使用 RI 或 ARI 来衡量聚类算法性能的好坏必须知道数据集实际标签信息。

8.4.2　调整互信息

下面介绍调整互信息 (Adjusted Mutual Information，AMI)。与调整兰德系数类似，首先介绍互信息。互信息 (Mutual Information，MI) 用来衡量两个数据分布的吻合程度。假设 U 与 V 是对 N 个样本标签的分配情况，则两种分布的熵的计算公式如式 (8-36) 所示。

$$H(U) = \sum_{i=1}^{|U|} P(i)\log(P(i))$$
$$H(V) = \sum_{j=1}^{|V|} P'(j)\log(P'(j)) \tag{8-36}$$

式中，$P(i) = \dfrac{|U_i|}{N}, P'(j) = \dfrac{|V_j|}{N}$，其中 $|U_i|$ 表示 U 中第 i 个标签的分配个数；$|V_j|$ 表示 V 中第 j 个标签的分配个数。U 与 V 之间互信息的定义如式 (8-37) 所示。

$$\text{MI}(U,V) = \sum_{i=1}^{|U|} \sum_{j=1}^{|V|} P(i,j)\log\left(\frac{P(i,j)}{P(i)P'(j)}\right) \tag{8-37}$$

式中，$P(i,j) = \dfrac{|U_i \cap V_j|}{N}, P'(j) = \dfrac{|V_j|}{N}$。与 ARI 类似，调整互信息的定义如式 (8-38) 所示。

$$\text{AMI} = \frac{^*\text{MI} - E[\text{MI}]}{\max(H(U),H(V)) - E[\text{MI}]} \tag{8-38}$$

与 ARM 一样，利用 MI 或 AMI 来衡量聚类算法的性能也需要数据实际标签。MI 取值范围为 [0,1]，AMI 取值范围为 [−1,1]，MI 值和 AMI 值越大，意味着聚类结果与真实情况越吻合。

8.4.3　轮廓系数

下面介绍不同于 ARI 和 AMI 的聚类评价指标——轮廓系数 (Silhouette Coefficient)。与 ARI 和 AMI 不同，轮廓系数适用于实际类别信息未知的情况。那么对于单个样本 i 的轮廓系数的定义如式 (8-39) 所示。

$$S(i) = \frac{b_i - a_i}{\max(b_i, a_i)} \tag{8-39}$$

式中，a_i 为样本 i 到同簇其他样本的平均距离，也叫作样本的簇内不相似度。a_i 值越小，说明样本 i 越应该被聚类到该簇。同时，定义 b_{ij} 为样本 i 到其他某簇 C_j 的所有样本的平均距离，b_{ij} 也被称为样本 i 与簇 C_j 的不相似度。那么 b_i 则被定义为样本 i 的簇间不相似度，其定义如式 (8-40) 所示。

$$b_i = \min(b_{i1}, b_{i2}, \cdots, b_{ik}) \tag{8-40}$$

式中，k 表示聚类簇数。b_i 越大，说明样本 i 越不属于其他簇。轮廓系数取值范围为 [−1,1]。$S(i)$ 值接近 1，说明样本 i 的聚类结果越合理；$S(i)$ 值接近 −1，说明样本 i 应该聚类到另外的簇；$S(i)$ 值接近 0，说明样本 i 在两个簇的边界上。那么对于规模为 m 的数据集，轮廓系数定义为每个样本的轮廓系数的均值，其定义式如式 (8-41) 所示。

$$S = \frac{1}{m}\sum_{i=1}^{m}S(i) \tag{8-41}$$

在实际使用轮廓系数来判定聚类算法性能好坏时，只需选取轮廓系数最大对应的聚类簇数 k 即可。

8.4.4　Calinski-Harabaz 指数

在本小节中，介绍另外一种无须数据标签的聚类评价指标——Calinski-Harabaz 指数。在规模为 m 的数据集中，在聚类算法下被划分为 K 个子簇，第 k 个子簇的样本规模为 N_k，那么第 k 个子簇的 Calinski-Harabaz 指数的定义如式 (8-42) 所示。

$$\mathrm{CH}(k) = \frac{\mathrm{tr}(\boldsymbol{B}_k)/K - 1}{\mathrm{tr}(\boldsymbol{W}_k)/N_k - K} \tag{8-42}$$

式中，$\boldsymbol{B}_k$ 为子簇之间的离差矩阵，其定义如式 (8-43) 所示。

$$\boldsymbol{B}_k = \sum_{i=1}^{K}\frac{N_i}{m}(\bar{\boldsymbol{x}}_i - \bar{\boldsymbol{X}})(\bar{\boldsymbol{x}}_i - \bar{\boldsymbol{X}})^{\mathrm{T}} \tag{8-43}$$

式中，$\bar{\boldsymbol{x}}_i$ 为第 i 个子簇的样本均值向量；$\bar{\boldsymbol{X}}$ 为整个数据集的样本均值向量。

$\boldsymbol{W}_k$ 为第 k 个子簇内的样本间离差矩阵，其定义如式 (8-44) 所示。

$$\boldsymbol{W}_k = \sum_{i=1}^{N_k}(x_i - \bar{\boldsymbol{x}})(x_i - \bar{\boldsymbol{x}})^{\mathrm{T}} \tag{8-44}$$

式中，x_i 为第 k 个子簇中的第 i 个样本；$\bar{\boldsymbol{x}}$ 为第 k 个子簇的样本均值向量。那么类似于轮廓系数，整个样本的 Calinski-Harabaz 指数定义为每个子簇的 Calinski-Harabaz 指数的平均值，其定义式如式 (8-45) 所示。

$$\mathrm{CH} = \frac{1}{K}\sum_{k=1}^{K}\mathrm{CH}(k) \tag{8-45}$$

由统计学的基础理论可知，样本的离差矩阵可以看成是样本的协方差矩阵乘上对应的秩。由式 (8-42) 可知，要想使 Calinski-Harabaz 指数值大，则子簇内部数据的协方差越小越好，子簇之间的协方差越大越好。也就是说，若 Calinski-Harabaz 指数值小，则子簇之间协方差很小，子簇之间界限不明显。

8.5　GMM 的 Python 实现

本节将主要叙述高斯混合模型的 Python 实现。与前面若干章节一样，首先给出高斯混合模型的类定义，然后对类中的每个函数进行解释。下面利用 Python 结合面向对象思想来实现高斯混合模型。在这个代码中，高斯混合模型使用 EM 算法来求解模型参数，即默认数据集的样本分类未知。高斯分布的均值向量利用 K-Means 聚类算法计算得到的聚类质心代替，高斯分布的协方差矩阵利用数据集的协方差矩阵代替。高斯混合模型的类定义如下所示。

```python
import numpy as np
from KMeansCluster.KMeansCluster import KMeansCluster
class GMM(object):
    def __init__(self,Data,K,weights=None,means=None,covars=None):
    def get_means(self,data,K):
    def get_cov(self,data,K):
    def Gaussian(self,x,mean,cov):
    def GMM_EM(self):
    def Mul(self,data):
    def Likelyhood(self,data,k):
```

8.5.1　GMM 的构造函数

下面介绍高斯混合模型的构造函数 __init__。__init__ 函数的参数有 5 个：聚类数据集 Data、聚类簇数 K、高斯分布的权重数组 weights、高斯分布的均值向量数组 means 和高斯分布的协方差矩阵数组 covars。其中 weights、means 和 covars 这 3 个参数默认为 None。当 weights 为 None 时，将 self.weights 的每个元素都初始化为 $\frac{1}{K}$，否则直接将 self.weights 赋值为 weight。当 means 为 None 时，将 Data 和 K 送入 get_means 函数，计算 K-Means 聚类算法的聚簇中心，然后将其赋值给 self.means，否则直接将 means 赋值给 self.means。当 covars 为 None 时，将数据集 Data 与聚类簇数 K 送入 get_cov 函数，计算各个高斯分布的协方差矩阵，并赋值给 self.covars，否则直接将 covars 赋值给 self.covars。该构造函数还需初始化聚类数据集、聚类簇数、数据集规模、数据的后验概率数组与聚类标签数组。__init__ 函数的定义如下所示。

```python
def __init__(self,Data,K,weights=None,means=None,covars=None):
    """
    这是 GMM（高斯混合模型）类的构造函数
    :param Data: 数据集
    :param K: 高斯分布的个数
    :param weigths: 每个高斯分布的初始概率（权重）数组，默认为 None
    :param means: 高斯分布的均值向量数组，默认为 None
    :param covars: 高斯分布的协方差矩阵数组，默认为 None
    """
    # 初始化数据集、高斯分布个数和数据集的形状
    self.Data = Data
    self.K = K
    self.size,self.dim = np.shape(self.Data)
```

```
# 初始化数据集中每组数据属于各个高斯分布的概率数组
# possibility[i][j] 代表第 i 个样本属于第 j 个高斯分布的概率
self.possibility = np.array([list(np.zeros(self.K)) for i in range(self.size)])
# 初始化聚类标签数组
self.clusterlabels = []
# 随机隐含变量的多项式分布的参数数组不为 None 则进行初始化
if weights is not None:
    self.weights = weights
else:  # 随机隐含变量的多项式分布的参数数组为 None 时
    self.weights = np.array([1.0 / self.K] * self.K)
# 高斯分布的均值向量数组不为 None 则进行初始化
if means is not None:
    self.means = means
else:    # 高斯分布的均值向量数组为 None 时
    # 获取高斯分布的均值向量数组
    self.means = self.get_means(self.Data,self.K)
# 高斯分布的协方差矩阵数组不为 None 则进行初始化
if covars is not None:
    self.covars = covars
else:    # 高斯分布的协方差矩阵数组为 None 时
    # 利用数据集的协方差矩阵代替高斯分布的协方差矩阵
    self.covars = self.get_cov(self.Data,self.K)
```

8.5.2 高斯分布概率函数

下面介绍高斯分布概率函数 Gaussian。Gaussian 函数的输入是输入数据 x、高斯分布的均值向量 mean 和协方差矩阵 cov，其主要功能是根据上述 3 个参数计算出对应的概率。其中在计算协方差矩阵 cov 的行列式时，若出现 0 的情况，则对应相关中间结果的计算都必须先让 cov 加上一个单位矩阵的 0.001 倍后再计算。Gaussian 函数的定义如下所示。

```
import numpy as np

def Gaussian(self,x,mean,cov):
    """
    这是自定义高斯分布概率函数
    :param x: 输入数据
    :param mean: 均值向量
    :param cov: 协方差矩阵
    :return: x 的概率
    """
    # 获取协方差矩阵规模，即数据维数
    dim = np.shape(cov)[0]
    # cov 的行列式为零时，加上一个与协方差矩阵同规模的单位矩阵乘较小的常数
    if np.linalg.det(cov) == 0:
```

```
        covdet = np.linalg.det(cov + np.eye(dim) * 0.001)
        covinv = np.linalg.inv(cov + np.eye(dim) * 0.001)
    else: # cov 的行列式不为零时
        covdet = np.linalg.det(cov)
        covinv = np.linalg.inv(cov)
    # 计算数据与均值向量之间的差值
    xdiff = x - mean
    xdiff = np.reshape(xdiff,(1,len(xdiff)))
    # 计算高斯分布概率密度值
    prob = 1.0 / (np.power(2 * np.pi,1.0 * dim / 2) * np.sqrt(np.abs(covdet))) * \
           np.exp(-0.5 * np.dot(np.dot(xdiff,covinv),xdiff.T))[0][0]
    return prob
```

8.5.3　EM 算法函数

下面介绍 EM 算法函数 GMM_EM。GMM_EM 函数的主要功能是利用 EM 算法迭代优化 GMM 的模型参数，迭代停止的条件是：前后两次迭代过程中极大似然函数值之差的绝对值小于等于 0.0001。GMM_EM 函数的定义如下所示。

```
def GMM_EM(self):
    """
    这是利用 EM 算法进行优化 GMM 参数的函数
    :return: 返回各组数据的属于每个分类的概率
    """
    loglikelyhood = 0         # 当前迭代的极大似然函数值
    oldloglikelyhood = 1      # 上一次迭代的极大似然函数值
    while np.abs(loglikelyhood - oldloglikelyhood) > 1E - 4:
        oldloglikelyhood = loglikelyhood
        # 下面是 EM 算法的 E-step
        # 遍历整个数据集，计算每组数据属于每个高斯分布的后验概率
        self.possibility = []
        for data in self.Data:
            # respons 是 E-step 中每组数据与对应的随机隐含变量之间的联合概率数组
            respons = np.array([self.weights[k] * self.Gaussian(data,self.means[k],self.covars[k])
                    for k in range(self.K)])
            # 计算联合概率之和
            sum_respons = np.sum(respons)
            # 利用全概率公式计算每组数据对应于各个高斯分布的后验概率
            respons = respons / sum_respons
            self.possibility.append(list(respons))
        self.possibility = np.array(self.possibility)
        # 下面是 EM 算法的 M-step，根据 E-step 设置的后验概率更新 GMM 的模型参数
        # 遍历每个高斯分布
        for k in range(self.K):
            # 计算数据集中每组数据属于第 k 个高斯分布的概率和
```

```
                sum_gaussionprob_k = np.sum([self.possibility[i][k] for i in
                            range(self.size)])
            # 更新第 k 个高斯分布的均值向量
            self.means[k] = (1.0 / sum_gaussionprob_k) *
                        np.sum([self. possibility[i][k] * self.Data[i]
                            for i in range(self.size)],axis=0)
            # 计算数据集与均值向量之间的差值
            xdiffs = self.Data - self.means[k]
            # 更新第 k 个高斯分布的协方差矩阵
            self.covars[k] = (1.0 / sum_gaussionprob_k) * \
                        np.sum([self.possibility[i][k] *
                            xdiffs[i].reshape(self.dim,1) * xdiffs[i]
                            for i in range(self.size)],axis=0)
            # 更新随机隐含变量的多项式分布的第 k 个参数
            self.weights[k] = 1.0 * sum_gaussionprob_k / self.size
    # 更新整个数据集的极大似然函数值
    loglikelyhood = []
    # 遍历整个数据集，计算每组数据对应的极大似然函数值
    for data in self.Data:
        # 遍历每个高斯分布，计算每组数据在每个高斯分布下的极大似然估计
        data_Likelyhood = [self.Likelyhood(data,k) for k in range(self.K)]
        loglikelyhood.extend(data_Likelyhood)
    # 计算最终数据集的极大似然函数值
    loglikelyhood = np.log(self.Mul(np.array(loglikelyhood)))
    # 对每组数据集分配到各个高斯分布的概率进行归一化
    for i in range(self.size):
        self.possibility[i] = self.possibility[i] / np.sum(self.possibility[i])
    # 生成每组数据的聚类标签
    self.clusterlabels = np.array([np.argmax(_possibility) for _possibility in
                            self.possibility])
    return self.clusterlabels,loglikelyhood
```

8.5.4　辅助函数

在 GMM 类中，有 4 个在 8.5.1 小节和 8.5.3 小节中调用频繁的函数，下面逐一进行解释。首先介绍的是计算各个高斯分布均值向量的函数 get_means。get_means 函数的参数主要有两个：数据集 data 和聚类簇数 K。

在 get_means 函数中利用第 7 章讲述的 K-Means 聚类算法进行聚类获取最终的聚类中心，将各个聚类中心作为各个高斯分布的均值向量。get_means 函数主要用在 GMM 的构造函数 __init__ 中，用于初始化各个高斯分布的均值向量。get_means 函数的定义如下所示。

```
from KMeansCluster.KMeansCluster import KMeansCluster

def get_means(self,data,K):
```

```
"""
K-Means 聚类算法的聚类质心作为高斯分布的均值向量
:param data: 数据集
:param K: 高斯分布个数
:param criter: 标准系数
"""
# 定义 K-Means 聚类算法
kmeans = KMeansCluster(data)
# 获取 K-Means 的聚类质心
_,centroids,__ = kmeans.cluster(K,None)
return centroids
```

然后介绍的是计算各个高斯分布协方差矩阵的函数 get_cov。get_cov 函数的参数与 get_means 函数的一样。get_cov 函数利用输入数据 data 计算其协方差矩阵，并复制 K 份作为每个高斯分布的协方差矩阵。get_cov 函数主要用在 GMM 的构造函数 __init__ 中，用于初始化各个高斯分布的协方差矩阵。get_cov 函数的定义如下所示。

```
import numpy as np

def get_cov(self,data,K):
    """
    这是生成矩阵的函数
    :param data: 数据集
    :param k: 高斯混合模型个数
    """
    covs = []
    for i in range(K):
        # 利用数据集的协方差矩阵作为高斯分布的协方差矩阵
        covs.append(np.cov(data,rowvar=False))
    return covs
```

之后介绍的是连乘函数 Mul。Mul 函数的主要功能是计算输入数据 data 的各个分量的乘积。Mul 函数主要用在 GMM_EM 函数中，用于计算整个数据集的极大似然函数值。Mul 函数的定义如下所示。

```
def Mul(self,data):
    """
    这是进行数据连乘的函数
    :param data: 数组
    """
    ans = 1.0
    for _data in data:
        ans = ans * _data
    return ans
```

最后介绍的是计算每组数据的极大似然函数值的函数 Likelyhood。Likelyhood 函数主要是利用第 k 个多项式分布和数据的先验高斯分布概率的乘积来计算每组数据在第 k 个高斯分布下的极大似然函数值。Likelyhood 函数主要在 GMM_EM 函数中被调用。Likelyhood 函数的定义如下所示。

```
def Likelyhood(self,data,k):
    """
    这是计算每组数据在第 k 个高斯分布下的极大似然函数值
    :param data: 数据
    :param k: 第 k 个高斯分布
    """
    # 计算第 k 个高斯分布下的概率值
    gaussian = self.Gaussian(data,self.means[k],self.covars[k])
    # 数据在第 k 个高斯分布下的极大似然函数值为第 k 个
    # 高斯分布下的概率值与多项式分布的第 k 个参数的乘积
    likelyhood = self.weights[k] * gaussian
    return likelyhood
```

8.6 案例：利用 GMM 对葡萄酒数据集进行聚类

下面利用高斯混合模型对 UCI 数据库中的葡萄酒数据集进行聚类。与第 7 章提到的 Iris 数据集一样，葡萄酒数据集也是 UCI 数据库中受欢迎的数据集之一。该数据集的下载网址为 http://archive. ics.uci.edu/ml/datasets/Wine。

该葡萄酒数据集是对意大利某一地区种植的葡萄酒进行化学分析的结果，数据集中的葡萄酒来自 3 个不同的品种。该数据集不存在数据缺失，且每组数据由 13 个不同属性组成。

接下来将利用高斯混合模型对该数据集进行聚类，并将实验结果与 K-Means 聚类算法进行比较。该案例的主要流程如图 8.1 所示。

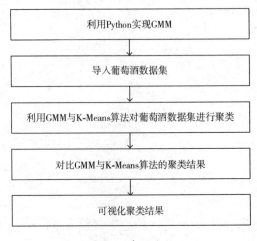

图 8.1　案例流程

下面开始对案例进行讲解。首先从前文所述的网址中将数据集下载到本地；然后必须编写函数来导入葡萄酒数据集，该导入数据集的函数的代码如下所示。

```python
#!/usr/bin/env python
# -*- coding: utf-8 -*-

import numpy as np

def Load_Wine(path):
    """
    这是导入葡萄酒数据集的函数
    :param path: 文件路径
    """
    Data = []
    Label = []
    with open(path) as f:
        # 遍历每行数据
        for line in f.readlines():
            # 分割每行字符串
            strs = line.strip().split(',')
            # 第一个数据为标签
            Label.append(int(strs[0]))
            # 遍历剩下的数据
            tmp = []
            for str in strs[1:]:
                tmp.append(float(str))
            Data.append(tmp)
        Data = np.array(Data)
        Label = np.array(Label)
    return Data,Label
```

在导入数据集后，首先对所有数据进行标准化，然后对预处理后的数据进行可视化。这个过程的代码如下所示。

```python
# 导入葡萄酒数据集
path = "./Wine.txt"
Data,Label = Load_Wine(path)

# 对数据进行标准归一化
Data = StandardScaler().fit_transform(Data)

# 解决画图时的中文乱码问题
mpl.rcParams['font.sans-serif'] = [u'simHei']
mpl.rcParams['axes.unicode_minus'] = False

# 可视化葡萄酒数据集
col = np.shape(Data)[1]
```

```
Col = [" 酒精 "," 苹果酸 "," 灰 "," 灰烬的碱度 "," 镁 "," 总酚 ",
       " 黄酮类化合物 "," 类黄酮酚 "," 原花青素 "," 颜色强度 ",
       " 色调 ","OD280/OD315"," 脯氨酸 "]
for i in range(0,col − 1):
    for j in range(i + 1,col):
        plt.scatter(Data[:,i],Data[:,j])
        plt.grid(True)
        plt.xlabel(Col[i])
        plt.ylabel(Col[j])
        plt.tight_layout()
        plt.savefig("./ 标准化数据集可视化 Wine/" + str(i) + "-" + str(j) + ".jpg",
                    bbox_inches='tight')
        plt.close()
```

葡萄酒数据集可视化结果如图 8.2 所示。

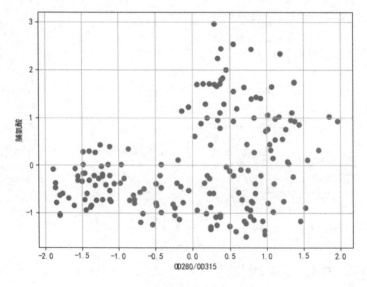

图 8.2　葡萄酒数据集可视化

初始化聚类种类数为 2 ~ 10 的自然数。在不同的 *K* 值下分别运行 K-Means 聚类算法和高斯混合模型，分别记录两种聚类算法的聚类结果。由于该葡萄酒数据集自带标签，因此首先利用 ARI 系数和 AMI 系数作为评价指标来评估高斯混合模型与 K-Means 算法的聚类结果的好坏，然后再利用 silhouette 系数和 calinski_harabaz 系数来评估聚类结果的好坏。这个过程的代码如下所示。

```
# 比较 GMM 与 K-Means 的聚类结果
# 初始化聚类种类数
K = list(np.arange(2,11))
# ARI 系数数组
kmeans_ari = []
gmm_ari = []
# AMI 系数数组
```

```
kmeans_ami = []
gmm_ami = []
# silhouette 系数数组
kmeans_silhouette = []
gmm_silhouette = []
# calinski_harabaz 系数数组
kmeans_calinski_harabaz = []
gmm_calinski_harabaz = []
# 聚类结果数组
kmeans_Labels = []
gmm_Labels = []
for k in K:
    # 构建 GMM 模型
    gmm = GMM(Data,k)
    kmeans = KMeansCluster(Data)
    # 利用 GMM 进行聚类
    kmeans_cluster_labels,_,__ = kmeans.cluster(k,None)
    gmm_cluster_labels,_ = gmm.GMM_EM()
    # 保存聚类结果
    kmeans_Labels.append(kmeans_cluster_labels)
    gmm_Labels.append(gmm_cluster_labels)
    # 计算 ARI 系数
    kmeans_ari.append(adjusted_rand_score(Label,kmeans_cluster_labels))
    gmm_ari.append(adjusted_rand_score(Label,gmm_cluster_labels))
    # 计算 AMI 系数
    kmeans_ami.append(adjusted_mutual_info_score(Label,kmeans_cluster_labels))
    gmm_ami.append(adjusted_mutual_info_score(Label,gmm_cluster_labels))
    # 计算 silhouette 系数
    kmeans_silhouette.append(silhouette_score(Data,
                                kmeans_cluster_labels,metric='euclidean'))
    gmm_silhouette.append(silhouette_score(Data,gmm_cluster_labels,metric='euclidean'))
    # 计算 calinski_harabaz 系数
    kmeans_calinski_harabaz.append(calinski_harabaz_score(Data,kmeans_cluster_labels))
    gmm_calinski_harabaz.append(calinski_harabaz_score(Data,gmm_cluster_labels))
```

两种聚类算法对葡萄酒数据集进行聚类后,首先利用编程计算两种算法的 ARI 系数和 AMI 系数,然后将两种算法的 ARI 系数和 AMI 系数结果进行可视化。这个过程的代码如下所示。

```
# ARI 系数和 AMI 系数对比结果可视化 (两张子图)
fig = plt.figure()        # 生成画布
legend = ["K-Means","GMM"]
# ARI 系数对比结果可视化
ax = fig.add_subplot(211)    # 加入第一个子图
ax.plot(K,kmeans_ari,'r-')
ax.plot(K,gmm_ari,'b--')
ax.grid(True)
```

```
plt.xlabel("K")
plt.ylabel("ARI")
plt.legend(labels=legend,loc="best")
plt.title("ARI 系数对比 ")
plt.tight_layout()
# AMI 系数对比结果可视化
ax = fig.add_subplot(212)   # 加入第二个子图
ax.plot(K,kmeans_ami,'r-')
ax.plot(K,gmm_ami,'b--')
ax.grid(True)
plt.xlabel("K")
plt.ylabel("AMI")
plt.legend(labels=legend,loc="best")
plt.title("AMI 系数对比 ")
plt.tight_layout()
plt.savefig("./ARI 系数和 AMI 系数 .jpg",bbox_inches='tight')
plt.close()


# calinski_harabaz 系数和 silhouette 系数对比可视化 ( 两张子图 )
fig = plt.figure()   # 生成画布
# calinski_harabaz 系数对比结果可视化
ax = fig.add_subplot(211)   # 加入第一个子图
ax.plot(K,kmeans_calinski_harabaz,'r-')
ax.plot(K,gmm_calinski_harabaz,'b--')
ax.grid(True)
plt.xlabel("K")
plt.ylabel("calinski_harabaz")
plt.legend(labels=legend,loc="best")
plt.title("calinski_harabaz 系数对比 ")
plt.tight_layout()
# silhouette 系数对比结果可视化
ax = fig.add_subplot(212)   # 加入第二个子图
ax.plot(K,kmeans_silhouette,'r-')
ax.plot(K,gmm_silhouette,'b--')
ax.grid(True)
plt.xlabel("K")
plt.ylabel("silhouette")
plt.legend(labels=legend,loc="best")
plt.tight_layout()
plt.title("silhouette 系数对比 ")
plt.savefig("./calinski_harabaz 系数和 silhouette 系数 .jpg",bbox_inches='tight')
plt.close()
```

两种算法的 ARI 系数和 AMI 系数的对比结果如图 8.3 所示。从图 8.3 中可以看出，在 ARI 和 AMI 这两种聚类评价指标下，并在给定聚类簇数下，高斯混合模型的聚类结果整体优于 K-Means 聚类算法的聚类结果，尤其当聚类簇数 $K = 3$ 时，高斯混合模型的聚类结果最优。

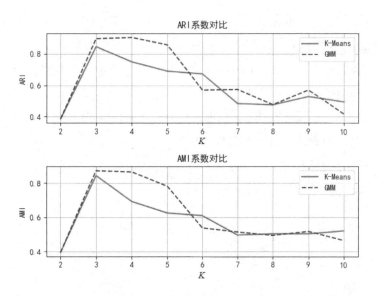

图 8.3　ARI 系数和 AMI 系数对比

接下来将上述实验的聚类结果对应的 calinski_harabaz 系数和 silhouette 系数对比结果进行可视化，并将 K-Means 聚类算法合并 GMM 模型的 calinski_harabaz 系数和 silhouette 系数对比结果进行可视化。这个过程的代码如下所示。

```python
# calinski_harabaz 系数和 silhouette 系数对比结果可视化 ( 两张子图 )
fig = plt.figure()  # 生成画布
# calinski_harabaz 系数对比结果可视化
ax = fig.add_subplot(211)  # 加入第一个子图
ax.plot(K,kmeans_calinski_harabaz,'r-')
ax.plot(K,gmm_calinski_harabaz,'b--')
ax.grid(True)
plt.xlabel("K")
plt.ylabel("calinski_harabaz")
plt.legend(labels=legend,loc="best")
plt.title("calinski_harabaz 系数对比 ")
plt.tight_layout()
# silhouette 系数对比结果可视化
ax = fig.add_subplot(212)  # 加入第二个子图
ax.plot(K,kmeans_silhouette,'r-')
ax.plot(K,gmm_silhouette,'b--')
ax.grid(True)
plt.xlabel("K")
plt.ylabel("silhouette")
plt.legend(labels=legend,loc="best")
plt.tight_layout()
plt.title("silhouette 系数对比 ")
plt.savefig("./calinski_harabaz 系数和 silhouette 系数 .jpg",bbox_inches='tight')
plt.close()
```

calinski_harabaz 系数和 silhouette 系数对比结果如图 8.4 所示。其中 calinski_harabaz 系数使用欧氏距离作为度量。从图 8.4 中可以看出，在 calinski_harabaz 系数和 silhouette 系数指标下，高斯混合模型的聚类结果在整体上略差于 K-Means 聚类算法的聚类结果。唯独当 $K = 5$ 时，在轮廓系数对比上，高斯混合模型优于 K-Means 聚类算法。

同时对比两种聚类算法的聚类结果，轮廓系数的值都徘徊在 $0.1 \sim 0.3$，这也就说明在葡萄酒数据集上两种聚类结果的边界不明显，聚类结果不是很合理。综合图 8.3 与图 8.4 的实验结果，高斯混合模型虽然表现出了整体优于 K-Means 聚类算法的性能，但是在某些评价指标下仍未表现出良好的性能，即高斯混合模型仍有改进的余地。

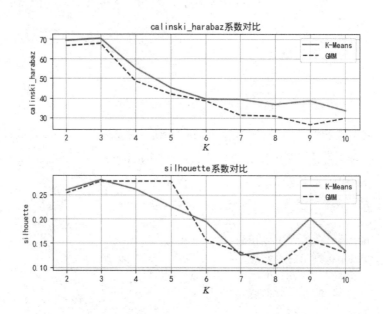

图 8.4 calinski_harabaz 系数和 silhouette 系数对比

从上述实验结果可以看出，当聚类簇数 $K = 3$ 时，高斯混合模型的聚类性能最佳，且优于 K-Means 聚类算法。下面对 $K = 3$ 时的高斯混合模型的聚类结果进行可视化。这个过程的代码如下所示。

```
# 可视化最优聚类结果
# 对 K=3 的聚类结果进行可视化
# 遍历所有数据及其聚类标签
colors = ['r','g',"b"]
markers = ['o','*','x']
for i in np.arange(0,col - 1):
    for j in np.arange(i + 1,col):
        # 画每簇数据
        for (index,(c,m)) in enumerate(zip(colors,markers)):
            data = Data[gmm_Labels[2]==index]
```

```
        plt.scatter(data[:,i],data[:,j],c=c,marker=m,alpha=0.5)
    # 画面属性设置
    plt.xlabel(Col[i])
    plt.ylabel(Col[j])
    plt.grid(True)
    plt.tight_layout()
    plt.savefig("./K=3 聚类结果 Wine/" + str(i) + "-" + str(j) + ".jpg",bbox_inches='tight')
    plt.close()
```

$K=3$ 时的高斯混合模型的聚类结果如图 8.5 所示。在图 8.5 中，圆点代表第一类葡萄酒，星形代表第二类葡萄酒，叉形代表第三类葡萄酒。可以明显地看出，即使在最佳聚类结果下，第一类与第三类聚类数据的边界也不是很清晰，这与 calinski_harabaz 系数和 silhouettet 系数的对比结果相一致。

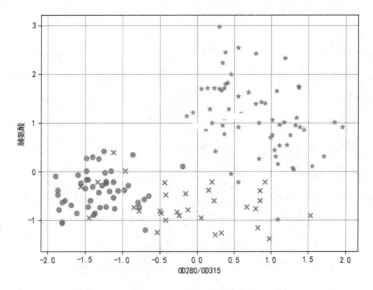

图 8.5 $K=3$ 时的高斯混合模式的聚类

8.7   本章小结

在本章中，主要围绕高斯混合模型展开介绍。理论部分主要讲解了 EM 算法和高斯混合模型的基础理论，在基础理论中着重讲解了样本分类已知与未知两种情况下的参数求解和高斯混合模型与 K-Means 聚类算法之间的区别与联系。在实际案例中，利用高斯混合模型对葡萄酒数据集进行聚类，并将聚类结果与 K-Means 聚类算法进行比较。

在 8.1 节中，绕开高斯混合模型的相关理论，详细讲解了 EM（期望最大化）算法。首先给出了含有随机隐含变量问题的极大似然函数的一般形式；然后利用 Jensen 不等式找到了极大似然函数的一个上界，从而将问题转化为优化这个上界，继而给出了 EM 算法的一般形式；最后也简要阐述了 EM 算法的本质：利用问题中随机隐含变量的后验概率来不断地提高极大似然函数的上界，从而优化参数。

在 8.2 节中，介绍了高斯混合模型 (GMM)。首先给出了高斯混合模型的基础假设，然后分样本分类已知与未知两种情况来求解高斯混合模型的模型参数。在样本分类已知的情况下，直接根据高斯混合模型的极大对数似然函数求解模型参数。在样本分类未知的情况下，高斯混合模型的参数求解则需要利用 EM 算法。

无论样本分类是已知还是未知，都能从参数求解公式中得出，高斯混合模型对每组数据实行"软"聚类，即每组数据在高斯混合模型的聚类下有多个聚类标签，只不过每个聚类标签的概率大小不同。

在 8.3 节中，主要讨论了高斯混合模型与 K-Means 聚类算法之间的区别与联系。首先先后从"硬"聚类与"软"聚类角度详细分析了 K-Means 聚类算法与高斯混合模型之间的区别。

K-Means 聚类算法属于"硬"聚类，每组数据在 K-Means 聚类一种聚类标签，但是高斯混合模型是"软"聚类的一种，GMM 会将每组数据"软"聚类到各个聚类标签，只不过概率大小不同；然后根据高斯混合模型的相关公式分析了高斯混合模型与 K-Means 聚类算法之间的联系，通过数学公式推导，可以将 K-Means 聚类算法看成是协方差矩阵为 0 时的高斯混合模型的特例。

在 8.4 节中，主要讨论了 4 种聚类结果评价指标：调整兰德系数、调整互信息、轮廓系数和 Calinski-Harabaz 指数。前两种评价指标需要数据实际标签，而后两种评价指标则不需要数据实际标签。在数据标签已知的情况下，前两种评价指标可用于验证聚类结果与真实标签之间的差距。但是对于大多数聚类问题，数据是不带标签的。因此，在实际问题中比较常用的聚类评价指标是后两种。

在 8.5 节中，利用 Python 结合面向对象思想实现了高斯混合模型，并对类中的所有函数进行了逐一剖析。

在 8.6 节中，主要讲解了一个实际案例：利用高斯混合模型对葡萄酒数据集进行聚类。在该案例中，首先利用 Python 结合面向对象思想实现了高斯混合模型类；然后编写了导入葡萄酒数据集的函数；在导入数据集后，给定了聚类子簇数，将高斯混合模型与 K-Means 聚类算法的聚类结果进行了比较。

在对比聚类结果环节，使用了 ARI 系数、AMI 系数、calinski_harabaz 系数和 silhouette 系数作为评价指标。结果显示，在 ARI 系数和 AMI 系数对比上，高斯混合模型的性能明显优于 K-Means 聚类算法。但是在 calinski_harabaz 系数和 silhouette 系数对比上，高斯混合模型的性能略差于 K-Means 聚类算法。

在第 9 章中，将聚焦无监督学习的另一个领域——降维学习，并介绍一种比较常见的降维算法——主成分分析 (PCA)。

第 9 章

主成分分析

在本章中，将聚焦无监督学习的另一个领域——降维。顾名思义，降维的目标就是要降低数据属性的维数。本章将主要介绍运用比较广泛的降维算法——主成分分析 (PCA)，也将讲解机器学习中一种很重要的算法——核函数；之后将核函数与主成分分析相结合，形成了核主成分分析算法，扩展了主成分分析的非线性。

本章主要涉及的内容

- 降维技术
- 主成分分析
- 核函数
- 核主成分分析
- PCA 的 Python 实现
- 案例：利用 PCA 对葡萄酒质量数据集进行降维

9.1 降维技术

假如读者认真从第 1 章开始阅读至本章，也许你会发现从第 2 章的案例开始，数据全是完整的，且属性不是很多。因此每章案例的实验结果比较好，但是在实际应用中碰见如案例中属性较少的标准数据集的机会不是很多，大多数情况下数据集的属性较多，甚至会存在数据缺失的情况。因此，对数据集进行降维处理显得格外重要。

对于属性较多的大型数据集来说，进行降维处理非常有必要。降维不仅能使数据属性维数降低，去除数据噪声，减小内存开销，还能更好地解释数据，实现数据可视化。更重要的是数据经过降维后，有助于我们更好地理解数据，提取深层特征。

当前，降维算法有很多种。在无监督学习中比较常用的降维算法有 3 种：主成分分析、因子分析和独立成分分析。首先介绍应用最广泛的主成分分析 (Principal Component Analysis，PCA)。在 PCA 中，数据的降维过程可以看成是从原来的坐标系转换到另外一个坐标系的过程。新的坐标系由数据本身决定。第一个坐标轴与原始数据中方差最大的方向一致，第二个坐标轴则是与第一个坐标轴正交且具有最大方差方向。对于 PCA 的相关细节会在之后的章节进行详细介绍。

第二种降维算法是因子分析 (Factor Analysis)。在因子分析中，假设在数据集中存在某些观察不到的因变量。在因子分析中，原始数据可以看成是隐变量与某些噪声的线性组合，并且隐变量个数可能比数据集规模小，因此找到隐变量就能实现数据的降维处理。

最后一种降准算法是独立成分分析 (Independent Component Analysis，ICA)。在 ICA 中，假设数据集是由 N 个独立数据源生成的，同时假设数据集是这 N 个数据源的观察结果。与 PCA 相比，数据是独立的，因此如果数据源个数比数据集规模小，那么与因子分析一样，找到数据源就能实现降维过程。

 9.2 主成分分析

在本节中，首先讲述主成分分析的算法流程，并对相关数学公式进行详细推导；然后对主成分分析的优点进行简单介绍。

9.2.1 算法详述

本小节将介绍主成分分析。在前文曾提到，主成分分析的基本思想就是设法提取数据的主要信息 (或者说主成分)，并且能够去除数据中的冗余信息，从而达到数据降维的目的。

假设数据集为 $\mathcal{D} = \left\{ \boldsymbol{x}^{(1)}, \boldsymbol{x}^{(2)}, \cdots, \boldsymbol{x}^{(m)} \right\}$，其中 m 为数据集规模，且每组数据有 n 维属性，即 $\boldsymbol{x}^{(i)} = (x_1^{(i)}, x_2^{(i)}, \cdots, x_n^{(i)})$，$\boldsymbol{x}^{(i)} \in \mathbb{R}^n$，且 $n \ll m$。在对数据集进行 PCA 降维处理前，我们并不知道属性之间是否线性相关。如果数据属性之间存在较强的相关性，那么 PCA 如何检测出来这种相关性并消除这种属性之间的冗余呢？

主成分分析 (PCA) 的第一步是消除数据属性之间的冗余。在正式利用 PCA 进行降维前，通常需要对数据进行预处理，利用零均值规范化来消除属性之间的数据冗余。零均值规范化的计算公式如式 (9-1) 所示。

$$y_j^{(i)} = \frac{x_j^{(i)} - \mu_j}{\sigma_j} \tag{9-1}$$

式中，$x_j^{(i)}$ 为第 i 个样本的第 j 个属性；μ_j 为数据集中第 j 个属性的均值；σ_j 为数据集中第 j 个属性的标准差。那么 μ_j 和 σ_j^2 的计算公式如式 (9-2) 所示。

$$\mu_j = \frac{1}{m} \sum_{i=1}^{m} x_j^{(i)}$$
$$\sigma_j^2 = \frac{1}{m-1} \sum_{i=1}^{m} (x_j^{(i)} - \mu_j)^2 \tag{9-2}$$

可以看出，式 (9-1) 的意义在于将数据去中心化，减少数据冗余。或者说将服从 $N(\mu, \sigma^2)$ 的原始数据 $x_j^{(i)}$ 转化成服从标准正态分布 $N(0,1)$ 的标准数据 $y_j^{(i)}$。

在进行了归一化后，主成分分析接下来做的就是将数据分散得越开越好。那么数学上如何定义数据"分散得更开"这一概念呢？毋庸置疑，这里必须要利用到方差和协方差的概念。为了更加形象化描述 PCA 的原理，因此利用随机数据来讲解 PCA 的主要原理。随机数据的数据可视化结果如图 9.1 所示。图 9.1 中的数据假设已经进行了式 (9-1) 的规范化。

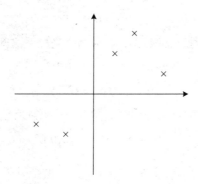

图 9.1　随机数据的数据可视化

其实主成分分析的本质就是将数据从一个坐标系变换到另一个坐标系的过程，并在这个过程中实现数据属性的降维。因此，首先给出数据转换的两个不同的候选方向，具体如图 9.2 和图 9.3 所示。显然，对比图 9.2 和图 9.3 的结果，图 9.2 所对应的方向能将数据分散得更开。

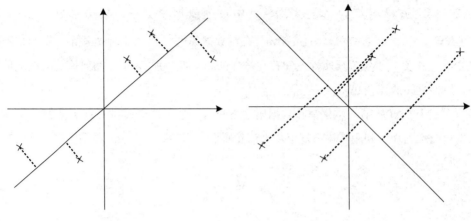

图 9.2　数据转换候选方向 1　　　　图 9.3　数据转换候选方向 2

接下来将图 9.2 和图 9.3 所述过程数学化。假设数据转换的坐标轴的方向向量为 $\boldsymbol{v}$，同时为了方便后面的推导，同时假设 $\boldsymbol{v}$ 为单位向量，即 $\|\boldsymbol{v}\|=1$。那么，可以计算出数据 $\boldsymbol{y}^{(i)}$ 与方向向量 $\boldsymbol{v}$ 之间的夹角 θ，其余弦值计算公式如式 (9-3) 所示。

$$\cos\theta = \frac{\langle \boldsymbol{y}^{(i)}, \boldsymbol{v}\rangle}{\|\boldsymbol{y}^{(i)}\|\cdot\|\boldsymbol{v}\|} = \frac{\boldsymbol{v}^{\mathrm{T}}\boldsymbol{y}^{(i)}}{\|\boldsymbol{y}^{(i)}\|\cdot\|\boldsymbol{v}\|} = \frac{(\boldsymbol{y}^{(i)})^{\mathrm{T}}\boldsymbol{v}}{\|\boldsymbol{y}^{(i)}\|\cdot\|\boldsymbol{v}\|} \tag{9-3}$$

结合式 (9-3)，可以得到数据 $\boldsymbol{y}^{(i)}$ 在方向向量 $\boldsymbol{v}$ 上的投影，其计算公式如式 (9-4) 所示。

$$z^{(i)} = \|\boldsymbol{y}^{(i)}\|\cos\theta = \|\boldsymbol{y}^{(i)}\|\cdot\frac{\boldsymbol{v}^{\mathrm{T}}\boldsymbol{y}^{(i)}}{\|\boldsymbol{y}^{(i)}\|\cdot\|\boldsymbol{v}\|} = \boldsymbol{v}^{\mathrm{T}}\boldsymbol{y}^{(i)} \tag{9-4}$$

下面抛开主成分分析的理论来看主成分分析中的坐标变换。主成分分析的重要一环就是实现数据从一个坐标系到另一个坐标系的线性变换，并且该线性变换能够将原坐标系下高度相关的数据变换到新坐标系下零相关的数据。线性变换的数学表示如式 (9-5) 所示。

$$\boldsymbol{z} = \boldsymbol{G}\boldsymbol{y} \tag{9-5}$$

式中，$\boldsymbol{y}$ 为原始数据；$\boldsymbol{z}$ 为线性变换后的数据；$\boldsymbol{G}$ 为两个坐标系之间的线性变换矩阵。那么显然有如式 (9-6) 所示的结论。

$$E(\boldsymbol{z}) = E(\boldsymbol{G}\boldsymbol{y}) = \boldsymbol{G}E(\boldsymbol{y}) \tag{9-6}$$

根据协方差的定义，变换后的协方差矩阵的计算如式 (9-7) 所示。

$$
\begin{aligned}
\boldsymbol{\Sigma}_z &= E\left\{[\boldsymbol{z}-E(\boldsymbol{z})][\boldsymbol{z}-E(\boldsymbol{z})]^{\mathrm{T}}\right\} \\
&= E\left\{[\boldsymbol{G}\boldsymbol{y}-E(\boldsymbol{G}\boldsymbol{y})][\boldsymbol{G}\boldsymbol{y}-E(\boldsymbol{G}\boldsymbol{y})]^{\mathrm{T}}\right\} \\
&= \boldsymbol{G}E\left\{[\boldsymbol{y}-E(\boldsymbol{y})][\boldsymbol{y}-E(\boldsymbol{y})]^{\mathrm{T}}\right\}\boldsymbol{G}^{\mathrm{T}} \\
&= \boldsymbol{G}\boldsymbol{\Sigma}_y\boldsymbol{G}^{\mathrm{T}}
\end{aligned}
\tag{9-7}
$$

式中，$\boldsymbol{\Sigma}_y$ 为变换前数据的协方差矩阵。在前文中提到，线性变换后的数据的各个属性之间不存在相关性。也就是说，主成分分析的最终目标就是要实现在进行线性变换即转换数据坐标系后，协方差矩阵中除主对角线外的元素全部为零。即协方差矩阵可以表示为式 (9-8)。

$$\boldsymbol{\Sigma}_z = \begin{pmatrix} \lambda_1 & 0 & \cdots & 0 \\ 0 & \lambda_2 & & \vdots \\ \vdots & & \ddots & \vdots \\ 0 & \cdots & 0 & \lambda_k \end{pmatrix} \tag{9-8}$$

式 (9-8) 中，在新坐标空间下，k 为数据协方差矩阵的维数。结合式 (9-7) 和式 (9-8)，$\boldsymbol{\Sigma}_z$ 可以看成是 $\boldsymbol{\Sigma}_y$ 的特征值的对交矩阵，$\boldsymbol{G}$ 可以看成是 $\boldsymbol{\Sigma}_y$ 的特征向量的转置矩阵，并且为正交矩阵。

式 (9-8) 中，对角线的特征值是各个数据的方差，且按从大到小依次排列。

那么结合前文的描述，在对数据进行规范化后，主成分分析要做的就是让原始数据在进行坐标变换后，投影的方差最大化。结合式 (9-4) 和式 (9-7)，假设投影的均值为 0，数据变换后的投影之和的方差计算如式 (9-9) 所示。

$$\begin{aligned} \sigma_z^2 &= \frac{1}{m}\sum_{i=1}^{m}(z^{(i)}-0)^2 = \frac{1}{m}\sum_{i=1}^{m}(\boldsymbol{v}^{\mathrm{T}}\boldsymbol{y}^{(i)})^2 \\ &= \frac{1}{m}\sum_{i=1}^{m}(\boldsymbol{v}^{\mathrm{T}}\boldsymbol{y}^{(i)})(\boldsymbol{v}^{\mathrm{T}}\boldsymbol{y}^{(i)}) = \frac{1}{m}\sum_{i=1}^{m}(\boldsymbol{v}^{\mathrm{T}}\boldsymbol{y}^{(i)})(\boldsymbol{v}^{\mathrm{T}}\boldsymbol{y}^{(i)})^{\mathrm{T}} \\ &= \frac{1}{m}\sum_{i=1}^{m}\boldsymbol{v}^{\mathrm{T}}\boldsymbol{y}^{(i)}(\boldsymbol{y}^{(i)})^{\mathrm{T}}\boldsymbol{v} = \boldsymbol{v}^{\mathrm{T}}\frac{1}{m}\sum_{i=1}^{m}\boldsymbol{y}^{(i)}(\boldsymbol{y}^{(i)})^{\mathrm{T}}\boldsymbol{v} \\ &= \boldsymbol{v}^{\mathrm{T}}\boldsymbol{\Sigma}_y\boldsymbol{v} \end{aligned} \tag{9-9}$$

也就是说，我们要做的就是使得 σ_z^2 最大化，数学化表述如式 (9-10) 所示。

$$\boldsymbol{v} = \arg\max_{\boldsymbol{v}\in\mathbb{R}^n, \|\boldsymbol{v}\|=1} \boldsymbol{v}^{\mathrm{T}}\boldsymbol{\Sigma}_y\boldsymbol{v} \tag{9-10}$$

接下来结合式 (9-9) 和式 (9-10)，利用拉格朗日乘数法构造如式 (9-11) 所示的拉格朗日函数。

$$J(\boldsymbol{v},\lambda) = \boldsymbol{v}^{\mathrm{T}}\boldsymbol{\Sigma}_y\boldsymbol{v} + \lambda(\boldsymbol{v}^{\mathrm{T}}\boldsymbol{v}-1) \tag{9-11}$$

将式 (9-11) 分别对 $\boldsymbol{v}, \lambda$ 求偏导，并令其等于 0，上述过程如式 (9-12) 所示。

$$\begin{aligned} \frac{\partial J}{\partial \boldsymbol{v}} &= 2\boldsymbol{\Sigma}_y\boldsymbol{v} - 2\lambda\boldsymbol{v} = 0 \\ \frac{\partial J}{\partial \lambda} &= \boldsymbol{v}^{\mathrm{T}}\boldsymbol{v} - 1 = 0 \end{aligned} \tag{9-12}$$

那么就能得出如式 (9-13) 所示的结论。

$$\begin{aligned} \boldsymbol{\Sigma}_y\boldsymbol{v} &= \lambda\boldsymbol{v} \\ \boldsymbol{v}^{\mathrm{T}}\boldsymbol{v} &= 1 \end{aligned} \tag{9-13}$$

从式 (9-13) 中可以看出，要求解的单位方向向量 $\boldsymbol{v}$ 实际上是原始输入空间下数据的协方差矩阵的特征向量，同时 λ 是特征向量 $\boldsymbol{v}$ 对应的特征值。那么，接下来求解原始输入空间下数据的协方差矩阵的所有从大到小排序的特征值 $\lambda_1, \lambda_2, \cdots, \lambda_n$ 与对应单位化的特征向量 $\boldsymbol{v}_1, \boldsymbol{v}_2, \cdots, \boldsymbol{v}_n$。主成分分析的最终目的是为了实现数据降维，因此接下来就是根据实际要求选择方差最大的前 k 维特征向量，并实现数据的坐标转换，或者给定一个阈值，按照特征值的累积百分比是否大于这个阈值来选择对应的特征向量，然后进行相应的数据坐标转换。上述坐标转换过程如式 (9-14) 所示。

$$z^{(i)} = \begin{pmatrix} v_1^{\mathrm{T}} y^{(i)} \\ v_2^{\mathrm{T}} y^{(i)} \\ \vdots \\ v_k^{\mathrm{T}} y^{(i)} \end{pmatrix} \in \mathbb{R}^k \tag{9-14}$$

式 (9-14) 中，$z^{(i)} \in \mathbb{R}^k$ 时，向量 $y^{(i)}$ 会有一个更小的维数——k 维，这也是的 $x^{(i)}$ 近似表示，向量 $v_1, v_2, \cdots, v_k$ 称为数据的前 k 个主成分。PCA 也可以看成是实现数据投影到低维子空间产生的近似误差的最小化。

接下来总结主成分分析的主要过程。首先对数据进行去中心化，计算公式为 $y = \dfrac{x - \mu}{\sigma}$；然后计算数据各个属性之间的协方差矩阵 Σ，计算协方差矩阵 Σ 的特征值与特征向量，并对所有的特征值与特征向量从大到小进行排序；最后根据实际需要选择前 k 个特征值与对应的特征向量，进而计算数据降维后的 k 个主成分。

总之，PCA 的实质就是正交基的变换，或者说 PCA 的本质就是数据的协方差矩阵对角化，对称矩阵特征分解，然后取前 k 个特征值与对应的特征向量，最后用特征向量与原始数据构造线性组合近似代替原始数据。降维后的 k 个属性就是原始数据的方差累积和最大的前 k 个属性。或者说 PCA 降维保留的 k 个特征向量代表了方差前 k 个的属性方向。降维后的 k 个属性其实是原始数据的 n 个属性的线性组合。

9.2.2 PCA 的应用

主成分分析具有很多实际应用，下面介绍其中最主要的 3 个应用。

首先，PCA 有助于数据可视化。在实际应用中，大多数数据都属于高维数据，少则 $10 \sim 20$ 维，多则上百维。那么 PCA 能够将高维数据降维成 $2 \sim 3$ 维数据。实现了这样的压缩，能够帮助我们进行数据可视化，使我们更加了解数据的相关信息。

其次，PCA 为监督学习算法提取有效特征。监督学习算法主要是利用数据的相关特征进行学习，从而实现回归预测或分类任务。但是对于监督学习算法来说，大规模数据集能够提高算法性能，但是过于庞大的数据也会减缓算法的训练过程。同时，利用高维特征能够更加高效地训练算法。

在监督学习算法训练之前，利用 PCA 对数据进行降维，能够提取出有效特征，减小内存开销；然后将降维后的数据作为监督学习算法的输入逼近，能够降低算法的时间复杂度与空间复杂度，而且还能为监督学习算法提供高维特征作为输入，进而提升算法性能。

最后，PCA 也能用于降噪。例如，可以将 PCA 算法用在图像降噪中。对于尺度为 100×100 的灰度图像而言，每个输入 $x^{(i)} \in \mathbb{R}^{100 \times 100}$，即 $x^{(i)}$ 可以看成是 10000 维向量，其中每个坐标对应于面

部的 100×100 图像中的像素值。使用 PCA，用更低维度的 $y^{(i)}$ 表示每个图像中的 $x^{(i)}$。在这样做的过程中，可以保留图像中的主要成分，并且还能抛弃部分噪声，例如，光照的变化。

9.3 核函数

为了更好地对主成分分析法进行改进，本节将绕开 PCA 这一主题来讲解核函数的相关知识。在本节中，将主要叙述核函数的定义及其本质，之后会具体分析几种常见的核函数。

9.3.1 核函数的定义

从前面的章节叙述可以发现，Logistic 回归其实可以看成是在线性回归的输出上加上了 Sigmoid 函数映射，Softmax 回归可以看成是在线性回归的输出上加上了 Softmax 函数映射，然后利用梯度下降算法来优化参数。可以看出，Sigmoid 函数和 Softmax 函数使线性回归具有非线性表达能力。那么更进一步，神经网络则是在 Logistic 回归和 Softmax 回归之间加入隐含层，并利用各种激活函数来增强神经网络的非线性表达能力。

与激活函数类似，核函数的主要作用就是使数据具有非线性表达能力。或者说核函数就是将数据从低维线性空间映射到高维非线性空间。下面来看核函数的数学定义。

假设 $\mathcal{X}$ 是输入空间，$\mathcal{H}$ 是特征空间 (希尔伯特空间)，如果存在一个从 $\mathcal{X}$ 到 $\mathcal{H}$ 的映射，那么该映射如式 (9-15) 所示。

$$\phi(\boldsymbol{x}):\mathcal{X}\to\mathcal{H} \tag{9-15}$$

对于任意 $\boldsymbol{x},\boldsymbol{y}\in\mathcal{X}$，在这里假设 $\boldsymbol{x},\boldsymbol{y}\in\mathbb{R}^n$ 即 $\boldsymbol{x}=(x_1,x_2,\cdots,x_n)$，$\boldsymbol{y}=(y_1,y_2,\cdots,y_n)$，若函数 $\mathcal{K}(\boldsymbol{x},\boldsymbol{y})$ 满足如式 (9-16) 所示的条件，即

$$\mathcal{K}(\boldsymbol{x},\boldsymbol{y})=\phi(\boldsymbol{x})^{\mathrm{T}}\phi(\boldsymbol{y})=\langle\phi(\boldsymbol{x}),\phi(\boldsymbol{y})\rangle \tag{9-16}$$

则称 $\mathcal{K}(\boldsymbol{x},\boldsymbol{y})$ 为核函数，$\phi(\boldsymbol{x})$ 为映射函数。式 (9-16) 中，$\langle\phi(\boldsymbol{x}),\phi(\boldsymbol{y})\rangle$ 为 $\phi(\boldsymbol{x})$ 和 $\phi(\boldsymbol{y})$ 的内积。从式 (9-16) 中可以看出，核函数的本质是映射函数的内积，实现了低维数据与高维数据之间的映射。由于映射函数只是一种映射关系，不能增加数据维度，因此为了将低维数据从低维输入空间映射到高维特征空间，可以利用核函数的特性来构造一个可以增加维度的核函数。

核函数的作用也可以看成是利用两个低维输入空间的向量，能够计算出经过某个映射函数变换后在高维特征空间中的向量的内积。那么什么样的函数可以称为核函数呢？对于任意的对称函数 $\mathcal{K}$，任意数据集 $\mathcal{D}=\left\{\boldsymbol{x}^{(1)},\boldsymbol{x}^{(2)},\cdots,\boldsymbol{x}^{(m)}\right\}$，其中 $\boldsymbol{x}^{(i)}\in\mathbb{R}^n$，可定义如式 (9-17) 所示的矩阵，即

$$K = \begin{pmatrix} \mathcal{K}(\boldsymbol{x}^{(1)}, \boldsymbol{x}^{(1)}) & \cdots & \mathcal{K}(\boldsymbol{x}^{(1)}, \boldsymbol{x}^{(m)}) \\ \vdots & \ddots & \vdots \\ \mathcal{K}(\boldsymbol{x}^{(m)}, \boldsymbol{x}^{(1)}) & \cdots & \mathcal{K}(\boldsymbol{x}^{(m)}, \boldsymbol{x}^{(m)}) \end{pmatrix} \tag{9-17}$$

若矩阵 K 是半正定矩阵，则可以称对称函数 $\mathcal{K}$ 为核函数，此时矩阵 K 也被称为核矩阵或 Gram 矩阵。核函数的一个重要优势是，在高维特征空间中不必知道映射函数的具体形式，而直接使用核函数进行计算。总之，核函数实现了将高维特征空间的内积运算转换为原始输入空间中的核函数计算。

9.3.2 常见核函数

在实际应用中，通常不知道映射函数 ϕ 的具体形式，同时经过核函数映射后的特征空间 $\mathcal{H}$ 的维数可能非常高，甚至是无穷维，这也就导致了计算复杂度过高。因此在实际应用中，通常不显式定义映射函数 ϕ，而是直接定义核函数来进行计算。

下面介绍常用的核函数。常用的核函数有 5 种：线性核函数、多项式核函数、高斯核函数、拉普拉斯核函数和 Sigmoid 核函数。为了下文表述方便，在此假设输入空间 $\mathcal{X}$ 内的输入 $\boldsymbol{x}, \boldsymbol{y} \in \mathbb{R}^n$，即输入 $\boldsymbol{x}$ 与 $\boldsymbol{y}$ 均为 n 维向量。下面具体介绍这 5 种核函数。

首先介绍的是线性核函数。线性核函数的表达式如式 (9-18) 所示。

$$\mathcal{K}(\boldsymbol{x}, \boldsymbol{y}) = \alpha \boldsymbol{x}^{\mathrm{T}} \boldsymbol{y} + c \tag{9-18}$$

式 (9-18) 中，斜率 α 和截距 c 为参数。线性核函数主要用于线性可分的情况。很多线性可分，甚至线性不可分的数据集，使用线性核函数的效果往往比非线性的要好。特别是在数据集规模较大，且数据属性维数也很大时，或者数据属性维数远大于数据集规模时，线性核函数能够带来不错的效果。

接着介绍的是多项式核函数。多项式核函数的表达式如式 (9-19) 所示。

$$\mathcal{K}(\boldsymbol{x}, \boldsymbol{y}) = (\alpha \boldsymbol{x}^{\mathrm{T}} \boldsymbol{y} + c)^d \tag{9-19}$$

多项式核函数可以调整的参数有斜率 α、截距 c 和多项式阶数 d，其中 $d \geqslant 1$。可以看出，当 $d = 1$ 时，多项式核函数就退化成线性核函数，即线性核函数是多项式核函数的特例，多项式核函数是线性核函数的推广。

从式 (9-19) 中可以看出，多项式核函数实现了低维输入空间到高维特征空间的映射。然而多项式核函数的参数较多，这也就导致了调参的困难。特别是当多项式的阶数比较高时，核矩阵 $\mathcal{K}$ 的元素值就会趋向于无穷大或无穷小。这也就使得计算复杂度会大到无法计算。因此在实际应用中多项式的阶数 d 不能过大，通常取 $d = 2$。

然后介绍的是高斯核函数。高斯核函数属于径向基函数 (RBF) 的一种。高斯核函数的表达式

如式 (9-20) 所示。

$$\mathcal{K}(\boldsymbol{x}, \boldsymbol{y}) = \exp\left(-\frac{\|\boldsymbol{x}-\boldsymbol{y}\|^2}{2\sigma^2}\right) \tag{9-20}$$

式中，$\|\boldsymbol{x}-\boldsymbol{y}\|$ 为输入向量 $\boldsymbol{x}$ 与 $\boldsymbol{y}$ 之差的模长；σ 为高斯核函数的带宽，并且 $\sigma > 0$，属于可调参数。带宽 σ 的选择决定了高斯核函数性能的好坏。如果带宽 σ 选择过大，那么指数就几乎呈线性关系，最终导致高维映射所得到的投影失去非线性表达能力；相反，如果带宽 σ 选择过小，高斯核函数则起不到正则化作用，使得算法结果对数据集内部噪声高度敏感。

结合式 (9-19) 和式 (9-20)，可以明显地发现，高斯核函数比多项式核函数的参数少，这也就导致了在实际应用中高斯核函数应用广泛。其实，相比其他核函数，高斯核函数是应用最为广泛的核函数，不管是大规模数据集还是小规模数据集都有比较好的性能。因此，在不知道运用哪种核函数的情况下，优先选用高斯核函数。

之后介绍的是与高斯核函数形式类似的一种核函数——拉普拉斯核函数。拉普拉斯核函数的表达式如式 (9-21) 所示。

$$\mathcal{K}(\boldsymbol{x}, \boldsymbol{y}) = \exp\left(-\frac{\|\boldsymbol{x}-\boldsymbol{y}\|}{\sigma}\right) \tag{9-21}$$

从式 (9-21) 中可以看出，拉普拉斯核函数与高斯核函数的表达式极其相似。与高斯核函数一样，拉普拉斯核函数也是径向基函数的一种。同时高斯核函数的带宽参数 σ 也适用于拉普拉斯核函数。

最后介绍的是 Sigmoid 核函数。Sigmoid 核函数的表达式如式 (9-22) 所示。

$$\mathcal{K}(\boldsymbol{x}, \boldsymbol{y}) = \tanh(\beta \boldsymbol{x}^{\mathrm{T}} \boldsymbol{y} + \theta) \tag{9-22}$$

式中，tanh 为双曲正切函数；β 为斜率；θ 为截距，并且 $\beta > 0, \theta < 0$。Sigmoid 核函数其实与第 6 章中讲述的 Sigmoid 函数的 Tanh 函数类似。相比于高斯核函数，Sigmoid 函数的参数较多，带来调参上的困难。

在实际选用核函数时，如果对数据集有一定的先验知识，那么优先利用先验知识选择符合数据分布的核函数；如果不知道数据集相关先验知识，那么第一种方法是采用交叉验证的方法，多试几种不同的核函数，将误差最小对应的核函数视为最佳选择。第二种方法就是利用多个核函数进行组合，构造出复合核函数。

 9.4 核主成分分析

在 9.2 节中，介绍了主成分分析的数学原理。在 9.2 节的最后总结到，主成分分析的本质就是数据的协方差矩阵对角化，对称矩阵特征分解，然后取前 k 个特征值与对应的特征向量，最后用特征向量与原始数据构造线性组合近似代替原始数据。降维后每组数据的 k 个属性实质是原始数据的所有属性的线性组合，也就是说，主成分分析实现的是数据的线性降维。

然而在实际应用中，经常遇到的是非线性数据集。那么对于非线性数据，主成分分析就无能为力了。为了使主成分分析适应非线性数据，因此必须对主成分分析进行非线性扩展，核主成分分析 (Kernel Principal Components Analysis，KPCA) 算法也就因此被提出了。KPCA 与 PCA 算法的理论推导极其相似，最主要的不同就是 KPCA 引入了核函数，使得 PCA 具有了非线性表达能力。

下面开始介绍核主成分分析算法。KPCA 与 PCA 的流程差不多，都必须计算数据属性的协方差矩阵，不同的是，KPCA 首先需要将数据映射到高维特征空间后再计算属性的协方差矩阵。

与主成分分析类似，假设数据集为 $\mathcal{D} = \left\{ \boldsymbol{x}^{(1)}, \boldsymbol{x}^{(2)}, \cdots, \boldsymbol{x}^{(m)} \right\}$，其中 m 为数据集规模，且每组数据有 n 维属性，即 $\boldsymbol{x}^{(i)} = (x_1^{(i)}, x_2^{(i)}, \cdots, x_n^{(i)})$，同时假设核函数为 $\mathcal{K}(\boldsymbol{x}, \boldsymbol{y})$，核函数中的映射函数为 ϕ。

首先核主成分分析也要对每组数据进行去中心化，其计算公式如式 (9-1) 所示，同时规定去中心化后的每组数据记作 $\boldsymbol{y}^{(i)}$；然后利用核函数将数据映射到高维特征空间，那么结合式 (9-9)，经过核函数映射后的数据的协方差矩阵计算如式 (9-23) 所示。

$$
\begin{aligned}
\boldsymbol{\Sigma}_y &= \frac{1}{m} \sum_{i=1}^{m} \phi(\boldsymbol{y}^{(i)}) \phi((\boldsymbol{y}^{(i)})^{\mathrm{T}}) \\
&= \frac{1}{m} (\phi(\boldsymbol{y}^{(1)}), \cdots, \phi(\boldsymbol{y}^{(m)})) \begin{pmatrix} \phi((\boldsymbol{y}^{(1)})^{\mathrm{T}}) \\ \vdots \\ \phi((\boldsymbol{y}^{(m)})^{\mathrm{T}}) \end{pmatrix} \\
&= \frac{1}{m} (\phi(\boldsymbol{y}^{(1)}), \cdots, \phi(\boldsymbol{y}^{(m)})) \begin{pmatrix} \phi(\boldsymbol{y}^{(1)})^{\mathrm{T}} \\ \vdots \\ \phi(\boldsymbol{y}^{(m)})^{\mathrm{T}} \end{pmatrix} \\
&= \frac{1}{m} \boldsymbol{Y}^{\mathrm{T}} \boldsymbol{Y}
\end{aligned}
\tag{9-23}
$$

式中，$\boldsymbol{Y}^{\mathrm{T}} = (\phi(\boldsymbol{y}^{(1)}), \cdots, \phi(\boldsymbol{y}^{(m)}))$。结合式 (9-9) 和式 (9-23)，经过映射函数映射后，KPCA 在数据变换后的在特征空间的方向向量 $\boldsymbol{v}$ 上投影之和的方差计算如式 (9-24) 所示。

$$
\begin{aligned}
\sigma_z^2 &= \frac{1}{m} \sum_{i=1}^{m} (\boldsymbol{v}^{\mathrm{T}} \phi(\boldsymbol{y}^{(i)}))(\boldsymbol{v}^{\mathrm{T}} \phi(\boldsymbol{y}^{(i)}))^{\mathrm{T}} \\
&= \boldsymbol{v}^{\mathrm{T}} \frac{1}{m} \sum_{i=1}^{m} \phi(\boldsymbol{y}^{(i)})(\phi(\boldsymbol{y}^{(i)}))^{\mathrm{T}} \boldsymbol{v} \\
&= \frac{1}{m} \boldsymbol{v}^{\mathrm{T}} \boldsymbol{Y}^{\mathrm{T}} \boldsymbol{Y} \boldsymbol{v} \\
&= \boldsymbol{v}^{\mathrm{T}} \boldsymbol{\Sigma}_y \boldsymbol{v}
\end{aligned}
\tag{9-24}
$$

结合式 (9-10)、式 (9-11) 和式 (9-24) 可知，KPCA 的拉格朗日函数形式上与如式 (9-11) 所示的 PCA 的拉格朗日函数一样，只是式 (9-11) 中的 $\boldsymbol{\Sigma}_y$ 要更换成式 (9-23) 所表示的 $\boldsymbol{\Sigma}_y$。结合式 (9-12)、

式 (9-23) 和式 (9-24) 可知，KPCA 的最终问题转换如式 (9-25) 所示。

$$\boldsymbol{\Sigma}_y \boldsymbol{v} = \frac{1}{m} \boldsymbol{Y}^{\mathrm{T}} \boldsymbol{Y} \boldsymbol{v} = \lambda \boldsymbol{v}$$
$$\boldsymbol{v}^{\mathrm{T}} \boldsymbol{v} = 1$$

(9-25)

由于在式 (9-23) 中，映射函数 ϕ 是未知的，因此要想求解式 (9-25)，必须引入核函数。接下来定义核矩阵，如式 (9-26) 所示。

$$
\begin{aligned}
\boldsymbol{K} = \boldsymbol{Y}\boldsymbol{Y}^{\mathrm{T}} &= \begin{pmatrix} \phi(\boldsymbol{y}^{(1)})^{\mathrm{T}} \\ \vdots \\ \phi(\boldsymbol{y}^{(m)})^{\mathrm{T}} \end{pmatrix} \left(\phi(\boldsymbol{y}^{(1)}), \cdots, \phi(\boldsymbol{y}^{(m)}) \right) \\
&= \begin{pmatrix} \phi(\boldsymbol{y}^{(1)})^{\mathrm{T}}\phi(\boldsymbol{y}^{(1)}) & \cdots & \phi(\boldsymbol{y}^{(1)})^{\mathrm{T}}\phi(\boldsymbol{y}^{(m)}) \\ \vdots & \ddots & \vdots \\ \phi(\boldsymbol{y}^{(m)})^{\mathrm{T}}\phi(\boldsymbol{y}^{(1)}) & \cdots & \phi(\boldsymbol{y}^{(m)})^{\mathrm{T}}\phi(\boldsymbol{y}^{(m)}) \end{pmatrix} \\
&= \begin{pmatrix} \mathcal{K}(\boldsymbol{y}^{(1)}, \boldsymbol{y}^{(1)}) & \cdots & \mathcal{K}(\boldsymbol{y}^{(1)}, \boldsymbol{y}^{(m)}) \\ \vdots & \ddots & \vdots \\ \mathcal{K}(\boldsymbol{y}^{(m)}, \boldsymbol{y}^{(1)}) & \cdots & \mathcal{K}(\boldsymbol{y}^{(m)}, \boldsymbol{y}^{(m)}) \end{pmatrix}
\end{aligned}
$$

(9-26)

式中，$\mathcal{K}$ 为任意的核函数。显然，我们要做的就是根据矩阵 $\boldsymbol{K}$ 来求解 $\boldsymbol{Y}\boldsymbol{Y}^{\mathrm{T}}$，即必须求解如式 (9-27) 所示的特征值与特征向量问题，即

$$\boldsymbol{Y}\boldsymbol{Y}^{\mathrm{T}} \boldsymbol{w} = \lambda \boldsymbol{w}$$

(9-27)

式中，$\boldsymbol{w}$ 为原始输入空间的单位方向向量；λ 为式 (9-23) 所示的协方差矩阵 $\boldsymbol{\Sigma}_y$ 的特征值。在式 (9-27) 两端左乘 $\boldsymbol{Y}^{\mathrm{T}}$，结果如式 (9-28) 所示。

$$\boldsymbol{Y}^{\mathrm{T}} \boldsymbol{Y}^{\mathrm{T}} (\boldsymbol{Y}^{\mathrm{T}} \boldsymbol{w}) = \lambda (\boldsymbol{Y}^{\mathrm{T}} \boldsymbol{w})$$

(9-28)

从式 (9-28) 中可以看出，$\boldsymbol{Y}^{\mathrm{T}}\boldsymbol{w}$ 可以看成是 $\boldsymbol{Y}^{\mathrm{T}}\boldsymbol{Y}^{\mathrm{T}}$ 的特征向量，也就是说，$\boldsymbol{Y}^{\mathrm{T}}\boldsymbol{w}$ 可以看成是式 (9-23) 表示的协方差矩阵的特征向量。显然根据前文所示，$\boldsymbol{Y}^{\mathrm{T}}\boldsymbol{w}$ 为输入数据在特征空间的方向向量上的投影。因此，特征空间的单位方向向量如式 (9-29) 所示。

$$
\begin{aligned}
\boldsymbol{v} &= \frac{\boldsymbol{Y}^{\mathrm{T}}\boldsymbol{w}}{\left\| \boldsymbol{Y}^{\mathrm{T}}\boldsymbol{w} \right\|} = \frac{\boldsymbol{Y}^{\mathrm{T}}\boldsymbol{w}}{\sqrt{\boldsymbol{w}^{\mathrm{T}}\boldsymbol{Y}\boldsymbol{Y}^{\mathrm{T}}\boldsymbol{w}}} \\
&= \frac{\boldsymbol{Y}^{\mathrm{T}}\boldsymbol{w}}{\sqrt{\boldsymbol{w}^{\mathrm{T}}\lambda\boldsymbol{w}}} = \frac{\boldsymbol{Y}^{\mathrm{T}}\boldsymbol{w}}{\sqrt{\lambda}}
\end{aligned}
$$

(9-29)

结合式 (9-26) 和式 (9-29)，可以计算出数据在特征空间中的投影，计算结果如式 (9-30) 所示。

$$v^{\mathrm{T}}\phi(y^{(i)}) = \left(\frac{Y^{\mathrm{T}}w}{\sqrt{\lambda}}\right)^{\mathrm{T}}\phi(y^{(i)}) = \frac{1}{\sqrt{\lambda}}w^{\mathrm{T}}Y\phi(y^{(i)})$$

$$= \frac{1}{\sqrt{\lambda}}w^{\mathrm{T}}\begin{pmatrix}\phi(y^{(1)})^{\mathrm{T}}\phi(y^{(i)})\\ \vdots\\ \phi(y^{(m)})^{\mathrm{T}}\phi(y^{(i)})\end{pmatrix} \tag{9-30}$$

$$= \frac{1}{\sqrt{\lambda}}w^{\mathrm{T}}\begin{pmatrix}\mathcal{K}(y^{(1)},y^{(i)})\\ \vdots\\ \mathcal{K}(y^{(m)},y^{(i)})\end{pmatrix}$$

结合式 (9-26)、式 (9-29) 和式 (9-30)，KPCA 的核心步骤就是求解如式 (9-31) 所示的特征值问题。

$$Kw_i = \lambda_i w_i \tag{9-31}$$

式中，K 为核矩阵；λ_i 为特征值，且 $\lambda_1 \geqslant \lambda_2 \geqslant \cdots \geqslant \lambda_m$；$w_i$ 为 λ_i 对应的特征向量。最终，去中心化后的原始数据经过 KPCA 降维到特征空间的第 i 个投影如式 (9-32) 所示。

$$v_i^{\mathrm{T}}\phi(y^{(i)}) = \frac{1}{\sqrt{\lambda}}w_i^{\mathrm{T}}\begin{pmatrix}\mathcal{K}(y^{(1)},y^{(i)})\\ \vdots\\ \mathcal{K}(y^{(m)},y^{(i)})\end{pmatrix} \tag{9-32}$$

9.5 PCA 的 Python 实现

为了更好地在 9.6 节中利用 PCA 对葡萄酒质量数据集进行降维，本节利用 Python 结合面向对象思想来实现主成分分析 (PCA) 降维算法。首先给出 PCA 的类定义，然后对每个函数进行解释。PCA 的类定义如下所示。

```
import numpy as np
class PCA(object):
    def __init__(self,Data,feature_name=None):
    def PCA_Reduction(self):
    def get_ReductionData(self,k):
```

9.5.1 PCA 的构造函数

下面介绍主成分分析 (PCA) 的构造函数 __init__。__init__ 函数的参数有两个：数据集 Data 和特征名称 feature_name。其中参数 feature_name 默认为 None。在 __init__ 函数中，主要完成了数据集、特征名称、特征值与特征向量、方差百分比、方差累积百分比、降维后的数据集和数据集的协方差矩阵的初始化，同时也对原始数据集进行了标准化。__init__ 函数的定义如下所示。

```python
def __init__(self,Data,feature_name=None):
    """
    这是主成分分析 (PCA) 的构造函数
    :param Data: 输入数据
    :param feature_name: 特征名称，默认为 None
    """
    # 计算数据集的均值向量
    mean = np.average(Data,0)
    # 计算数据集的标准差
    std = np.std(Data,axis=0)
    # 对数据进行标准化
    self.Data = (Data − mean) / std
    #self.Data = StandardScaler().fit_transform(Data)
    # 初始化特征值与特征向量
    self.Eigenvalues = []
    self.Eigenvectors = []
    # 初始化方差累积百分比
    self.var_accumulation_percentage = []
    # 初始化方差百分比
    self.var_percentage = []
    # 初始化降维后的数据集
    self.Data_Reduction = []
    # 初始化数据集的协方差矩阵
    self.cov = []
    # 初始化特征名称
    if feature_name is None:
        self.feature_name = np.arange(1,np.shape(Data)[1] + 1)
    else:
        self.feature_name = np.array(feature_name)
```

9.5.2 降维函数

下面介绍在 PCA 算法中，实现数据降维的函数 PCA_Reduction。在 PCA_Reduction 函数中，主要实现了 9.2 节中讲解的 PCA 降维过程。在降维结束后，将返回数据各个特征值，即方差的百分比、累积百分比和对应的特征名称。PCA_Reduction 函数的定义如下所示。

```python
def PCA_Reduction(self):
    """
    这是主成分分析 (PCA) 的降维过程的函数
    """
    # 计算数据集属性的协方差矩阵
    self.cov = np.cov(self.Data,rowvar=False)
```

```
# 计算协方差矩阵的特征值与特征向量
self.Eigenvalues,self.Eigenvectors = np.linalg.eig(self.cov)
# 遍历每个特征向量，将特征向量单位化
for i,eigenvector in enumerate(self.Eigenvectors):
    sum = np.sum(eigenvector)
    self.Eigenvectors[i] = eigenvector / sum
# 对特征值与特征向量从大到小进行排序
order = np.argsort(- self.Eigenvalues)          # 获取从大到小序列
self.Eigenvalues = self.Eigenvalues[order]
self.Eigenvectors = self.Eigenvectors[order]
self.feature_name = self.feature_name[order]
# 计算数据属性的方差累积百分比
sum = np.sum(self.Eigenvalues)
self.var_accumulation_percentage = np.cumsum(self.Eigenvalues / sum)
# 计算数据属性的方差百分比
self.var_percentage = self.Eigenvalues / sum
return self.var_percentage,self.var_accumulation_percentage,list(self.feature_name)
```

9.5.3　降维数据生成函数

下面介绍降维数据生成函数 get_ReductionData。get_ReductionData 函数的主要功能是根据给定的特征数 k，结合前 k 个特征向量与原始数据进行线性组合形成降维后的数据集，并将降维后的数据集作为结构返回。get_ReductionData 函数的定义如下所示。

```
def get_ReductionData(self,k):
    """
    这是获取降维后的数据的函数
    :param k: 候选主成分个数
    """
    # 对数据进行降维，遍历每组数据
    for data in self.Data:
        data_redution = []
        # 遍历前 k 个特征值与单位特征向量，
        # 计算每组数据在单位特征向量上的投影
        for i in np.arange(k):
            # 计算数据在特征向量上的投影
            data_projection = self.Eigenvectors[i].dot(data)
            data_redution.append(data_projection)
        # 将降维后的数据追加到降维数据集中
        self.Data_Reduction.append(data_redution)
    self.Data_Reduction = np.array(self.Data_Reduction)
    return self.Data_Reduction
```

9.6 案例：利用 PCA 对葡萄酒质量数据集进行降维

在本节中，将利用主成分分析对 UCI 数据库中的经典数据集——葡萄酒质量数据集进行降维。该数据集的下载网址为 http://archive.ics.uci.edu/ml/datasets/Wine+Quality。需要特别强调的是，虽然名称较为相近，但是本案例中使用的葡萄酒质量数据集与第 8 章案例中使用的葡萄酒数据集是完全不一样的，请读者认真区分这两个数据集。

该葡萄酒质量数据集共有 12 维特征，最后一维属于质量分级特征，即可以视为数据标签。葡萄酒的质量被量化成 1 ~ 10 这 10 个等级，即 10 种分类标签。因此，整个数据集只有 11 维特征。同时，这个数据集由红葡萄酒质量和白葡萄酒质量两个子数据集组成，其中红葡萄酒质量数据集包含了 1599 组数据，白葡萄酒质量数据集包含了 4898 组数据。接下来将利用 PCA 对这两个子数据集进行降维。该案例的主要流程如图 9.4 所示。

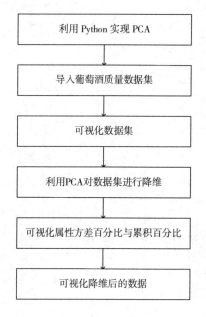

图 9.4　案例流程

首先从前文所述的网址中将葡萄酒质量数据集下载到本地。由于两个子数据集都是 CSV 文件，因此必须编写一个函数来导入这两个子数据集。这个导入数据集的函数代码如下所示。

```python
#!/usr/bin/env python
# -*- coding: utf-8 -*-

import numpy as np
import pandas as pd
```

```python
def Load_WineQuality(path,one_hot=False):
    """
    这是导入数据的函数
    :param path: 数据文件的路径
    :param one_hot: one-hot 编码标志，默认为 False
    :return: 数据集
    """
    WineQuality = pd.read_csv(path)
    Data = []
    Label = []
    for str in WineQuality.values:
        str = str[0].split(";")
        tmp = []
        for i in range(0,len(str) - 1):
            tmp.append(float(str[i]))
        Data.append(tmp)
        Label.append(int(str[-1]))
    if one_hot == True:
        for (index,label) in enumerate(Label):
            _label = [0] * 10
            _label[label] = 1
            Label[index] = _label
    Data = np.array(Data)
    Label = np.array(Label)
    return Data,Label
```

然后利用上述代码编写导入数据集的函数，先后导入红葡萄酒质量和白葡萄酒质量数据集。在导入数据集后，对数据集进行可视化。这个过程的代码如下所示。

```python
# 导入红葡萄酒质量数据集
red_winequality_path = "./winequality-red.csv"
Red_WineQuality_Data,_ = Load_WineQuality(red_winequality_path)
print(Red_WineQuality_Data)
print(np.shape(Red_WineQuality_Data))

# 导入白葡萄酒质量数据集
white_winequality_path = "./winequality-white.csv"
White_WineQuality_Data,__ = Load_WineQuality(white_winequality_path)
print(White_WineQuality_Data)
print(np.shape(White_WineQuality_Data))

# 解决画图时的中文乱码问题
mpl.rcParams['font.sans-serif'] = [u'simHei']
mpl.rcParams['axes.unicode_minus'] = False

# 可视化原始数据
```

```
feature_name = ["fixed acidity","volatile acidity","citric acid","residual sugar",
                "chlorides","free sulfur dioxide","total sulfur dioxide",
                "density","pH","sulphates","alcohol"]
# 红葡萄酒质量数据集可视化
for i in range(len(feature_name) − 1):
    for j in range(i + 1,len(feature_name)):
        plt.scatter(Red_WineQuality_Data[:,i],Red_WineQuality_Data[:,j],s=5)
        plt.xlabel(feature_name[i])
        plt.ylabel(feature_name[j])
        plt.grid(True)
        plt.savefig("./ 红葡萄酒质量数据集可视化 /" + str(i) + "-" + str(j) +
                    ".jpg",bbox_inches='tight')
        plt.close()

# 白葡萄酒质量数据集可视化
for i in range(len(feature_name) − 1):
    for j in range(i + 1,len(feature_name)):
        plt.scatter(White_WineQuality_Data[:,i],White_WineQuality_Data[:,j],s=5)
        plt.xlabel(feature_name[i])
        plt.ylabel(feature_name[j])
        plt.grid(True)
        plt.savefig("./ 白葡萄酒质量数据集可视化 /" + str(i) + "-" + str(j) + ".jpg",
                    bbox_inches='tight')
        plt.close()
```

红葡萄酒质量和白葡萄酒质量数据集可视化结果分别如图 9.5 和图 9.6 所示。由于红葡萄酒质量数据集和白葡萄酒质量数据集的数据量有量的区别，因此在图 9.5 与图 9.6 的数据集可视化中，红葡萄酒质量数据集可视化结果所呈现的数据相关性比白葡萄酒质量数据集的弱。

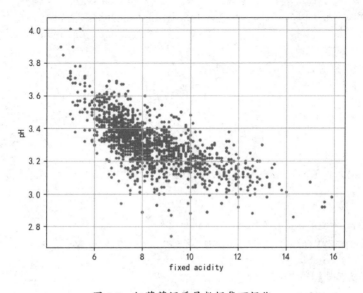

图 9.5　红葡萄酒质量数据集可视化

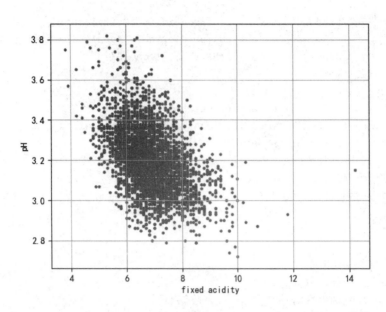

图 9.6　白葡萄酒质量数据集可视化

　　接下来分别利用 PCA 算法来对两个子数据集进行降维。首先利用 PCA 求解数据属性协方差矩阵的特征值与特征向量，并根据特征值从大到小进行排序；然后统计每个特征值（即属性方差）所占的百分比和累积百分比，并转化为 Excel 文档进行保存。这个过程的代码如下所示。

```python
# 构建 PCA 类
red_pca = PCA(Red_WineQuality_Data,feature_name)
white_pca = PCA(White_WineQuality_Data,feature_name)
# 对数据集进行 PCA 降维，获取方差百分比及累积方差百分比
red_var_percentage_pca,red_var_accumulation_percentage_pca,red_feature_name =
                                        red_pca.PCA_Reduction()
white_var_percentage_pca,white_var_accumulation_percentage_pca,white_feature_name =
                                        white_pca.PCA_Reduction()


# 对 PCA 降维的红葡萄酒数据方差百分比进行可视化
plt.plot(np.arange(11),red_var_percentage_pca,"bx-")
plt.xlabel("K")
plt.ylabel(" 方差所占比例 ")
plt.xticks(np.arange(0,11),np.arange(1,12))
plt.grid(True)
plt.savefig("./ 红葡萄酒数据属性方差百分比 PCA.jpg",bbox_inches='tight')
plt.close()

# 对 PCA 降维的红葡萄酒数据方差累积百分比进行可视化
plt.plot(np.arange(11),red_var_accumulation_percentage_pca,"bx-")
plt.xlabel("K")
plt.ylabel(" 方差累积所占比例 ")
plt.xticks(np.arange(0,11),np.arange(1,12))
```

```
plt.grid(True)
plt.savefig("./ 红葡萄酒数据属性方差累积百分比 PCA.jpg",bbox_inches='tight')
plt.close()

# 保存 PCA 降维的红葡萄酒数据属性方差百分比和累积百分比
data = [red_var_percentage_pca,red_var_accumulation_percentage_pca]
col = [" 方差所占比例 "," 方差累积所占比例 "]
ans = Merge(data,red_feature_name,col)
ans.to_excel("./ 红葡萄酒数据属性方差累积百分比 PCA.xlsx")

# 对 PCA 降维的白葡萄酒数据方差百分比进行可视化
plt.plot(np.arange(11),white_var_percentage_pca,"bx-")
plt.xlabel("K")
plt.ylabel(" 方差所占比例 ")
plt.xticks(np.arange(0,11),np.arange(1,12))
plt.grid(True)
plt.savefig("./ 白葡萄酒数据属性方差百分比 PCA.jpg",bbox_inches='tight')
plt.close()

# 对 PCA 降维的白葡萄酒数据方差累积百分比进行可视化
plt.plot(np.arange(11),white_var_accumulation_percentage_pca,"bx-")
plt.xlabel("K")
plt.ylabel(" 方差累积所占比例 ")
plt.xticks(np.arange(0,11),np.arange(1,12))
plt.grid(True)
plt.savefig("./ 白葡萄酒数据属性方差累积百分比 PCA.jpg",bbox_inches='tight')
plt.close()

# 保存 PCA 降维的白葡萄酒数据属性方差百分比和累积百分比
data = [white_var_percentage_pca,white_var_accumulation_percentage_pca]
col = [" 方差所占比例 "," 方差累积所占比例 "]
ans = Merge(data,white_feature_name,col)
ans.to_excel("./ 白葡萄酒数据属性方差累积百分比 PCA.xlsx")
```

在上述代码中，出现了一个 Merge 函数。该函数的主要功能是将数据及行名称与列名称转化为 DataFrame 结构化数据。Merge 函数的定义如下所示。

```
def Merge(data,row,col):
    """
    这是生成 DataFrame 数据的函数
    :param data: 数据，格式为列表 (list)，不是 numpy.array
    :param row: 行名称
    :param col: 列名称
    """

    data = np.array(data).T
    return pd.DataFrame(data=data,columns=col,index=row)
```

红葡萄酒质量和白葡萄酒质量数据集的属性方差所占比例分别如图 9.7 和图 9.8 所示。从图 9.7 和图 9.8 中可以看出，前 7 个属性对整个葡萄酒质量数据集的贡献较大，后 4 个属性对葡萄酒质量数据集的贡献较小。

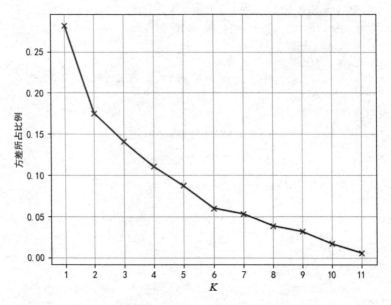

图 9.7　红葡萄酒质量数据集的方差属性所占比例

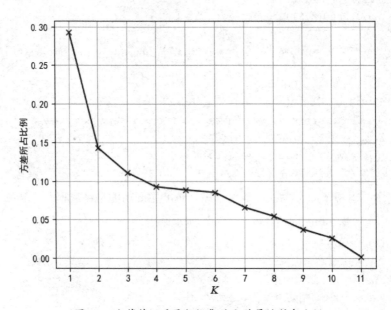

图 9.8　白葡萄酒质量数据集的方差属性所占比例

　　为了更好地描述各个属性对数据集的贡献率，也统计了数据集的属性累积所占比例。红葡萄酒质量数据集的属性累积所占比例如表 9.1 所示。从表 9.1 中可以看出，前 5 个属性包含了红葡萄酒质量数据集 79.5% 的信息，前 6 个属性累积包含了红葡萄酒质量数据集 85.5% 的信息。显然对于红葡萄酒质量数据集而言，主成分候选个数为 5 ~ 6。

表9.1　红葡萄酒质量数据集的属性累积所占比例

序号	属性	方差所占比例	方差累积所占比例
1	fixed acidity	0.282	0.282
2	volatile acidity	0.175	0.457
3	citric acid	0.141	0.598
4	residual sugar	0.110	0.708
5	chlorides	0.087	0.795
6	alcohol	0.060	0.855
7	sulphates	0.053	0.908
8	pH	0.038	0.946
9	density	0.031	0.977
10	total sulfur dioxide	0.016	0.993
11	free sulfur dioxide	0.007	1

白葡萄酒质量数据集的属性累积所占比例如表 9.2 所示。从表 9.2 中可以看出，前 6 个属性包含了白葡萄酒质量数据集 81.1% 的信息，前 8 个属性累积包含了白葡萄酒质量数据集 93.1% 的信息。显然对于白葡萄酒质量数据集而言，主成分候选个数为 6 ~ 8。

表9.2　白葡萄酒质量数据集的属性累积所占比例

序号	属性	方差所占比例	方差累积所占比例
1	fixed acidity	0.291	0.291
2	citric acid	0.143	0.434
3	free sulfur dioxide	0.111	0.545
4	alcohol	0.093	0.638
5	sulphates	0.088	0.726
6	pH	0.085	0.811
7	density	0.066	0.877
8	total sulfur dioxide	0.054	0.931
9	chlorides	0.038	0.969
10	residual sugar	0.026	0.995
11	volatile acidity	0.005	1

同时对比表 9.1 和表 9.2，红葡萄酒质量和白葡萄酒质量数据集都含有 11 个相同的属性，但是每个属性在两个数据集中包含信息的比例各不相同。在两个数据集中，虽然前 7 个属性包含近 90% 的信息，但对于两个数据集而言，只包含 4 个共同属性，且每个属性的方差所占比例各不相同，仅有 fixed acidity 这一属性在两个数据集中都包含了 29% 左右的信息，排在第一。

最后根据上述分析对红葡萄酒质量和白葡萄酒质量数据集进行数据降维。对于红葡萄酒质量数据集而言，需要选择 5 种主成分。对于白葡萄酒质量数据集而言，需要选择 6 种主成分。这个过程的代码如下所示。

```python
# 对 PCA 降维的红葡萄酒质量数据集进行可视化
size = 5
Red_WineQuality_Data_Reduction_PCA = red_pca.get_ReductionData(size)
for i in range(size - 1):
    for j in range(i + 1,size):
        plt.scatter(Red_WineQuality_Data_Reduction_PCA[:,i],
        Red_WineQuality_Data_Reduction_PCA[:,j],s=5)
        plt.xlabel(" 主成分 " + str(i + 1))
        plt.ylabel(" 主成分 " + str(j + 1))
        plt.grid(True)
        plt.savefig("./ 红葡萄酒质量数据集降维可视化 PCA/" + str(i) + "-" + str(j) +
                ".jpg",bbox_inches='tight')
        plt.close()

# 对 PCA 降维的白葡萄酒质量数据集进行可视化
size = 6
White_WineQuality_Data_Reduction_PCA = white_pca.get_ReductionData(size)
for i in range(size - 1):
    for j in range(i + 1,size):
        plt.scatter(White_WineQuality_Data_Reduction_PCA[:,i],
                White_WineQuality_Data_Reduction_PCA[:,j],s=5)
        plt.xlabel(" 主成分 " + str(i + 1))
        plt.ylabel(" 主成分 " + str(j + 1))
        plt.grid(True)
        plt.savefig("./ 白葡萄酒质量数据集降维可视化 PCA/" + str(i) + "-" + str(j) +
                ".jpg",bbox_inches='tight')
        plt.close()
```

红葡萄酒质量数据集降维后的数据可视化结果如图 9.9 所示。从图 9.9 中可以看出，在 PCA 降维后，红葡萄酒质量数据集的数据分布仍不是很理想。

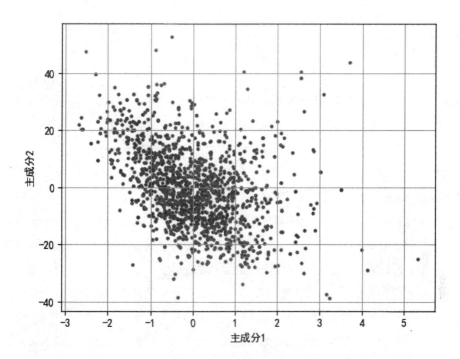

图 9.9　红葡萄酒质量数据集降维后的数据可视化

白葡萄酒质量数据集降维后的数据可视化结果如图 9.10 所示。从图 9.10 中可以看出，在 PCA 降维后，白葡萄酒质量数据集的数据分布更加紧致。

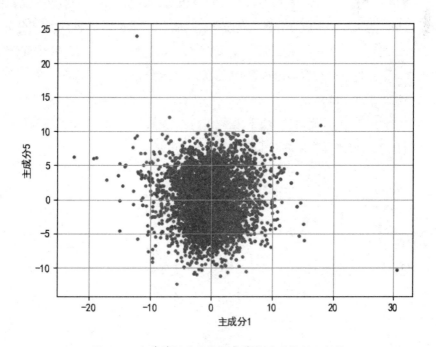

图 9.10　白葡萄酒质量数据集降维后的数据可视化

9.7 本章小结

在 9.1 节中，对无监督学习中的降维技术进行了概括性描述。对主成分分析、因子分析和独立成分分析进行了详细的概括，并引出了本章的核心算法——主成分分析。

在 9.2 节中，重点介绍了主成分分析 (PCA) 的数学理论。主成分分析的实质就是数据属性的协方差矩阵对角化的过程。利用协方差矩阵前 k 个特征值 (即属性方差与特征向量) 对数据进行降维。PCA 的本质就是数据的协方差矩阵对角化，对称矩阵特征分解，然后取前 k 个特征值与对应的单位特征向量对数据进行降维。特征值的累计百分比代表着原始数据在对应单位特征向量下投影的重要程度，即主成分。介绍完主成分分析的数学理论后，又对主成分分析的优点进行了简要叙述。

在 9.3 节中，暂时离开了主成分分析这一主题，对机器学习中一种特别重要的技巧——核函数进行了简要介绍。首先介绍了什么是核函数，然后对几种常见的核函数进行了详细介绍，并对各自的优缺点进行了详细分析。核函数的本质是映射函数的内积，实现了低维数据与高维数据之间的映射。核函数最巧妙的地方在于，不必知道低维输入空间到高维特征空间之间的映射关系，而直接使用核函数进行计算。

介绍完核函数后，再回到主成分分析的主题上来，在 9.4 节中，开始介绍主成分分析的非线性版本——核主成分分析 (KPCA)。首先分析了主成分分析的劣势，即主成分分析虽然在数据降维方面有着广泛的应用，但是主成分分析只是线性降维。因此，对于大规模非线性数据，PCA 产生不了较好的降维效果。为了扩展主成分分析的非线性表达能力，需要将核函数与主成分分析相结合产生核主成分分析。之后，在 9.4 节剩余部分，主要对 KPCA 的数学理论进行了严谨的推导。

在 9.5 节中，利用 Python 结合面向对象思想实现了主成分分析，然后对类中的所有函数与函数之间的调用关系进行了逐一解释。

在 9.6 节中，利用 PCA 对葡萄酒质量数据集进行数据降维。对比分析了红葡萄酒质量和白葡萄酒质量数据集在 PCA 降维算法下的降维效果。